高等学校计算机专业系列教材

Python语言程序设计

（第2版）

王小银　王曙燕　编著

清華大学出版社
北京

内 容 简 介

本书为中国大学 MOOC 平台和超星示范教学包“Python 语言程序设计”课程配套教材。

本书以程序设计为主线，以程序设计初学者作为教学对象，由浅入深、循序渐进地讲述 Python 语言的基本知识、基本语法和数据结构基础知识等。本书内容包括 Python 语言及其环境编程、数据类型与表达式、基本流程控制（顺序、选择和循环三种）、序列等组合数据类型、正则表达式、函数与模块、文件、异常处理、面向对象程序设计、Python 标准库和第三方库，以及图形用户界面设计。

本书注重实用性和实践性，通过典型算法的解题分析及其实现，给读者一些解题示范和启发，示例通俗易懂。

本书提供了丰富的教学资源，如教学大纲、教学课件、源代码、课后习题答案等，既可作为高等学校 Python 语言程序设计课程的教材，也可作为工程技术人员和计算机爱好者的参考用书。

图书在版编目（CIP）数据

Python 语言程序设计/王小银，王曙燕编著. —2 版. —北京：清华大学出版社，2022.9（2023.12重印）
高等学校计算机专业系列教材
ISBN 978-7-302-61111-0

Ⅰ. ①P… Ⅱ. ①王… ②王… Ⅲ. ①软件工具－程序设计－高等学校－教材 Ⅳ. ①TP311.561

中国版本图书馆 CIP 数据核字（2022）第 111962 号

责任编辑：龙启铭
封面设计：何凤霞
责任校对：徐俊伟
责任印制：沈 露

出版发行：清华大学出版社
网 址：https://www.tup.com.cn，https://www.wqxuetang.com
地 址：北京清华大学学研大厦 A 座 **邮 编**：100084
社 总 机：010-83470000 **邮 购**：010-62786544
投稿与读者服务：010-62776969，c-service@tup.tsinghua.edu.cn
质量反馈：010-62772015，zhiliang@tup.tsinghua.edu.cn
课件下载：https://www.tup.com.cn，010-83470236
印 装 者：三河市人民印务有限公司
经 销：全国新华书店
开 本：185mm×260mm **印 张**：18.75 **字 数**：435 千字
版 次：2017 年 12 月第 1 版 2022 年 9 月第 2 版 **印 次**：2023 年12月第3次印刷
定 价：55.00 元

产品编号：094850-01

前言

Python 语言由荷兰人 Guido van Rossum 于 1989 年发明。Python 的第一个公开发行版本发行于 1991 年，经过历次版本的修正，不断演化改进，目前已成为最受欢迎的程序设计语言之一。Python 语言经过三十多年的发展，已经广泛应用于计算机科学与技术、科学计算、数据的统计分析、移动终端开发、图形图像处理、人工智能、游戏设计、网站开发等领域。Python 是一种面向对象、解释运行、扩展性很强的程序设计语言，语法简洁，同时拥有功能丰富的标准库和扩展库。这些标准库提供了系统管理、网络通信、文本处理、数据库接口、图形系统、XML 处理等功能；扩展库则覆盖科学计算、Web 开发、数据库接口、图形系统等多个领域，并且功能成熟而稳定。近年来，Python 语言多次登上诸如 TIOBE、PYP、Stack Overflow GitHub 等各大编程语言社会排行榜。根据 TIOBE 最新排名，Python 语言连续两次摘得 TIOBE 年度编程语言榜首宝座。Python 语言受到了高校、科研单位和企业界的广泛重视。

本书是作者根据从事 Python 语言的教学经验编写的，在第 1 版的基础上，根据学生、教师和广大读者使用中提出的要求和意见，进行了精心修改，同时增加了正则表达式、Python 标准库和第三方库等内容。

通过 Python 语言程序设计课程的学习，读者可以掌握 Python 语言的程序结构、语法规则和编程方法，达到独立编写常规 Python 语言应用程序的能力，同时为设计大型应用程序和系统程序打下坚实的基础。该课程是数据结构、面向对象程序设计、操作系统和软件工程等课程的基础，可为这些课程提供实践工具。

本书以程序设计为主线，从基础和实践两个层面引导读者学习 Python 语言程序设计的方法，系统全面地介绍了 Python 编程的思想和方法。全书共 14 章，第 1 章和第 2 章介绍了 Python 语言基本概念、运行环境、基本数据类型、运算符和表达式；第 3～5 章介绍了三种基本程序设计结构(顺序结构、选择结构和循环结构)；第 6 章介绍了组合数据类型(包括列表、元组、字符串、字典和集合)；第 7 章介绍了正则表达式的语法和 re 模块；第 8 章介绍了函数的定义和调用、模块的定义和使用；第 9 章和第 10 章介绍了文件和异常处理的基本知识；第 11 章介绍了面向对象程序设计相关知识及应用；第 12 章和第 13 章介绍了 Python 标准库和第三方库的相关方法及其使用；第 14 章介绍了使用 Python 进行图形用户界面的设计。本书中的示例均在 Python 3.10 运行环境中调试通过。

本书第1～3章和第6～10章及附录由王小银编写,第4～5章由王曙燕编写,第11～14章由杨荣编写,全书由王小银统稿。本书在编写过程中得到了孙家泽老师和舒新峰老师的大力支持,作者在此一并向他们表示衷心的感谢。

本书为"中国大学MOOC"网站和"超星学习通"App的"Python语言程序设计"配套教材。

本书既可作为高等学校Python语言程序设计课程的教材,也可作为工程技术人员和计算机爱好者的参考用书。

由于编者水平有限,加之Python语言的发展日新月异,书中难免会有不足之处,恳请广大读者批评指正。

编　者

2022年5月

目录

第7章 正则表达式 /138

第8章 函数与模块 /152

第9章 文件 /180

第1章 Python语言概述

Python是一种解释型的、面向对象的程序设计语言，是开源项目的优秀代表，其解释器的全部代码都是开源的，源代码遵循GPL(General Public License)协议。Python语言语法简洁，但功能强大，支持命令式编程、面向对象程序设计和函数式编程，拥有大量功能丰富且易于理解的标准库和扩展库。Python语言能够与多种程序设计语言完美融合，被称为“胶水语言”，能够实现与多种编程语言的无缝拼接，充分发挥各种语言的编程优势。

1.1 Python语言发展

Python语言由荷兰人Guido van Rossum创建。Guido在荷兰数学和计算机研究学会工作时，曾参加设计过一种专门为非专业程序员设计的语言——ABC。ABC语言以教学为目的，其主要设计理念是希望让语言变得容易阅读、容易使用、容易记忆、容易学习，并以此来激发人们学习编程的兴趣。就Guido本人看来，ABC这种语言非常优美和强大，但是ABC语言并没有成功，究其原因，Guido认为是其非开放性造成的。1989年圣诞节期间，Guido决定开发一种新的脚本解释程序，作为ABC语言的一种继承，因此诞生了Python语言。可以说，Python是从ABC语言发展起来的，主要是受到了Modula-3的影响，并且结合了UNIX Shell和C的习惯。Python这个名字来自于Guido当时所钟爱的电视剧*Monty Python's Flying Circus*。

最初的Python完全由Guido开发，1991年发布了第一个正式版本，因广受好评，不同领域的开发者加入到Python语言的开发中，将各个领域的优点带给Python，并陆续于1994年发布Python 1.0版本，于2000年发布Python 2.0版本，于2008年发布Python 3.0版本。

Python语言已经成为最受欢迎的程序设计语言之一，2022年1月，它被TIOBE编程语言排行榜评为2021年度语言。随着移动互联网、云计算、大数据的快速发展，Python为开发者带来巨大机会，Python的使用率呈线性增长。Python作为一门设计优秀的程序设计语言，其开放、简洁和黏合，符合现发展阶段对大数据分析、可视化、各种平台程序协作具有快速促进作用的要求，大数据的火热和运维自动化必会带动Python的发展。Python能够帮助程序员完成各种开发任务，作为编制其他组件、实现独立程序的工具，已经在很多领域被广泛使用。例如：

（1）科学计算和数据分析：Python提供了一些支持科学计算和数据分析的模块，如SciPy、NumPy、Matplotlib、Pandas等。

（2）Web开发：Python语言跨平台和开源的特性，使得其在Web应用程序开发中有很大优势。Python提供了一些优秀的Web框架，如Flask、Django等。

（3）人工智能：Python在人工智能领域的数据挖掘、机器学习、神经网络、深度学习等方面，得到广泛支持和应用。Python提供了大量的人工智能第三方库，如SimpleAI、pyDatalog、EasyAI、PyBrain、PyML、Scikit-learn和MDP-Toolkit等。

（4）云计算：Python可以广泛地在科学计算领域发挥独特的作用，通过强大的支持模块可以在计算大型数据、矢量分析、神经网络等方面高效率地完成工作，如使用Python语言开发的OpenStack。

（5）自动化运维：自动化运维工具，如新生代Ansible、SaltStack以及轻量级的自动化运维工具Fabric，均是基于Python开发的。

（6）网络编程：Python提供了丰富的模块支持Sockets编程，能方便快速地开发分布式应用程序。

1.2 Python语言的特点

Python语言语法清晰、结构简单、可读性强，其设计理念是"优雅、明确、简单"。Python开发者的哲学是"用一种方法，最好是只有一种方法来做一件事"。Python代码通常被认为具备更好的可读性，并且能够支撑大规模的软件开发。

Python已成为最受欢迎的程序设计语言之一，具有以下特点。

1. 语法简洁

Python语言语法简单、风格清晰、严谨易学，可以让用户编写出易读、易维护的代码。

2. 开源

Python是纯粹的自由软件，源代码和解释器CPython遵循GPL协议。

3. 面向对象

Python既支持面向过程编程，又支持面向对象编程。面向对象编程将特定的功能与所要处理的数据相结合，即程序围绕着对象构建。如函数、模块、数字、字符串都是对象，并且完全支持继承、重载、派生、多继承，有益于增强代码的复用性。Python借鉴了多种语言的特性，支持重载运算符和动态类型。

4. 可移植性

由于Python的开源特性，它已经被移植在许多平台上。如果在编程时多加留意系统特性，小心地避免使用依赖于系统的特性，那么所有Python程序无需修改就可以在各种平台上面运行。这些平台包括Linux、Windows、FreeBSD、Macintosh、Solaris、OS/2、Amiga、AROS、AS/400、BeOS、OS/390、z/OS、Palm OS、QNX、VMS、Psion、Acom RISC OS、VxWorks、PlayStation、Sharp Zaurus、Windows CE、PocketPC、Symbian等。

5. 解释性

Python是一种解释性语言,在开发过程中没有编译环节。用Python语言编写的程序不需要编译成二进制代码,可直接从源代码运行程序。在计算机内部,Python解释器把源代码转换成近似机器语言的中间形式字节码,然后再把它翻译成计算机使用的机器语言并运行,使Python程序更简单、更加易于移植,从而提高了Python的性能。

6. 可扩展性

如果某段关键代码需要运行得更快或者希望某些算法不公开,可以把这些程序用C或C++编写,然后在Python程序中使用它们。Python本身被设计为可扩充的,提供了丰富的API和工具,其标准实现是使用C完成的(CPython),程序员能够轻松地使用C和C++语言来编写Python扩充模块,缩短开发周期。Python编译器本身也可以被集成到其他需要脚本语言的程序中,因此很多人还把Python作为一种"胶水语言"使用,可以用Python将其他语言编写的程序进行集成和封装。

7. 丰富的库

Python语言提供了丰富的标准库和扩展库。Python标准库功能齐全,提供了系统管理、网络通信、文本处理、数据库接口、图形系统、XML处理等功能。除了标准库,Python还提供了大量高质量第三方库,可以在Python包索引找到它们。Python的第三方库使用方式与标准库类似,功能强大,提供了数据挖掘、大数据分析、图像处理等功能。

8. 健壮性

Python提供了安全合理的异常退出机制,能捕获程序的异常情况,允许程序员在错误发生时根据出错条件提供处理机制。一旦异常发生,Python解释器会把使程序发生异常的全部可用信息转出到一个堆栈中并进行跟踪,此时程序员可以通过Python来监控这些异常并采取相应措施。

1.3 Python开发环境

Python是跨平台编程语言,可以兼容很多平台。这里以Windows平台为例,介绍Python开发环境的下载和安装。

1.3.1 Windows环境下安装Python开发环境

(1) 从Python官方网站https://www.python.org/下载安装包,选择Windows平台下的安装包,如图1.1所示。

(2) 单击图1.1中的Python 3.10.2来下载,下载的文件名为python-3.10.2-amd64.exe。下载完成后双击该文件,进入Python安装界面,如图1.2所示。

在图1.2中,提示有两种安装方式:第一种是采用默认的安装方式;第二种是自定义方式,可以选择软件的安装路径及安装包。这两种安装方式可以任选其一。

(3) 安装过程如图1.3所示。

(4) 安装成功后,提示信息如图1.4所示。

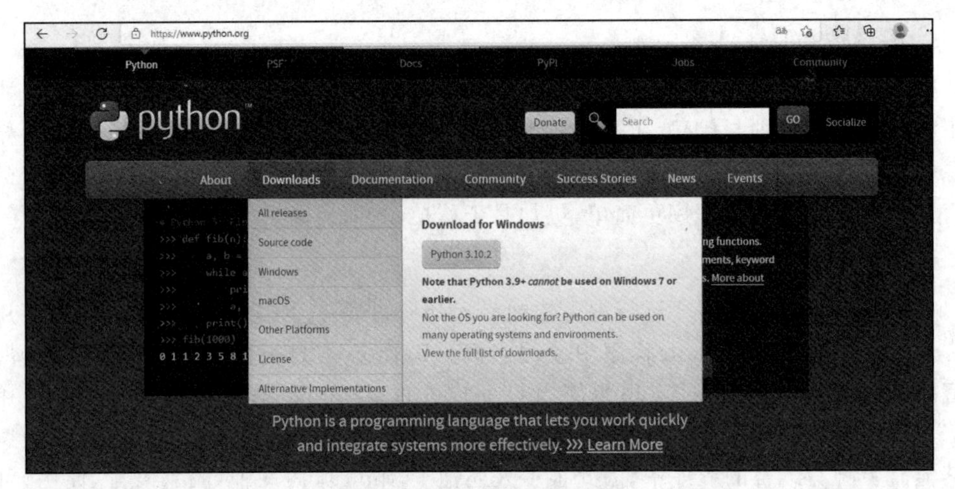

图 1.1 Python 安装包下载

图 1.2 选择安装方式

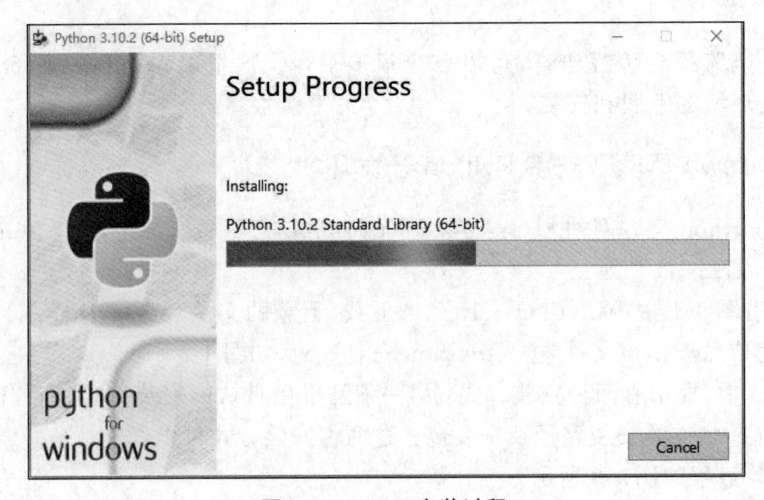

图 1.3 Python 安装过程

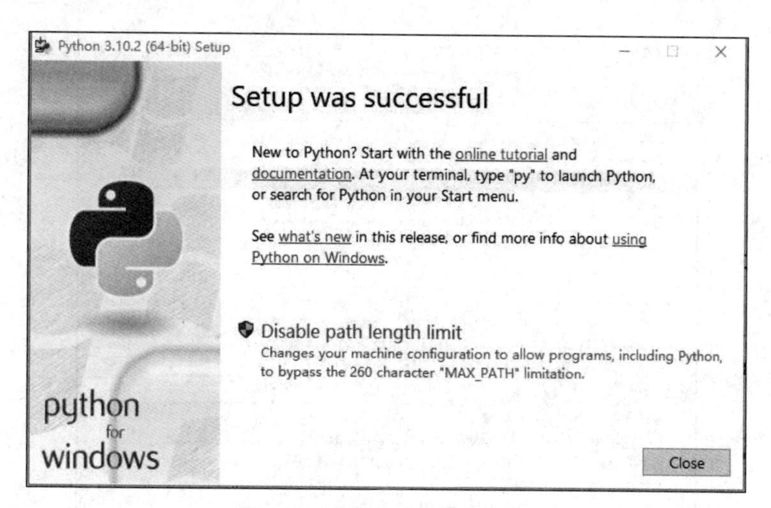

图 1.4　安装成功的信息提示

注意：在图 1.2 中选择安装方式时，最下面有个选项【Add Python 3.10 to PATH】，如果勾选了该选项，那么后续配置环境的步骤可以省略；如果没有勾选，安装完 Python 之后就需要手动配置环境变量。

(5) 手动添加环境变量。右击【计算机】，选择【属性】→【高级系统设置】，弹出如图 1.5 所示的【系统属性】对话框。

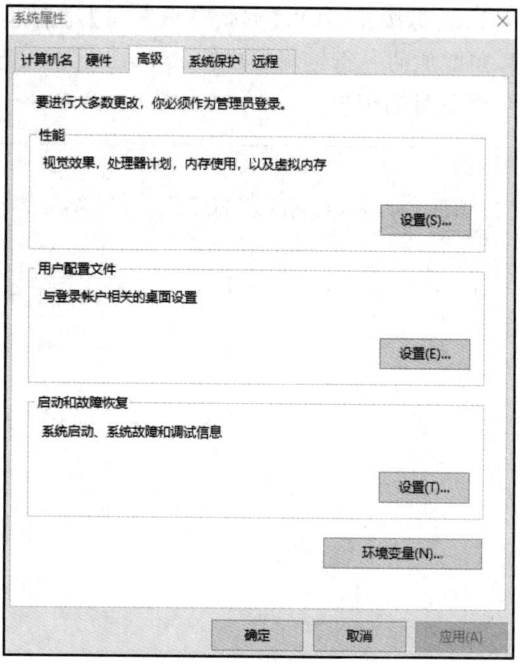

图 1.5　系统属性设置

(6) 单击图 1.5 中的【环境变量】，在弹出的【环境变量】对话框中，选择环境变量中的【Path】，如图 1.6 所示。

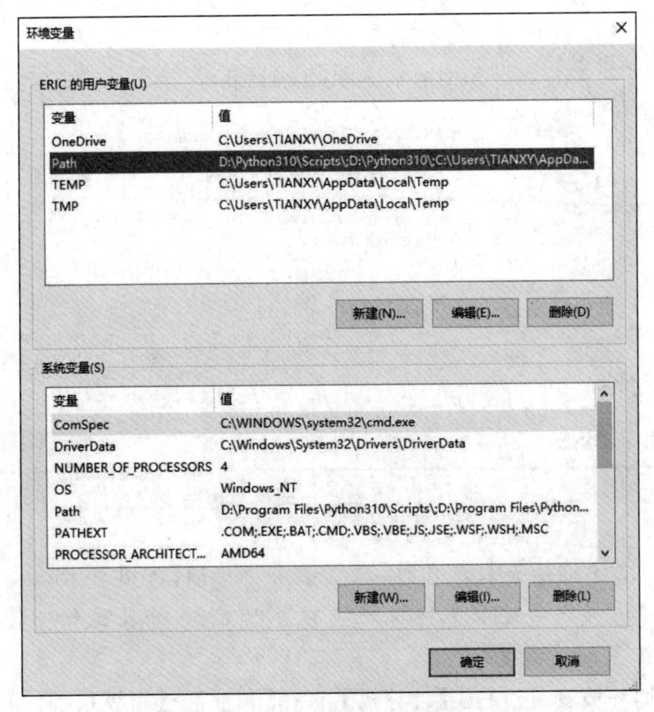

图 1.6 设置环境变量

(7) 单击图 1.6 中的【编辑】按钮,弹出【编辑环境变量】对话框,如图 1.7 所示。单击图 1.7 中的【新建】按钮,在增加的一行编辑框中输入 Python 的安装路径,如图 1.8 所示。单击【确定】按钮,完成环境变量的配置。

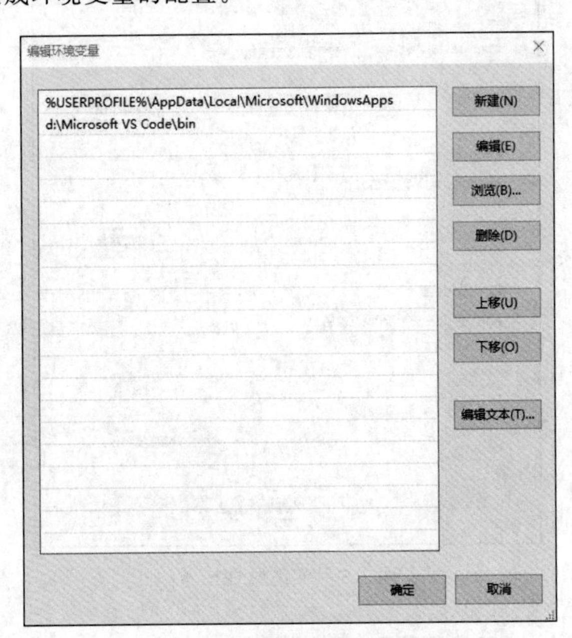

图 1.7 【编辑环境变量】对话框

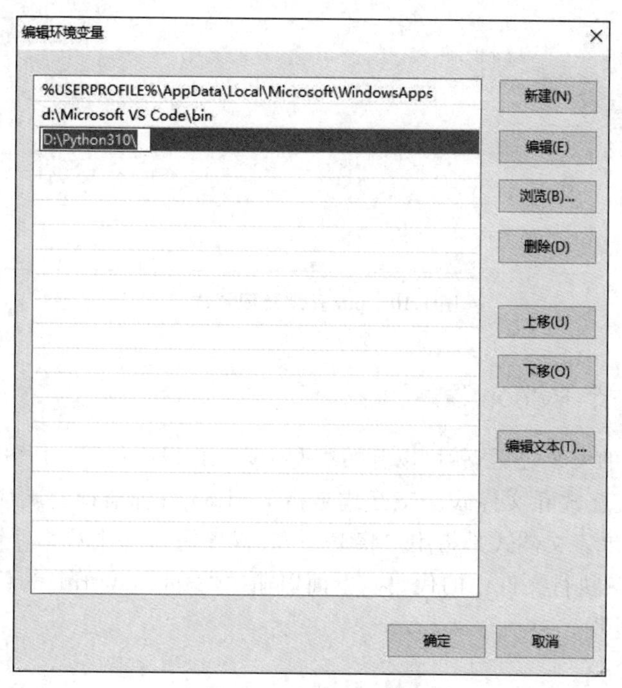

图 1.8　新建环境变量

(8) 此时,在控制台输入 python 命令,会显示出 Python 的版本信息,如图 1.9 所示。

```
命令提示符 - python
Microsoft Windows [版本 10.0.19044.1466]
(c) Microsoft Corporation。保留所有权利。

C:\Users\TIANXY>python
Python 3.10.2 (tags/v3.10.2:a58ebcc, Jan 17 2022, 14:12:15) [MSC v.1929 64 bit (AMD64)] on win32
Type "help", "copyright", "credits" or "license" for more information.
>>>
```

图 1.9　环境变量配置成功后显示 Python 的版本信息

(9) 安装 Python 包的管理工具为 pip,pip 提供了 Python 包的查找、下载、安装、卸载功能。在 Python 官方网站 https://pypi.python.org/pypi/pip#downloads 下载 pip 安装包,下载完成之后,解压 pip 安装包到一个文件夹,从控制台进入解压目录,输入下列命令来安装 pip:

```
python setup.py install
```

(10) 安装完成之后,依照配置 Python 环境变量的方法,对 pip 环境变量进行设置。

(11) 设置环境变量之后,打开控制台,输入 pip list,控制台输出结果如图 1.10 所示,表明 pip 安装完成。

```
命令提示符
Microsoft Windows [版本 10.0.19044.1466]
(c) Microsoft Corporation。保留所有权利。

C:\Users\TIANXY>pip list
Package    Version
---------- -------
pip        22.0.3
setuptools 58.1.0

C:\Users\TIANXY>
```

图 1.10　pip 安装及配置成功

1.3.2　运行第一个 Python 程序

完成 Python 的安装之后，就可以开始编写 Python 程序代码。Python 程序主要的运行方式有两种：交互式和文件式。交互式是指 Python 解释器即时响应用户输入的每条代码，给出运行结果。文件式是指用户将 Python 程序写入一个或多个文件中，然后启动 Python 解释器批量执行文件中的代码。下面以输出“Hello World”为例来说明这两种方式的启动和执行过程。

1. 交互式

有两种方法可以进入 Python 交互式环境。

第一种方法是启动 Windows 操作系统打开开始菜单，输入 cmd 之后，进入命令行窗口，在控制台中输入“python”，按回车键进入交互式环境，在命令提示符“>>>”后输入如下程序代码：

```
print("Hello World!")
```

按回车键执行，得到运行结果，如图 1.11 所示。

```
命令提示符 - python
Microsoft Windows [版本 10.0.19044.1466]
(c) Microsoft Corporation。保留所有权利。

C:\Users\TIANXY>python
Python 3.10.2 (tags/v3.10.2:a58ebcc, Jan 17 2022, 14:12:15) [MSC v.1929 64 bit (AMD64)] on win32
Type "help", "copyright", "credits" or "license" for more information.
>>> print("Hello World!")
Hello World!
>>>
```

图 1.11　通过命令行启动 Python 交互式环境

第二种方法是调用安装的 Python 自带的 IDLE 来启动交互式窗口。启动之后在命令提示符“>>>”后输入代码，再按回车键运行，得到的运行结果如图 1.12 所示。

在交互式环境中，输入的代码不会被保存下来，当关闭 Python 的运行窗口之后，之前输入的代码将不会被保存。在交互式环境中按下键盘中的【↑】【↓】键，可以寻找历史命令，这仅是短暂性的记忆，当退出程序之后，这些命令将不复存在。

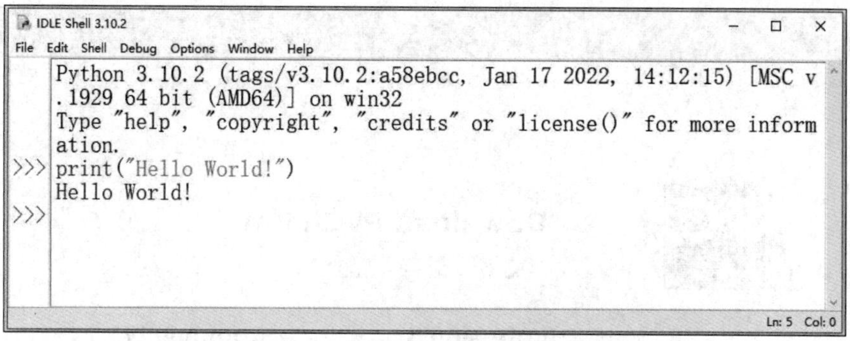

```
IDLE Shell 3.10.2
File Edit Shell Debug Options Window Help
Python 3.10.2 (tags/v3.10.2:a58ebcc, Jan 17 2022, 14:12:15) [MSC v
.1929 64 bit (AMD64)] on win32
Type "help", "copyright", "credits" or "license()" for more inform
ation.
>>> print("Hello World!")
Hello World!
>>>
Ln: 5 Col: 0
```

图 1.12　通过 IDLE 启动 Python 交互式环境

2. 文件式

Python 的交互式执行方式又称为命令式执行方式，如果需要执行多个语句，使用交互式就显得不方便了。通常的做法是将语句保存到一个文件中，然后再批量执行文件中的全部语句，这种方式称为文件式执行方式。在 Python 程序编辑窗口执行 Python 程序过程如下。

(1) 打开 IDLE，选择【File】→【New File】命令或按【Ctrl+N】快捷键，打开 Python 程序编辑窗口。

(2) 在 Python 程序编辑窗口输入如下程序代码：

```
print("Hello World!")        #输出 Hello World!
```

(3) 语句输入完成后，在 Python 程序编辑窗口选择【File】→【Save】命令，确定文件保存位置和文件名，例如“d:\Pycode\hello.py”。

(4) 在 Python 程序编辑窗口选择【Run】→【Run Module】命令或按 F5 快捷键，运行程序并在 Python IDLE 中输出运行结果。

注意：对于单行代码或通过观察输出结果讲解少量代码的情况，本书采用 IDLE 交互式(以“>>>”开头)方式进行描述；对于讲解整段代码的情况，采用 IDLE 文件式方式。

1.3.3　集成开发环境——PyCharm 安装

PyCharm 是一款跨平台的 Python IDE(Integrated Development Environment，集成开发环境)，具有一般 IDE 具备的功能，如调试、语法高亮、项目管理、代码跳转、智能提示、自动完成、单元测试、版本控制等。此外，PyCharm 还提供了一些良好的用于 Django 开发的功能，同时支持 Google App Engine 和 IronPython。

访问 PyCharm 官方网站 https://www.jetbrains.com/pycharm/download/，进入 PyCharm 下载页面，如图 1.13 所示。

在图 1.13 中，可以根据不同的平台下载 PyCharm，每个平台都可以选择下载 Professional 或 Community 两个版本。

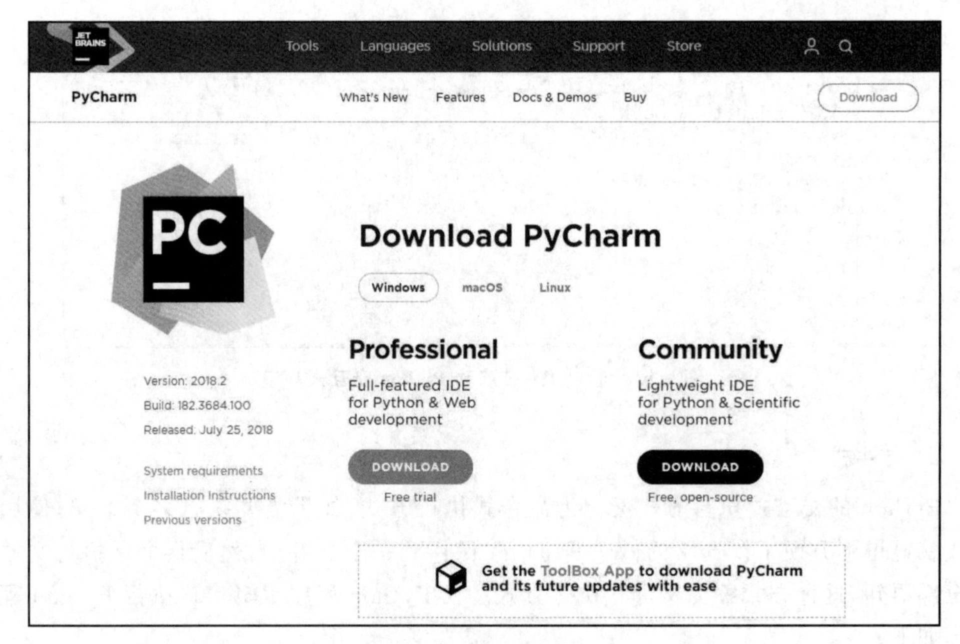

图 1.13　PyCharm 下载页面

建议选择下载 Professional 版本。这里以 Windows 平台为例，介绍安装 PyCharm 的步骤。

(1) 双击已下载的 pycharm-professional-2018.2.exe 文件，进入 PyCharm 安装界面，如图 1.14 所示。

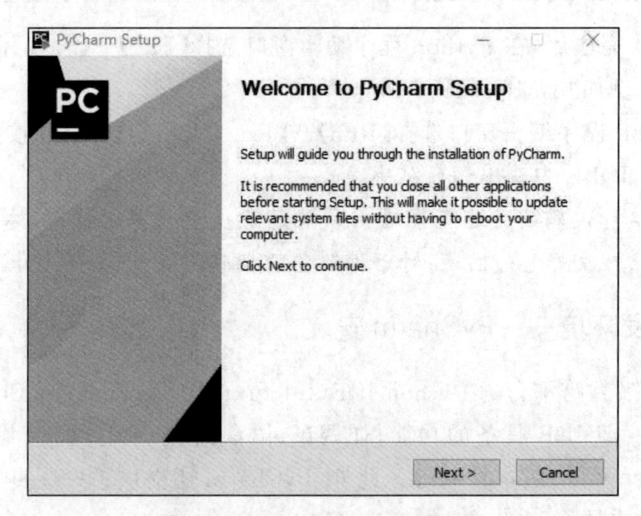

图 1.14　进入 PyCharm 安装界面

(2) 单击图 1.14 中的【Next】按钮，进入选择安装路径界面，如图 1.15 所示。

(3) 单击图 1.15 中的【Next】按钮，进入文件配置界面，如图 1.16 所示。

(4) 单击图 1.16 中的【Next】按钮，进入选择启动菜单界面，如图 1.17 所示。

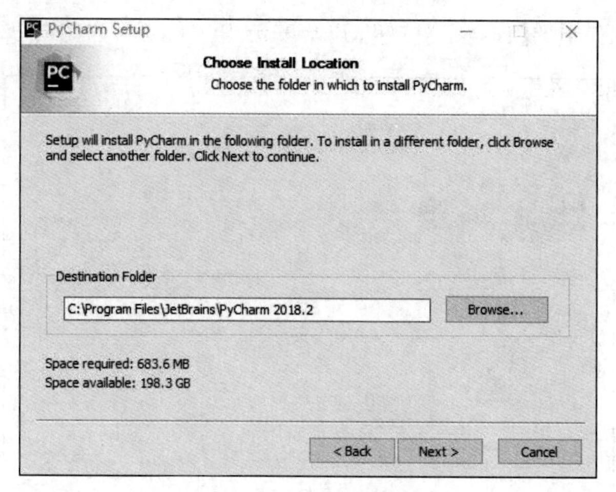

图 1.15　选择安装路径

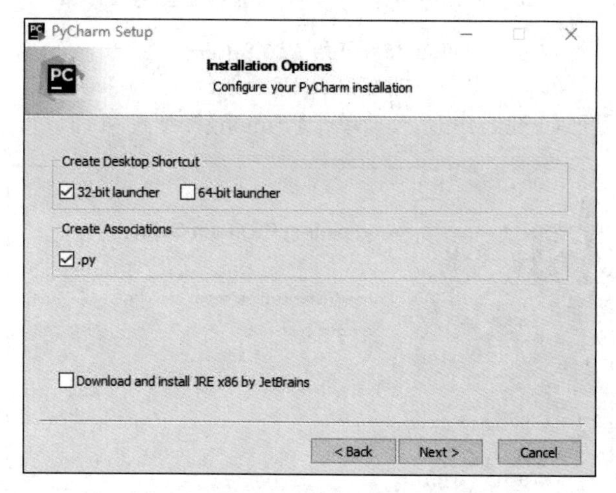

图 1.16　文件配置

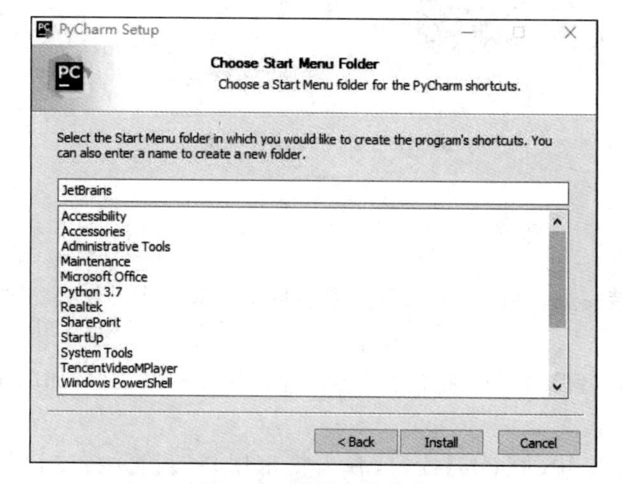

图 1.17　选择启动菜单

(5) 单击图 1.17 中的【Install】按钮，开始安装 PyCharm，如图 1.18 所示。

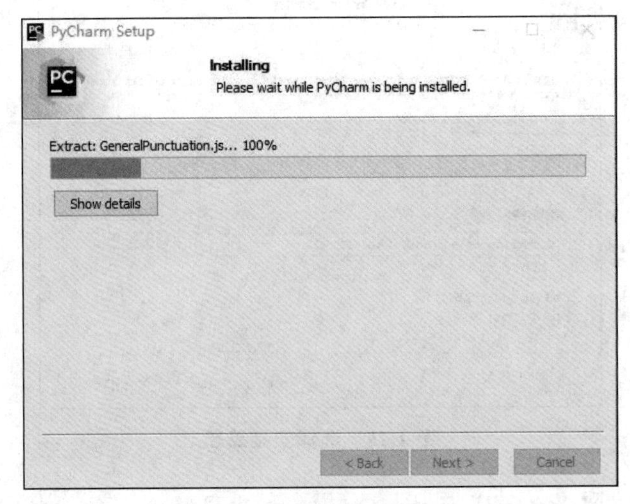

图 1.18　开始安装 PyCharm

(6) 安装完成界面如图 1.19 所示。单击【Finish】按钮即可完成安装。

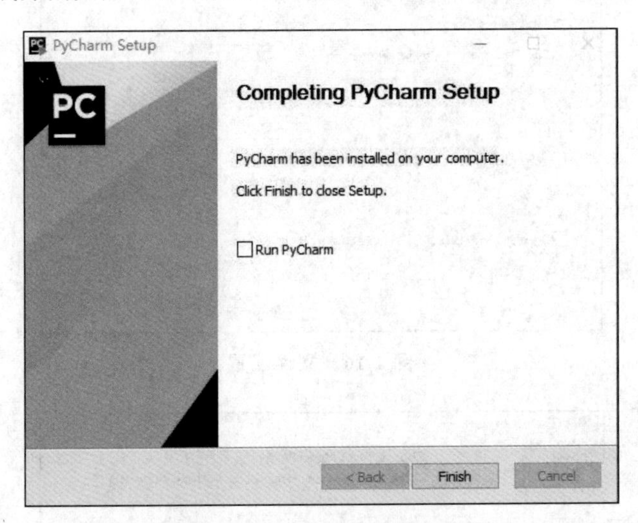

图 1.19　PyCharm 安装完成

1.3.4　PyCharm 的使用

PyCharm 安装完成之后，就可以打开来使用了。双击桌面快捷方式 PC 图标，开始使用 PyCharm。

(1) 首次使用，会提示用户选择是否导入开发环境配置文件，如图 1.20 所示，这里选择不导入。

(2) 单击图 1.20 中的【OK】按钮，弹出提示用户阅读并接受协议界面，如图 1.21 所示。

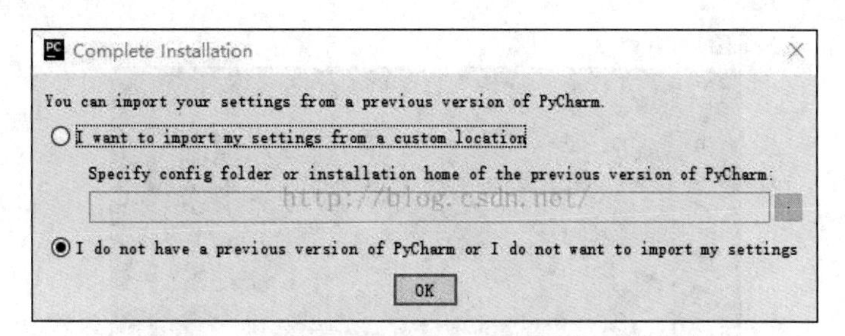

图 1.20　选择是否导入开发环境配置文件

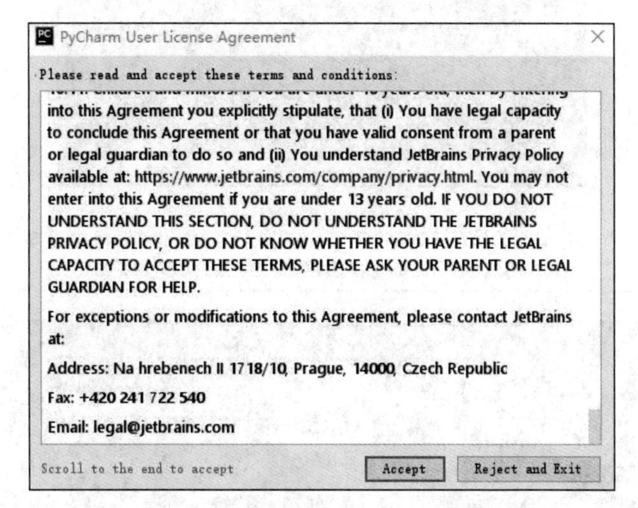

图 1.21　提示用户阅读并接受协议

（3）单击图 1.21 中的【Accept】按钮，进入数据共享界面，如图 1.22 所示。

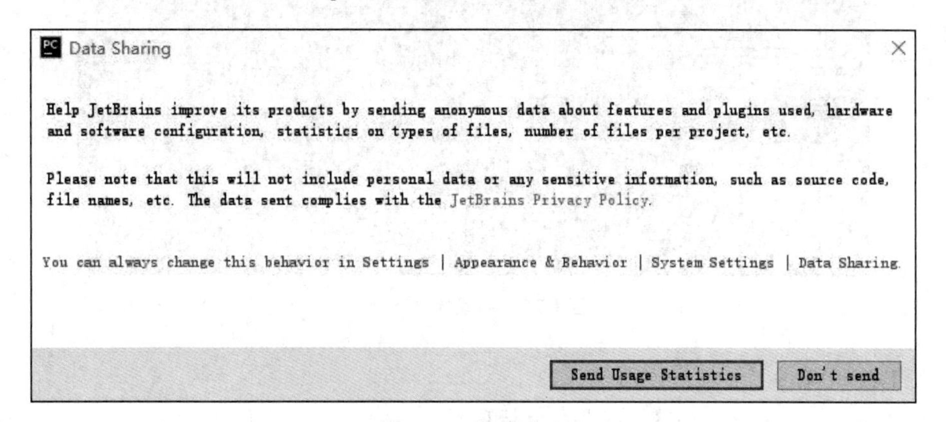

图 1.22　数据共享

（4）单击图 1.22 中的【Don't send】按钮，提示用户激活软件，如图 1.23 所示。

（5）在图 1.23 中选择【Evaluate for free】选项，单击【Evaluate】按钮，启动 PyCharm，进入创建项目界面，如图 1.24 所示。

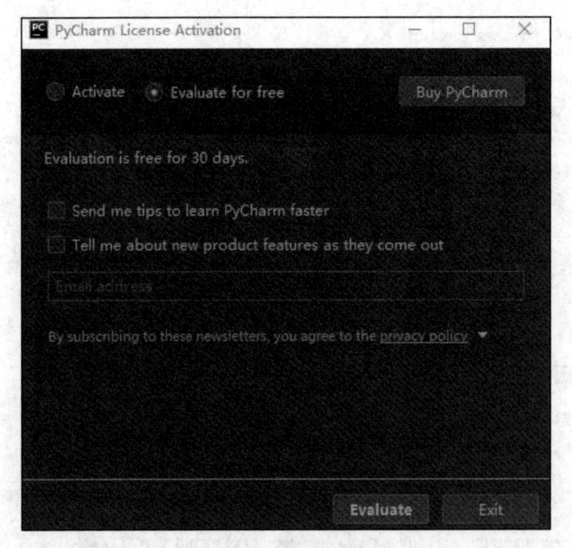

图 1.23　激活软件

图 1.24　启动 PyCharm

图 1.24 中有三个选项,分别是:

- 【Create New Project】:创建一个新项目。
- 【Open】:打开已经存在的项目。
- 【Check out from Version Control】:从控制版本中检出项目。

(6) 这里选择创建一个新项目,单击【Create New Project】,进入项目设置界面,如图 1.25 所示。

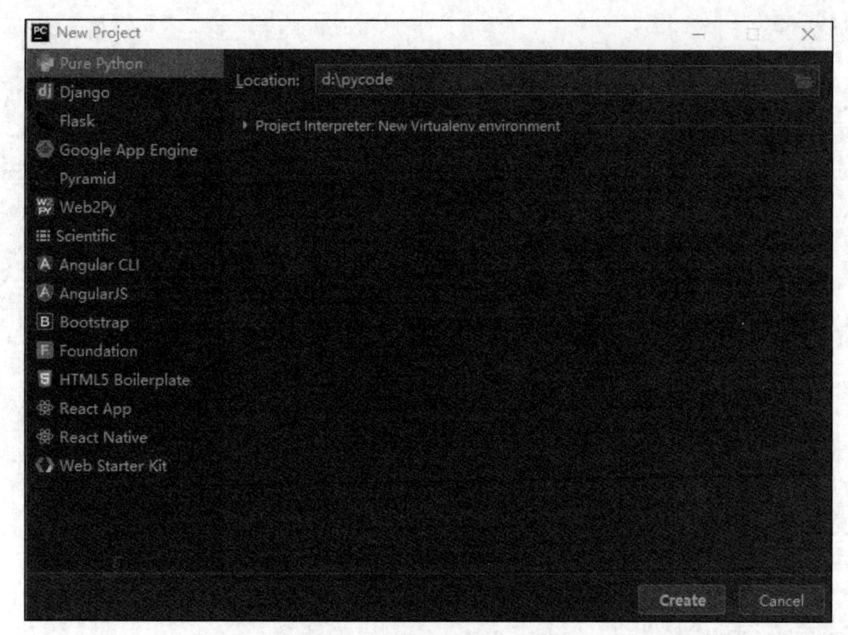

图 1.25　设置项目保存路径

(7) 在图 1.25 的【Location】中填写项目保存的路径之后，单击【Create】按钮，进入项目欢迎界面，如图 1.26 所示。

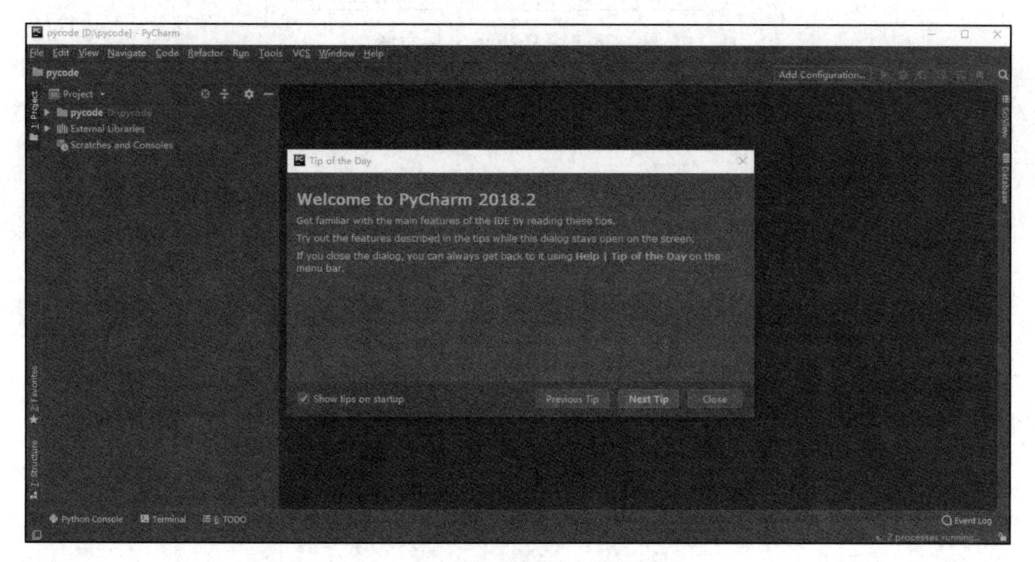

图 1.26　项目创建成功欢迎界面

(8) 在图 1.26 中单击【Close】按钮，进入项目开发界面，此时，需要在项目中创建 Python 文件。选择项目名称，右击，在弹出的快捷菜单中选择【New】→【Python File】，如图 1.27 所示。

(9) 为新建的 Python 文件命名，如图 1.28 所示。

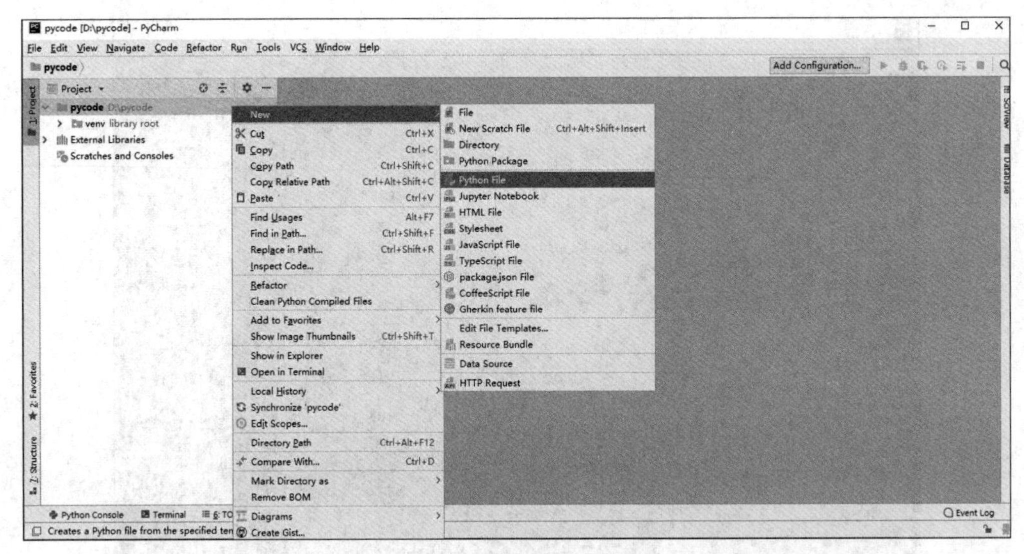

图 1.27 新建 Python 文件

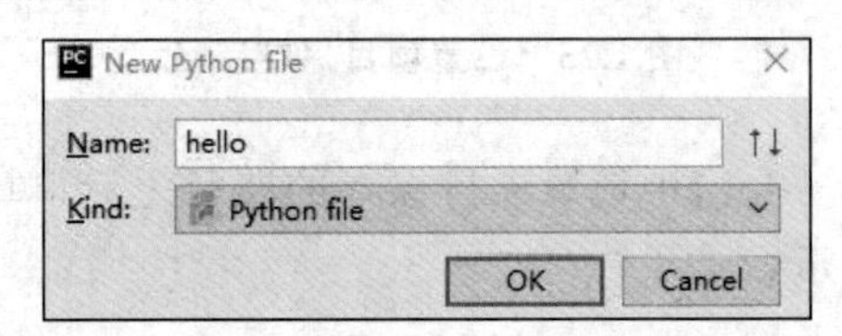

图 1.28 给 Python 文件命名

(10) 在图 1.28 的【Name】文本框中输入文件名，例如“hello”，单击【OK】按钮，创建的文件如图 1.29 所示。

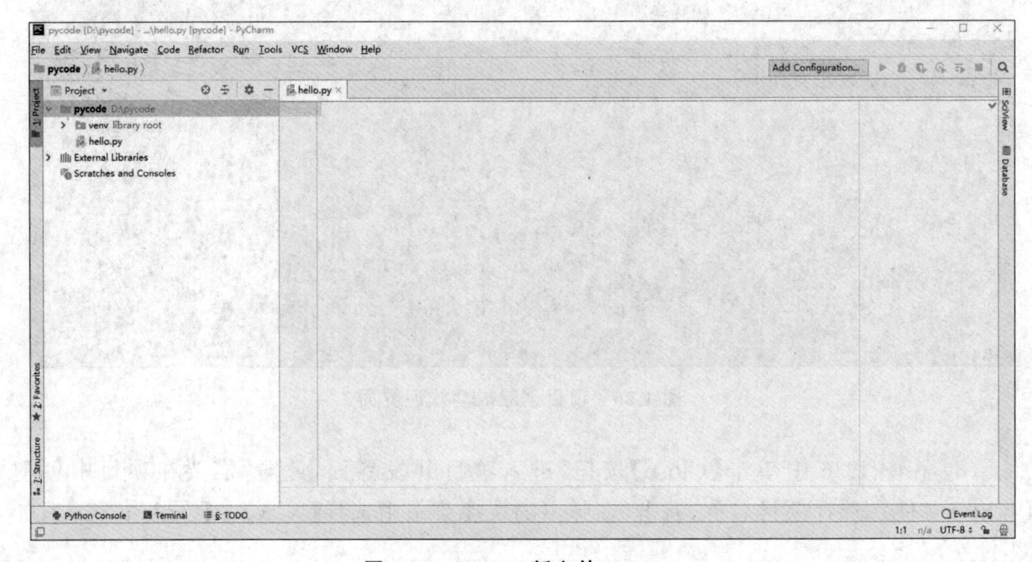

图 1.29 Python 新文件 hello.py

(11) 在图 1.29 右边的文本框中,输入以下语句:

```
print("Hello World!")
```

单击菜单栏【Run】→【Run 'hello'】或使用快捷键【Shift＋F10】,运行程序,如图 1.30 所示。

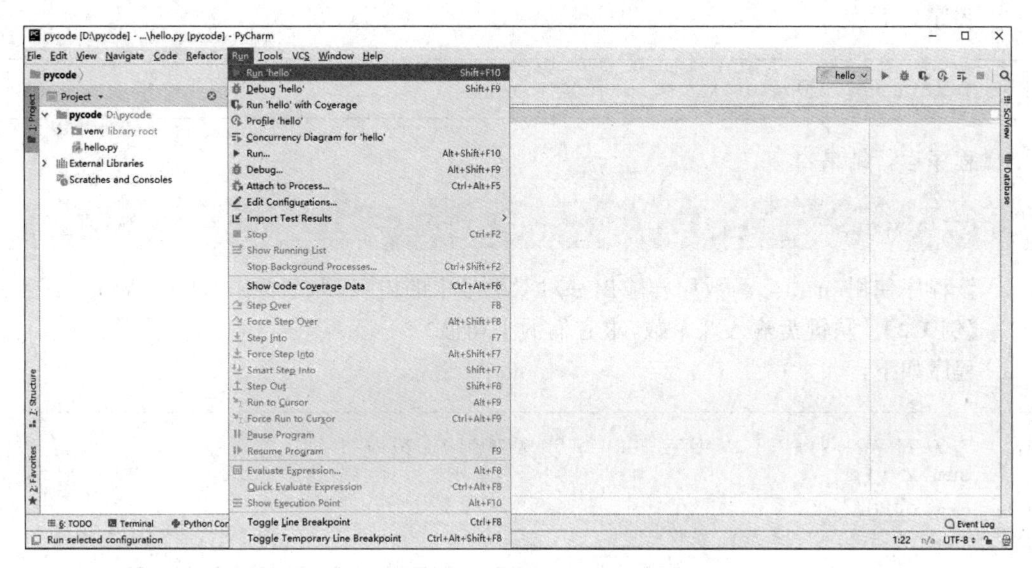

图 1.30　运行 hello.py 程序

(12) 程序的运行结果如图 1.31 所示。

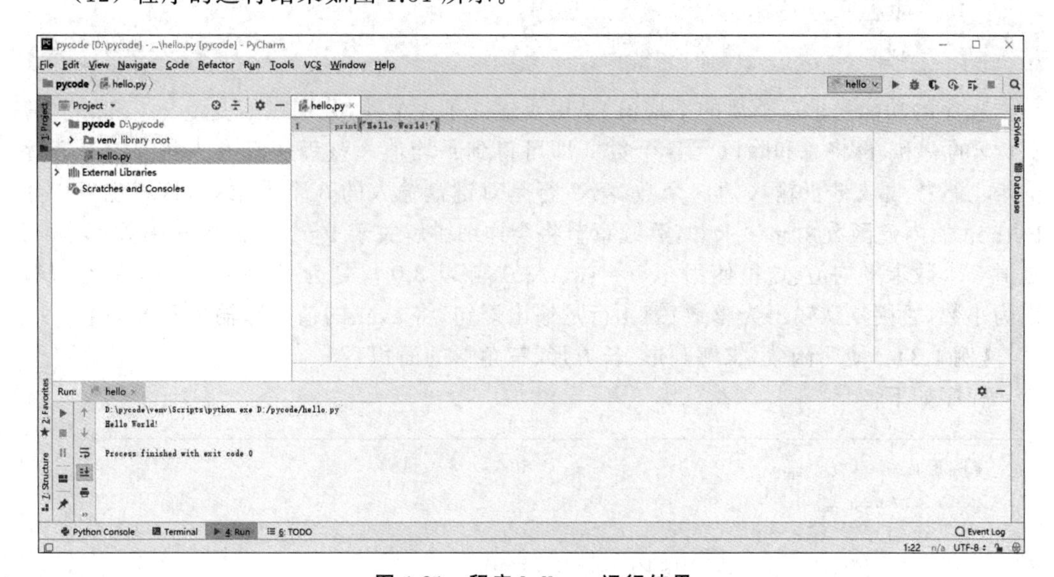

图 1.31　程序 hello.py 运行结果

1.4 Python 程序基本结构

1.4.1 简单 Python 程序

【例 1.1】 输出字符串“Hello World!”。

程序如下：

```
print('Hello World!')
```

程序运行结果：

```
Hello World!
```

该程序使用 print()函数原样输出一对双引号中的内容，即字符串“Hello World!”。

【例 1.2】 从键盘输入 3 个数，求它们的平均值。

程序如下：

```
x,y,z=eval(input('please input the number of x,y,z: '))
sum=x+y+z
aver=sum/3.0
print('aver=',aver)
```

程序运行结果：

```
please input the number of x,y,z: 3,6,9
aver=6.0
```

程序的功能是求 3 个数的平均值，从键盘输入了 3 个数，分别赋给变量 x、y 和 z，计算 x、y、z 的总和，再将总和除以元素个数 3 即可得到平均值。该程序具有人机交互。程序的第 1 行接收从键盘输入的 3 个数，第 2 行是对键盘输入的 3 个数求和，这里也可以用 Python 的内建函数 sum()求和，后续章节将会详细讲解关于 Python 的内建函数；第 3 行是对 3 个数求平均值，这里使用 aver=sum/3.0，除以 3.0 只是为了让 aver 的最终结果输出为小数，否则默认输出为整数；第 4 行是输出语句，将 aver 的值打印输出到屏幕上。

【例 1.3】 使用函数，求解圆形、长方形、三角形的面积。

程序如下：

```
#圆形面积
def CirArea(r):
    area = 3.14 * r * r
    print("the area of circle is: ", area)
#长方形面积
def RectArea(a=5, b=6):
    area = a * b
```

```
    print("the area of rectangle is: ",area)
#三角形面积
def TriArea(b, h):
    area = 1.0/2 * b * h
    print("the area of triangle is: ")
    return area
CirArea(4)
RectArea()
print(TriArea(3,4))
```

程序运行结果：

```
the area of circle is:  50.24
the area of Rectangle is:  20
the area of Triangle is:
6.0
```

该程序使用了3个自定义的函数的CirArea、RectArea和RectArea，作用分别为求圆的面积、长方形的面积和三角形面积，最后再分别调用这三个函数进行计算，关于函数的详细介绍见第8章。

1.4.2　用缩进表示代码块

代码块，也称为语句块，是指具有相同缩进量的连续语句所组成的语句集。Python语言采用严格的“缩进”表示程序的逻辑关系，缩进是指每行语句前的空白区域。

当表示分支、循环、函数、类等程序结构时，在if、while、for、def、class等保留字所在语句后以冒号(:)结尾，并把后面的行缩进，表示后续代码与紧邻无缩进语句的所属关系。

代码缩进有两种方式，一种是采用制表符(即键盘上的Tab键)，另一种是采用若干个空格。缩进的长度不受限制，一般为4个空格或一个Tab。但在同一个程序中，不建议混合使用空格键和Tab键。如果在程序中使用了错误的代码缩进，程序将抛出“unexpected indent”异常，意为“意外的缩进”。

例如，有以下程序：

```
m=int(input("请输入要判断的正整数m: "))
flag=1
for i in range(2,m):
  if  m%i==0:
      flag=0
      i=m
  if  flag==1:
      print("%d是素数"%m)
  else:
      print("%d不是素数"%m)
```

在上面的例子中，第1、2、3、4、7、9行是一个语句块，第5和6行是一个语句块，第8行单独一行是一个语句块，第10行单独一行是一个语句块。

1.4.3 代码注释

注释对程序的编译和运行不起任何作用，其目的是对程序进行解释说明，以增强程序的可读性。此外，在程序调试阶段，有时需要某些语句暂时不执行，这时可以给这些语句加注释符号，相当于对这些语句做逻辑删除，需要执行时再去掉注释符号即可。Python的注释有两种形式：单行注释和多行注释。

1. 单行注释

使用#作为单行注释的符号，可以从任意位置开始，可以在语句行末尾也可以独立成行，以#开始直到行尾为止所有内容都是注释的内容。例如：

```
print("Hello World!")          #输出 Hello World!
```

注意：“#”右边的内容在执行的时候不会被输出。

2. 多行注释

在Python中也会有注释很多行的时候，这种情况下就需要使用批量多行注释符，使用成对的三个单引号(''')或者三个双引号(""")括起来的所有内容为多行注释的内容。例如：

```
'''
print("Hello World!")
输出 Hello World!
'''
```

1.4.4 语句续行

通常，Python中的一条语句占一行。如果语句行太长，可以使用语句续行符号，将一条语句写到多行之中。

Python有两种续行方式，一种是使用反斜杠“\”符号。例如：

```
#表达式续行
>>>a=1+2+3+\
   +4+5
>>>print(a)
15

#输出续行
>>>print("This is \
a long sentence.")
This is a long sentence.
```

注意：在反斜杠之后不能有任何其他符号，包括空格和注释。

另一种特殊情况下的续行方式是在使用括号时，括号中的内容可分行书写，括号中的空白和换行符都会被忽略。例如：

```
>>>print(
    "This is a long sentence."
    )
This is a long sentence.
```

1.4.5　语句分隔

如果要在一行中书写多条语句，就需要使用分号(;)分隔每条语句，否则 Python 无法识别语句之间的间隔。例如：

```
>>>a=1;b=2;c=3          #以分号分隔的 3 条语句，分别给 a、b、c 赋值
>>>print(a,b,c)         #输出 a、b、c 的值
1 2 3
```

1.5　Python 的版本

Python 发展到现在，经历了多个版本。在 Python 官方网站上同时提供了 Python 2.x 和 Python 3.x两个不同系列的版本，并且相互之间不兼容。目前 Python 2.x 已经不再进行功能开发，只进行 Bug 修复、安全增强以及维护等工作，以便开发者能顺利从 Python 2.x 迁移到 Python 3.x。Python 3.x 对 Python 2.x 的标准库进行了一定程度的重新拆分和整合，能兼容大部分 Python 开源代码。

与 Python 2.x 版本相比较，Python 3.x 在语句输入/输出、编码、运算等方面做出了一些调整。本书大部分的示例代码都遵循 Python 3.x 语法规则。

1. input()函数

Python 3.x 去掉了 raw_input()函数，用 input()函数替代 raw_input()函数返回一个字符串。input()函数在 Python 2.x 和 Python 3.x 中的详细使用见 3.3.1 节。

2. print()函数

在 Python 3.x 中，用 print()函数替代了 Python 2.x 中的 print 语句。

```
Python 2.x:
    >>>print "Hello World!"
    Hello World!
Python 3.x:
    >>> print("Hello World!")
    Hello World!
```

Python 2.x 与 Python 3.x 的 print 差异如表 1.1 所示。

表 1.1 Python 2.x 与 Python 3.x 的 print 差异

Python 2.x	Python 3.x	功能
print	print()	输出回车,换行
print 3	print(3)	输出一个值,以回车结束,光标停留在下一行行首
print 3,	print(3,end='')	输出一个值,光标停留在输出数据行尾
print 3,5	print(3,5)	输出多个值,以空格分隔

3. Unicode 编码

Python 2.x 中的字符串基于 ASCII 编码;Python 3.x 默认使用 UTF-8 编码,可以很好地支持中文或其他非英文字符,使得处理中文像处理英文一样方便。例如,要输出一句中文,使用 Python 2.x 和 Python 3.x 的输出结果不同。

Python 2.x:

```
>>> str="中华人民共和国"
>>> str
'\xd6\xd0\xbb\xaa\xc8\xcb\xc3\xf1\xb9\xb2\xba\xcd\xb9\xfa'
```

Python 3.x:

```
>>> str="中华人民共和国"
>>> str
'中华人民共和国'
```

4. 除法运算

Python 的除法运算包括/和//两个运算符。

(1) /运算符。

在 Python 2.x 中,进行/运算时,整数相除的运算结果是一个整数,浮点数相除的运算结果是一个浮点数。在 Python 3.x 中,整数相除的结果也是一个浮点数。例如:

Python 2.x:

```
>>>5/3
1
>>>5/3.0
1.6666666666666667
```

Python 3.x:

```
>>> 5/3
1.6666666666666667
```

```
>>> 5.0/3
1.6666666666666667
```

(2) //运算符。

使用//运算符进行的除法运算称为 floor 除法，这种除法会对结果自动进行一个 floor 操作，即进行下取整操作。使用//运算符进行的除法运算，在 Python 2.x 和 Python 3.x 中是一致的。

```
>>> 5//3
1
```

5. 数据类型

Python 3.x 中数据类型改变如下。

(1) Python 3.x 去掉了长整数类型 long，不再区分整数和长整数类型，只有一个 int 类型。int 类型无取值范围限定。

(2) Python 3.x 新增了 bytes 类型，对应于 Python 2.x 版本的八位串。定义一个 bytes 类型的方法如下：

```
>>> a_bytes=b'Python'
>>> a_bytes
b'Python'
>>> type(a_bytes)
<class 'bytes'>
```

bytes 对象和 str 对象可以使用 encode()和 decode()方法相互转化。例如：

```
>>> b_str=a_bytes.decode()        #将 bytes 类型转换成 str 类型
>>> b_str
'Python'
>>> c_types=b_str.encode()        #将 str 类型转换成 bytes 类型
>>> c_types
b'Python'
```

6. 异常处理

在 Python 3.x 中，异常处理与 Python 2.x 的不同之处主要如下。

(1) 在 Python 2.x 中，捕获异常的语法是"Exception exc,var"。在 Python 3.x 中，引入了 as 关键字，捕获异常的方法改为"Exception exc as var"，使用语法"Exception(exc1,exc2) as var"可以同时捕获多种类别的异常。

(2) 在 Python 2.x 中，处理异常的语法是"raise Exception,args"。在 Python 3.x 中，处理异常的方法改为"raise Exception(args)"。

(3) 在 Python 2.x 中，所有类型的对象都是可以被直接抛出的。在 Python 3.x 中，只有继承自 BaseException 的对象才可以被抛出。

7. 不等于运算符

Python 2.x 中,不等于运算符有!=和＜＞两种写法;Python 3.x 中去掉了＜＞,只有!=一种写法。

8. 八进制形式

Python 2.x 中,八进制以 0 开头;Python 3.x 中,八进制以 0o 开头。

Python 版本间的区别比较还有其他方面,本节不再赘述,读者可在 Python 官方网站提供的资料了解更多更详细的内容,地址是:https://docs.Python.org/3/whatsnew/3.0.html#overview-of-syntax-changes。

习　题

1. 选择题

(1) 下列选项中,不属于 Python 语言特点的是(　　)。

A. 面向对象　　B. 可移植性　　C. 运行效率高　　D. 开源

(2) Python 内置的集成开发工具是(　　)。

A. PythonWin　　B. IDE　　C. Pydev　　D. IDLE

(3) Python 语言语句块的标记是(　　)。

A. 冒号　　B. 分号　　C. 逗号　　D. 缩进

(4) 下列符号中,表示 Python 中单行注释的是(　　)。

A. //　　B. " "　　C. #　　D. /*　　*/

(5) 关于 Python 程序中与"缩进"有关的说法中,以下选项中正确的是(　　)。

A. 缩进统一为 4 个空格

B. 缩进在程序中长度统一且强制使用

C. 缩进是非强制性的,仅为了提高代码可读性

D. 缩进可以用在任何语句之后,表示语句间的包含关系

2. 简述 Python 语言的特点。

3. 编写程序,计算长方形的面积,长方形的长和宽从键盘输入。

第2章 Python 编程基础

程序处理的对象是数据，编写程序也就是对数据的处理过程，而运算符是对数据进行处理的具体描述。要学好 Python 并使用 Python 来编程，必须熟练掌握 Python 的数据类型描述，以及运算符与表达式。这是学习 Python 的重要基础，后续章节的内容都是在此基础上展开的。

2.1 常量、变量与标识符

Python 中存在着两种表示数据的形式：常量和变量。常量用来表示数据的值，变量不仅可以用来表示数据的值，而且可以用来存放数据，因为变量对应着一定的内存单元。常量和变量都需要用一个名字(即标识符)来表示，因此首先介绍标识符及其命名规则。

2.1.1 标识符

标识符在程序中是用来标识各种程序的成分，用于命名程序中的一些实体，如变量、常量、函数等对象。

Python 规定，合法的标识符由字母、数字和下画线组成的序列，且必须由字母或下画线开头，自定义的标识符不能与关键字同名。

以下是合法的标识符：

x，a1，wang，num_1，radius，1，PI

以下是不合法的标识符：

a.1，1sum，x+y，!abc，123，π，3-c

在 Python 中，大写字母和小写字母被认为是两个不同的字符，因此标识符 SUM 与标识符 sum 是不同的标识符。习惯上符号常量名用大写字母表示，变量名用小写字母表示。

在 Python 中，单独的下画线(_)用于表示上一次运算的结果。例如：

```
>>>20
20
>>>_*10
200
```

标识符的命名习惯如下。

(1) 变量名和函数名的英文字母一般用小写，以增加程序的可读性。

(2) 见名知义：通过变量名就知道变量值的含义。一般选用相应英文单词或拼音缩写的形式，如求和用 sum，而尽量不要使用简单代数符号，如不建议使用诸如 x、y、z 等为变量名。

(3) 尽量不要使用容易混淆的单个字符作为标识符，如数字 0 和字母 o，数字 1 和字母 l。

(4) 开头和结尾都使用下画线的情况应该避免，因为 Python 中大量采用这种名字定义了各种特殊方法和变量。

关键字又称为保留字，是 Python 语言中用来表示特殊含义的标识符，由系统提供，是构成 Python 语法的基础。关键字不允许另做他用，否则执行时会出现语法错误。

可以在使用 import 语句导入 keyword 模块之后，使用 print(keyword.kwlist)语句查看所有 Python 的关键字。在 Python 3.10 中共有 35 个关键字。查看关键字的语句如下：

```
>>>import keyword
>>> print(keyword.kwlist)
['False', 'None', 'True', 'and', 'as', 'assert', 'async', 'await', 'break',
'class', 'continue', 'def', 'del', 'elif', 'else', 'except', 'finally', 'for',
'from', 'global', 'if', 'import', 'in', 'is', 'lambda', 'nonlocal', 'not',
'or', 'pass', 'raise', 'return', 'try', 'while', 'with', 'yield']
```

另外还可以使用 keyword.iskeyword (word)的方式查看 word 是否为关键字。

```
>>> keyword.iskeyword ('False')
True            #判断结果输出,'False'是 Python 的关键字
>>> keyword.iskeyword ('int')
False           #判断结果输出,'int'不是 Python 的关键字
```

2.1.2 常量和变量

在程序运行过程中，其值不能改变的量称为常量。在基本数据类型中，常量按其值的表示形式可分为整型(Integer)、实型(Real)、字符型(String)、布尔型(Boolean)和复数类型(Complex number)。例如，－123、20 是整型常量，3.14、0.15、－2.0 是实型常量，'Python'、"Very Good!"是字符串常量，True 是布尔型常量、3＋2.5j 是复数类型常量。

在 Python 中，不需要事先声明变量名及其类型，类型是在运行过程中自动决定的，直接赋值即可创建各种类型的变量。变量在程序中使用变量名表示，变量名必须是合法的标识符，并且不能使用 Python 关键字。Python 是动态类型的语言，也是强类型语言(只能对一个对象进行适合该类型的有效操作)。Python 中的每个对象包含 3 个基本要素，分别是 id(身份标识)、type(数据类型)和 value(值)。

例如：

```
>>>x=5
```

创建了整型变量 x,对其赋值为 5,如图 2.1 所示。

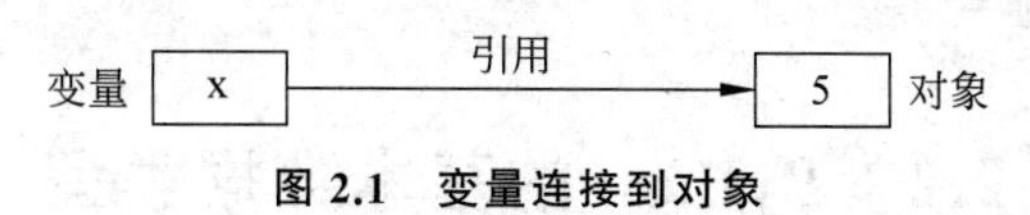

图 2.1 变量连接到对象

对该语句 Python 将会执行 3 个步骤来完成这个请求,这些步骤反映了 Python 语言中所有赋值的操作。

(1) 创建一个对象来代表值 5。

(2) 创建一个变量 x,如果它还没有创建的话。

(3) 将变量与新的对象 5 相连接。

在 Python 中从变量到对象的连接称为引用。Python 的赋值运算,将在 2.3.3 节详细介绍。

```
>>>type(x)
<class 'int'>
```

采用内置函数 type()返回变量 x 的类型 int。

```
>>>string="Hello World!"
```

创建了字符型变量 string,并赋值为 Hello World!。

这种方法适合于任意类型的对象。

虽然 Python 不需要事先声明变量名及其类型,但 Python 仍属于强类型编程语言,其解释器会根据赋值或运算来自动推断变量的类型。每种类型支持的运算也不完全相同,因此在使用变量时需要程序员自己确定所进行的运算是否合适,以免出现异常或意料之外的结果。

注意:Python 是一种动态类型语言,即变量的类型可以随时变化。例如:

```
>>>x=5
>>>type(x)
<class 'int'>
>>>x="Hello World! "
>>>type(x)
<class 'str'>
>>>x=(1,2,3)
>>>type(x)
<class 'tuple'>
```

首先通过赋值语句“x=5”创建了整型变量 x,然后又分别通过赋值语句“x="Hello

World!""和"x=(1,2,3)"创建了字符串和元组类型的变量x。当创建了字符串类型变量x之后,之前创建的整型变量x就自动失效了,创建了元组类型变量x之后,之前创建的字符串类型变量x就自动失效了。也就是在显式修改变量类型或者删除变量之前,变量将一直保持上次的类型。

2.2 Python的基本数据类型

数据是计算机程序加工处理的对象。抽象地说,数据是对客观事物所进行的描述,而这种描述是采用了计算机能够识别、存储和处理的形式进行的。程序所能够处理的基本数据对象被划分成一些集合,属于同一集合的各数据对象都具有同样的性质。例如,对它们能做同样的操作,它们都采用同样的编码方式等。把程序中具有这样性质的集合,称为数据类型。

在程序设计过程中,计算机硬件也把被处理的数据分成一些类型。CPU对不同的数据类型提供了不同的操作指令,程序设计语言中把数据划分成不同的类型也与此有着密切的关系。在程序设计语言中,都是采用数据类型来描述程序中的数据结构、数据的表示范围和数据在内存中的存储分配等。可以说,数据类型是计算机领域中一个非常重要的概念。

Python的数据类型如图2.2所示。Python提供了一些内置的数据类型,它们由系统事先预定义,在程序中可以直接使用。本节主要介绍Python中一些简单数据类型的应用。

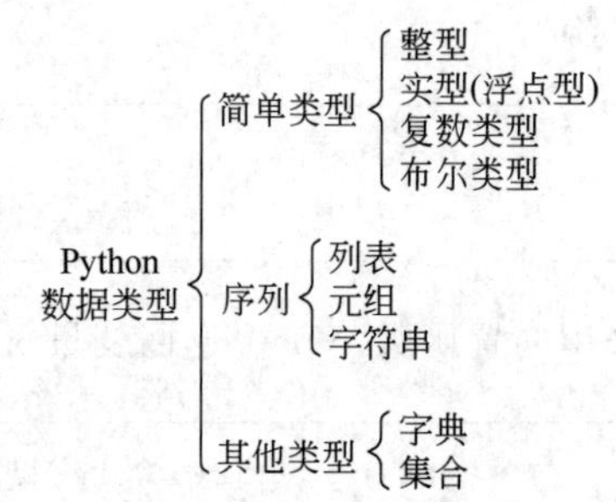

图2.2 Python的数据类型

2.2.1 整型数据

整型数据即整数,不带小数点,可以有正号或负号。在Python 3.x中,整型数据在计算机内的表示没有长度限制,理论上其值可以任意大。

例如,下面的数据表示在Python中是正确的:

```
>>> a=12345678900123456789
>>> a*a
152415787504953525750053345778750190521
```

Python中整型常量可用十进制、二进制、八进制和十六进制4种形式表示。

(1) 十进制整数。由0~9的数字组成,如-123、0、10,但不能是以0开始的数字。

以下各数是合法的十进制整常数:

237,-568,1627

以下各数是不合法的十进制整常数:

023(不能有前缀0),35D(不能有非十进制数码D)

(2) 二进制整数。以0b为前缀,其后由0和1组成。如0b1001表示二进制数1001,

即$(1001)_2$，其值为$1\times2^3+0\times2^2+0\times2^1+1\times2^0$，即十进制数9。

以下各数是合法的二进制数：

0b11(十进制为3)，0b111001(十进制为57)

以下各数是不合法的二进制数：

101(无前缀0b)，0b2011(不能有非二进制码2)

(3) 八进制整数。以0o为前缀，其后由0～7的数字组成，如0o456表示八进制数456，即$(456)_8$，其值为$4\times8^2+5\times8^1+6\times8^0$，即十进制数302；-0o11表示八进制数-11，即十进制数-9。

以下各数是合法的八进制数：

0o15(十进制为13)，0o101(十进制为65)，0o0177777(十进制为65535)

以下各数是不合法的八进制数：

256(无前缀0o)，0o283(不能有非八进制码8)

(4) 十六进制整数。以0x或0X开头，其后由0～9的数字和a～f字母或A～F字母组成，如0x7A表示十六进制数7A，即$(7A)_{16}=7\times16^1+A\times16^0=122$；-0x12即十进制数-18。

以下各数是合法的十六进制数：

0x1f(十进制为31)，0xFF(十进制为255)，0x201(十进制为513)

以下各数是不合法的十六进制数：

8C(无前缀0x)，0x3H(含有非十六进制数码H)

注意：在Python中是根据前缀来区分各种进制数的，因此在书写常数时不要把前缀弄错，造成结果不正确。

【例2.1】 整型常量示例。

```
>>> 0xff
255
>>> 2017
2017
>>> 0b10011001
153
>>> 0b012
SyntaxError: invalid syntax
>>> -0o11
-9
>>> 0xfe
254
```

2.2.2 实型数据

实数又称浮点数，一般有两种表示形式。

(1) 十进制小数形式。由数字和小数点组成(必须有小数点)，如1.2、.24、0.0等，浮点型数据允许小数点后没有任何数字，表示小数部分为0，如2.表示2.0。

(2) 指数形式。用科学计数法表示的浮点数,用字母 e(或 E)表示以 10 为底的指数,e 之前为数字部分,之后为指数部分。如 123.4e3 和 123.4E3 均表示 123.4×10^3。用指数形式表示实型常量时要注意,e(或 E)前面必须有数字,后面必须是整数。15e2.3、e3 和.e3 都是错误的指数形式。

一个实数可以有多种指数表示形式,例如 123.456 可以表示为 123.456e0、12.3456e1、1.23456e2、0.123456e3 和 0.0123456e4 等多种形式。其中 1.23456e2 称为规范化的指数形式,即在字母 e 或 E 之前的小数部分中,小数点左边的部分应有且只有一位非零的数字。一个实数在用指数形式输出时,是按规范化的指数形式输出的。

对于实型常量,Python 3.x 默认提供 17 位有效数字的精度,相当于 C 语言中的双精度浮点数。例如:

```
>>> 1234567890012345.0
1234567890012345.0
>>> 12345678900123456789.0
1.2345678900123458e+19
>>> 15e2
1500.0
>>> 15e2.3
SyntaxError: invalid syntax
```

2.2.3 字符型数据

在 Python 中定义一个字符串时可以用一对单引号、双引号或者三引号进行界定,且单引号、双引号和三引号还可以相互嵌套,用于表示复杂的字符串。例如:

```
>>> "Let's go"
"Let's go"
>>> s="'Python' Program"
>>> s
"'Python' Program"
```

用单引号或双引号括起来的字符串必须在一行内表示,用三引号括起来的字符串可以是多行的。例如:

```
>>> s='''
'Python' Program
'''
>>> s
"\n'Python' Program\n"
```

除了以上形式的字符数据外,对于常用的但却难以用一般形式表示的不可显示字符,Python 语言提供了一种特殊形式的字符常量,即用一个转义标识符“\”(反斜线)开头的字符序列,如表 2.1 所示。

表 2.1 Python 常用的转义字符及其含义

字符形式	含义	字符形式	含义
\n	回车换行,将当前位置移到下一行开头	\\	反斜线符"\"
\t	横向跳到下一制表位置(Tab)	\'	单引号符
\b	退格,将当前位置退回到前一列	\"	双引号符
\r	回车,将当前位置移到当前行开头	\ddd	1~3 位八进制数所代表的字符
\f	走纸换页,将当前位置移到下页开头	\xhh	1~2 位十六进制数所代表的字符

使用转义字符时要注意:

(1) 转义字符多用于 print()函数中。

(2) 转义字符常量(如'\n'、'\x86'等)只能代表一个字符。

(3) 反斜线后的八进制数可以不用 0 开头。如'\101'代表字符常量'A','\134'代表字符常量'\'。

(4) 反斜线后的十六进制数只能以小写字母 x 开头,不允许用大写字母 X 或 0x 开头。

【例 2.2】 转义字符的应用。

```
a=1
b=2
c='\101'
print("\t%d\n%d%s\n%d%d\t%s"%(a,b,c,a,b,c))
```

程序运行结果:

```
□□□□□□□□1
2A
12□□□□□□A
```

在 print()函数中,首先遇到第一个"\t",它的作用是让光标到下一个"制表位置",即光标往后移动 8 个单元,到第 9 列,然后在第 9 列输出变量 a 的值 1。接着遇到"\n",表示回车换行,光标到下行首列的位置,连续输出变量 b 和 c 的值 2 和 A,其中使用了转义字符常量'\101'给变量 c 赋值。遇到"\n",光标到第三行的首列,输出变量 a 和 b 的值 1 和 2,再遇到"\t"光标到下一个制表位即第 9 列,然后输出变量 c 的值 A。

2.2.4 布尔型数据

布尔型数据用于描述逻辑判断的结果,有真和假两种值。Python 的布尔型有两个值:True 和 False(注意要区分大小写),分别表示逻辑真和逻辑假。

值为真或假的表达式为布尔表达式,Python 的布尔表达式包括关系表达式和逻辑表达式,它们通常用来在程序中表示条件,当条件满足时结果为 True,不满足时结果为 False。

【例 2.3】 布尔型数据示例。

```
>>> type(True)
<class 'bool'>
>>> True==1
True
>>> True==2
False
>>> False==0
True
>>> 1>2
False
>>> False>-1
True
```

布尔型还可以与其他数据类型进行逻辑运算,Python 规定:0 为空字符串,None 为 False,其他数值和非空字符串为 True。例如:

```
>>> 0 and False
0
>>> None or True
True
>>> "" or 1
1
```

2.2.5 复数型数据

Python 支持相对复杂的复数型。复数由两部分组成:实部和虚部。复数的形式为:实部+虚部 j,例如 2+3j。数末尾的 j(大写或者小写)表明它是一个复数。例如:

```
>>> x=3+5j                    #x 为复数
>>> x.real                    #查看复数实部
3.0
>>> x.imag                    #查看复数虚部
5.0
>>> y=6-10j                   #y 为复数
>>> x+y                       #复数相加
(9-5j)
>>> x-y                       #复数相减
(-3+15j)
>>> x * y                     #复数相乘
(68+0j)
>>> x/y                       #复数相除
(-0.23529411764705885+0.4411764705882353j)
```

2.3　运算符与表达式

2.3.1　Python 运算符

Python 语言提供了丰富的运算符和表达式，这些丰富的运算符使 Python 语言具有很强的表达能力。

1. 运算符

Python 语言的运算符按照它们的功能可分为：

(1) 算术运算符(＋、－、*、/、**、//、%)。

(2) 关系运算符(＞、＜、＞＝、＜＝、＝＝、!＝)。

(3) 逻辑运算符(and、or、not)。

(4) 位运算符(＜＜、＞＞、～、|、^、&)。

(5) 赋值运算符(＝、复合赋值运算符)。

(6) 成员运算符(in、not in)。

(7) 同一运算符(is、is not)。

(8) 下标运算符([ ])。

(9) 其他(如函数调用运算符())。

若按其在表达式中与运算对象的关系(连接运算对象的个数)可分为：

(1) 单目运算符(一个运算符连接一个运算对象)：～、－(取负号)、sizeof、(类型)、not 等。

(2) 双目运算符(一个运算符连接两个运算对象)：＋、－、*、/、//、%、＞、＜、＝＝、＞＝、＜＝、!＝、＜＜、＞＞、|、^、&、＝、复合赋值运算符、and、or、in、not in、is、is not 等。

(3) 其他：()、[ ]等。

2. Python 运算符的优先级和结合性

Python 中的运算符具有一般数学运算的概念，即具有优先级和结合性(也称为结合方向)。

(1) 优先级：指同一个表达式中不同运算符进行运算时的先后次序。通常所有单目运算符的优先级高于双目运算符。

(2) 结合性：指在表达式中各种运算符优先级相同时，由运算符的结合性决定表达式的运算顺序。它分为两类：一类运算符的结合性为从左到右，称为左结合性；另一类运算符的结合性是从右到左，称为右结合性。通常单目、三目和赋值运算符是右结合性，其余均为左结合性。

关于 Python 中运算符的优先级见附录 A。

3. 表达式

表达式就是用运算符将操作数连接起来所构成的式子。操作数可以是常量、变量和函数。各种运算符能够连接的操作数的个数、数据类型都有各自的规定，要书写正确的表达式就必须遵循这些规定。例如，下面是一个合法的Python表达式：

```
10+'a'+d/e-i*f
```

每个表达式不管多复杂，都有一个值。这个值是按照表达式中运算符的运算规则计算出来的结果。求表达式的值是由计算机系统来完成的，但程序设计者必须明白其运算步骤、优先级、结合性和数据类型转换这几方面的问题，否则可能得不到正确的结果。

2.3.2 算术运算符和算术表达式

1. 算术运算符

算术运算符用于各类数值运算，包括＋、－、*、/、//、**和％七种。基本算术运算符的属性如表2.2所示。

表2.2 算术运算符的属性

运算符	含义	优先级	结合性
＋	加法	这些运算符的优先级相同，但比下面的运算符优先级更低	左结合
－	减法		
*	乘法	这些运算符的优先级相同，但比上面的运算符优先级更高	
/	除法		
//	取整除		
**	幂运算		
％	取模		

Python中除法有两种：/和//，在Python 3.x分别表示除法和整除运算。例如：

```
>>> 3/5
0.6
>>> 3//5
0
>>> 3.0/5
0.6
>>> 3.0//5
0.0
>>> -3.0/5
-0.6
>>> 3.0/-5
-0.6
>>> 3.0//-5
-1.0
>>> -3.0//5
-1.0
```

Python中很多运算符有多重含义，这些运算符在程序中的具体含义取决于操作数的类型。例如，*运算符在数值型数据中进行运算时表示乘法，对于序列类型（如列表、元组、字符串）运算时则表示对内容进行重复。具体的用法后续章节进行介绍。

```
>>> 3*5                    #整数相乘运算
15
>>> 'a'*10                 #字符串重复运算
'aaaaaaaaaa'
```

%运算符表示对整数和浮点数的取模运算。由于受浮点数精确度的影响，计算结果会有误差。例如：

```
>>> 5%3
2
>>> -5%3
1
>>> 5%-3
-1
>>> 10.5%2.1               #浮点数取模运算
2.0999999999999996         #结果有误差
```

**运算符实现乘方运算，其优先级高于*和/。例如：

```
>>> 2**3
8
>>> 3.5**2
12.25
>>> 2**3.5
11.313708498984761
>>> 4*3**2
36
```

2. 算术表达式

用算术运算符将运算对象（操作数）连接起来，符合Python语言语法规则的式子，称为算术表达式。运算对象包括常量、变量和函数等。例如：

```
3+a*b/5-2.3+'b'
```

就是一个算术表达式。该表达式的求值顺序是先求a*b，然后让其结果再与5相除，之后再从左至右计算加法和减法运算。如果表达式中有括号，则应该先计算括号内的运算，再计算括号外的运算。

3. 数据转换

计算机中的运算与数据类型有密切关系，在Python中，同一个表达式允许不同类型的数据参加运算，这就要求在运算之前，先将这些不同类型的数据转换成同一类型，然后再进行运算。例如计算表达式：

```
10/4 * 4
```

作为数学式子，其结果很明显是10，但在不同的程序设计语言中计算结果就不同了。

在C语言中，结果为8。由于C语言遵循两个整数计算，结果仍为整数的原则，先计算10/4，得到2，再用2乘以4，得到结果8。

在Python中，将进行除法运算的操作数自动转换成浮点型6.0/4.0，再进行运算，得到2.5，再用2.5乘以4，得到结果10.0。

【例2.4】 自动类型转换。

```
>>> 10/4 * 4
10.0
>>> type(10/4 * 4)
<class 'float'>
>>> 10//4 * 4
8
>>> type(10//4 * +4)
<class 'int'>
```

当自动类型转换达不到转换需求时，可以使用类型转换函数，将数据从一种类型强制(或称为显式)转换成另一种类型，以满足运算需求。常用的类型转换函数如表2.3所示。

表2.3 常用的类型转换函数

函　数	功能描述
int(x)	将x转换为整数
float(x)	将x转换为浮点数
complex(x)	将x转换为复数，其中实部为x，虚部为0
complex(x,y)	将x、y转换为复数，其中实部为x，虚部为y
str(x)	将x转换为字符串
chr(x)	将一个整数转换为一个字符，整数为字符的ASCII编码
ord(x)	将一个字符转换为它的ASCII编码的整数值
hex(x)	将一个整数转换为一个十六进制字符串
oct(x)	将一个整数转换为一个八进制字符串
eval(x)	将字符串str当作有效表达式求值，并返回计算结果

【例2.5】 强制类型转换。

```
>>> x=int("5")+15              #将字符串"5"强制转换为整数
>>> x
```

```
20
>>> y=float("5")              #将字符串"5"强制转换为浮点数
>>> y
5.0
>>> complex(x)                #创建实部为x、虚部为0的复数
(20+0j)
>>> complex(x,y)              #创建实部为x、虚部为y的复数
(20+5j)
>>> z=str(x)                  #读取x的值并转换为字符串,x中的值不变
>>> z
'20'
>>> type(x)                   #输出x的类型
<class 'int'>                 #x的类型没有变化
>>> chr(97)                   #得到整数97所表示的字符
'a'
>>> ord('A')                  #得到字符'A'的ASCII码值
65
>>> hex(x)                    #读取x的值并转换为十六进制字符串,x中的值不变
'0x14'
>>> oct(x)                    #读取x的值并转换为八进制字符串,x中的值不变
'0o24'
>>> eval('x-y')               #计算字符串'x-y'所表示的表达式的值
15.0
```

2.3.3 赋值运算符和赋值表达式

赋值运算符构成了Python语言最基本、最常用的赋值语句,同时Python语言还允许赋值运算符与其他的12种运算符结合使用,形成复合的赋值运算符,使Python语言编写的程序简单且精练。

1. 赋值运算符

赋值运算符用“=”表示,其作用是把一个数据赋给一个变量,例如,“a=3”的作用是把常量3赋给变量a。也可以把一个表达式赋给一个变量,例如,“a=x%y”的作用是把表达式x%y的结果赋给变量a。

赋值运算符“=”是一个双目运算符,其结合方向为自右至左。

2. 赋值表达式

由赋值运算符“=”将一个变量和一个表达式连接起来的式子称为赋值表达式,其一般形式为:

```
变量 = 表达式
```

等号的左边必须是变量,右边是表达式。对赋值表达式的求解过程为:计算赋值运

算符右边表达式的值,并将计算结果赋给其左边的变量。例如:

```
>>>y=2
>>>x=(y+2)/3
>>>x
1.3333333333333333
```

赋值时先计算表达式的值,然后使该变量指向该数据对象,该变量可以理解为该数据对象的别名。

注意:Python的赋值与一般的高级语言的赋值有很大的不同,它是引用赋值。例如下面的代码:

```
>>>a = 5
>>>b = 8
>>> a = b
```

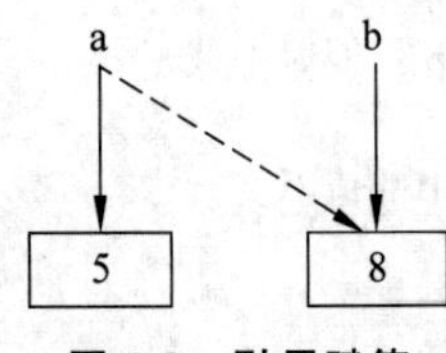

图2.3 引用赋值

执行a=5和b=8之后,a指向的是5,b指向的是8,当执行a=b时,b把自己所指向的地址(也就是8的内存地址)赋给了a,那么最后的结果就是a和b同时指向了8,如图2.3所示。

3. 多变量赋值

(1) 链式赋值。

在Python中,可以通过链式赋值将同一个值赋给多个变量,一般形式为:

```
>>>x=y=5
>>>x
5
>>>y
5
```

这里x=y=5等价于先执行y=5,再执行x=y。

例如a=b=c=1,创建了一个整型对象,值为1,3个变量a、b、c被分配到相同的内存空间上,均指向数据对象1。

(2) 多变量并行赋值。

Python可以对多个变量并行赋值,一般形式为:

```
变量1,变量2,…,变量n=表达式1,表达式2, …,表达式n
```

其中的变量个数要与表达式的个数一致,其过程为:首先计算表达式右边n个表达式的值,然后同时将表达式的值赋给左边的n个变量。例如:

```
>>>x,y,z=2,5,8
>>>x
2
>>>y
5
>>>z
8
```

再看一个特殊的例子,执行结果变量 x 的值是多少呢?

```
>>>x,x=-10,20
>>>x
20
```

从变量 x 的输出结果 20 可以得知:表达式“x,x=-10,20”是先执行 x=-10,后执行 x=20,因此 x 的最终值是 20。

例如:

```
>>>x=20
>>>x,x=3,x*3
>>>x
60
```

首先执行 x=20,x 的值为 20,接着执行语句“x,x=3,x*3”,此时先执行 x=3,接着执行 x=x*3,但这时 x 的值是 20,表明是并行赋值,因此最后 x 的值是 60。

采取并行赋值,使用一条语句就可以交换两个变量的值,例如“x,y=y,x”。

4. 复合的赋值运算符

Python 语言规定,赋值运算符=与 7 种算术运算符(+、-、*、/、//、**、%)和 5 种位运算符(>>、<<、&、^、|)结合构成 12 种复合的赋值运算符。它们分别是:+=、-=、*=、/=、//=、**=、%=、>>=、>>=、&=、^=和|=,结合方向为自右至左。

例如:

a+=3 等价于 a=a+3;

a*=a+3 等价于 a=a*(a+3)。

a%=3 等价于 a=a%3。

注意: a*=a+3 与 a=a*a+3 是不等价的,a*=a+3 等价于 a=a*(a+3),这里括号是必须的。

【例 2.6】 复合的赋值运算符示例。

```
>>> a=3
>>> b=5
>>> a+=b
```

```
>>> a
8
>>> a>>=2
>>> a
2
>>> a*=a+3
>>> a
10
```

2.3.4 关系运算符和关系表达式

1. 关系运算符

关系运算是用来比较关系运算符左右两边的表达式,若比较结果符合给定的条件,则结果是 True(代表真),否则结果是 False(代表假)。Python 语言提供了 6 种关系运算符供程序设计时使用,它们的含义如表 2.4 所示。

表 2.4 关系运算符及其含义

运算符	含义	运算符	含义
>	大于	>=	大于或等于
<	小于	<=	小于或等于
==	等于	!=	不等于

关系运算符的优先级:{>、>=、<、<=}→{==、!=}

前 4 个运算符的优先级相同,后 2 个运算符的优先级相同;前 4 个运算符的优先级高于后 2 个运算符的优先级。

2. 关系表达式

由关系运算符和操作数组成的表达式称为关系表达式。关系表达式的运算结果是一个逻辑值,即只有 0(假)或 1(真)两个取值。在 Python 中,真用 True 表示,假用 False 表示。

例如:

```
>>> x,y,z=2,3,5
>>> x>y
False
>>> y<z
True
>>> x<y<z
True
```

要注意浮点数的相等问题。在计算机中,浮点数是实数的近似值。执行一系列浮点数的运算后,可能会发生四舍五入的情况。例如:

```
>>> x=123456
>>> y=-111111
>>> z=1.2345678
>>> a=(x+y)+z
>>> b=x+(y+z)
>>> a
12346.2345678
>>> b
12346.234567799998
```

在数学中，x、y、z初始值相同的情况下，(x+y)+z和x+(y+z)结果相同。在计算机中，会进行四舍五入，因此得到了不同的值。

```
>>> a==b
False
>>> a-b<0.0000001
True
```

对于语句x==y，目的是检查x和y是否具有相同的值。(x−y)>0.00000001是检查x和y是否“足够接近”。在比较浮点数是否相等时，前一种方法常常会得到不正确的结果，因此一般都采用后一种方法。

在Python中，关系运算符可以连用，也称为“关系运算符链”，计算方法与数学中的计算方法相同。例如：

```
>>>x=5
>>>0<=x<=10          #x大于等于0且小于等于10
True                 #表达式结果为真
>>>0<=x<=3           #x大于等于0且小于等于3
False                #表达式结果为假
```

2.3.5 逻辑运算符和逻辑表达式

1. 逻辑运算符

逻辑运算符是对关系表达式或逻辑值进行运算的运算符，其运算结果仍是逻辑值。Python语言提供3种逻辑运算符，它们的含义与结合性如表2.5所示。

表2.5 逻辑运算符及其含义与结合性

运算符	含义	结合性
not	逻辑非	右结合
and	逻辑与	左结合
or	逻辑或	

and 和 or 是双目运算符，结合方向是自左至右，且 and 的优先级高于 or。not 是单目运算符，结合方向是自右至左，它的优先级高于前两种。

3 种逻辑运算符的意义如下：

(1) a and b：若 a 和 b 两个运算对象同时为真；则结果为真，否则只要有一个为假，结果就为假。例如：

```
15>13 and 14>12
```

由于 15>13 为真，14>12 也为真，所以结果为真值 True。

(2) a or b：若 a 和 b 两个运算对象同时为假，则结果为假；否则只要有一个为真，结果就为真。例如：

```
15<10 or 15<118
```

由于 15<10 为假，15<118 为真，所以结果为真值 True。

(3) not a：若 a 为真时，结果为假；反之若 a 为假时，结果为真。例如，not(15>10)的结果为假值 False。

3 种逻辑运算符的真值表如表 2.6 所示。

表 2.6 逻辑运算符的真值表

a	b	a and b	a or b	not a
真	真	真	真	假
真	假	假	真	假
假	真	假	真	真
假	假	假	假	真

2. 逻辑表达式

由逻辑运算符连接关系表达式或由逻辑值组成的表达式称为逻辑表达式。逻辑表达式的运算结果也是一个逻辑值，即只有 0 或 1 两个取值。在 Python 中，真用 True 表示，假用 False 表示。

在逻辑表达式的求解中，并不是所有的逻辑运算符都要被执行，只有在必须执行下一个逻辑运算符才能求出表达式的解时，才执行该运算符。其运算规则如下。

(1) 与运算 a and b。

- 如果 a 为真，继续计算 b，b 将决定整个表达式的最终值，所以，结果为 b 的值。
- 如果 a 为假，无需计算 b，就可以得知整个表达式的值为假，所以，结果为 a 的值。

例如：

```
>>>True and 0
0
>>> False and 12
```

```
False
>>> True and 12 and 0
0
```

(2) 或运算 a or b。

- 如果 a 为真,无需计算 b,就可得知整个表达式的值为真,所以结果为 a 的值。
- 如果 a 为假,继续计算 b,b 将决定整个表达式的最终值,所以结果为 b 的值。

例如:

```
>>> True or 0
True
>>> False or 12
12
>>> False or 12 or 0
12
```

2.3.6 成员运算符和成员表达式

成员运算符用于判断一个元素是否在某一个序列中,或者判断一个字符是否属于这个字符串等,运算结果仍是逻辑值。Python 提供了两种逻辑运算符,它们的含义、优先级和结合性如表 2.7 所示。

表 2.7 成员运算符及其含义、优先级和结合性

运 算 符	含 义	优 先 级	结 合 性
in	存在	相同	左结合
not in	不存在		

in 运算符用于在指定的序列中查找某个值是否存在,存在返回 True,不存在则返回 False。例如:

```
>>> 'a' in 'abcd'
True
>>> 'ac' in 'abcd'
False
```

not in 运算符用于在指定的序列中查找某个值是否不存在,不存在返回 True,存在则返回 False。例如:

```
>>> 'a' not in 'bcd'
True
>>> 3 not in [1,2,3,4]
False
```

2.3.7 同一性运算符和同一性表达式

同一性运算符用于测试两个变量是否指向同一个对象，其运算结果是逻辑值。Python 提供两种同一性运算符，它们的含义、优先级和结合性如表 2.8 所示。

表 2.8 同一运算符及其含义、优先级和结合性

运算符	含义	优先级	结合性
is	相同	相同	左结合
not is	不相同		

is 检查用来运算的两个变量是否引用同一对象，也就是 id 是否相同，如果相同返回 True，不相同则返回 False。例如：

```
>>> x=y=2.5
>>> z=2.5
>>> x is y
True
>>> x is z
False
```

在该例中，变量 x 和 y 被绑定到同一个整数上，而 z 被绑定到与 x 值具有相同数值的另一个对象上，也就是 x 和 z 值相等，但不是同一个对象。

is not 检查用来运算的两个变量是否不是引用同一对象，如果不是同一个对象返回 True，否则返回 False。

```
>>> x is not z
True
```

注意区分 is 与==，例如：

```
>>> x=y=2.5
>>> z=2.5
>>> x==z
True
>>> x is z
False
>>> print(id(x))
45298176
>>> print(id(y))
45298176
>>> print(id(z))
44866880
```

从上例运行结果可以看出，x 和 y 的 id 相同，x 和 z 的值相等，但 id 不同。

2.3.8 位运算符和位运算表达式

位运算是一种对运算对象按二进制位进行操作的运算。位运算不允许只操作其中的某一位，而是对整个数据按二进制位进行运算。

位运算的对象只能是整型数据，其运算结果也是整型。

Python 语言提供的位运算符主要有：&（按位“与”）、|（按位“或”）、^（按位“异或”）、～（按位“取反”）、＜＜（按位“左移”）和＞＞（按位“右移”）等 6 种。除～是单目运算符外，其余均是双目运算符。

1. &（按位“与”）

运算规则为：0&0=0、0&1=0、1&0=0、1&1=1。

参与运算的两个数均以补码形式出现。

```
    57&21=17                  -5&97=97
  0000000000111001          1111111111111011
& 0000000000010101        & 0000000001100001
  ----------------          ----------------
  0000000000010001          0000000001100001
```

按位“与”运算通常用来对某些位清零或保留某些位。例如，把 a=123 清零，可做 a&0 运算；b=12901 的高八位清零，保留低八位，可做 b&255 运算。

```
      清零                    保留低八位
  0000000001111011          0011001001100101
& 0000000000000000        & 0000000011111111
  ----------------          ----------------
  0000000000000000          0000000001100101
```

2. |（按位“或”）

运算规则为：0|0=0、0|1=1、1|0=1、1|1=1。

参与运算的两个数均以补码形式出现。

```
    57|21=61                  -5|97=-5
  0000000000111001          1111111111111011
| 0000000000010101        | 0000000001100001
  ----------------          ----------------
  0000000000111101          1111111111111011
```

按位“或”运算通常用来对某些位置 1。例如，把 a=160 的低 4 位置 1，可做 a|15 运算；把 b=3 的第 0 位和第 3 位置 1，其余位不变，可做 b|9 运算。

```
    低 4 位置 1               bit0、bit3 位置 1
  0000000010100000          0000000000000011
| 0000000000001111        | 0000000000001001
  ----------------          ----------------
  0000000010101111          0000000000001011
```

3. ^（按位“异或”）

运算规则为：0^0=0、0^1=1、1^0=1、1^1=0。

参与运算的两个数均以补码形式出现。

```
   57^21= 44                 -5^97=-102
  0000000000111001          1111111111111011
^ 0000000000010101        ^ 0000000001100001
  0000000000101100          1111111110011010
```

按位"异或"运算通常用来使特定位翻转或保留原值。例如,使 a=123 低 4 位翻转,可做 a^15 运算;使 b=12901 保持原值,可做 b^0 运算。

```
   特定位翻转                  保留原值
  0000000001111011          0011001001100101
& 0000000000001111        & 0000000000000000
  0000000001110100          0011001001100101
```

4. ~(按位"取反")

运算规则为:~0=1、~1=0。

```
   ~57=-58                  ~'a'=-98
~0000000000111001          ~01100001
 1111111111000110           10011110
```

按位"取反"运算通常用来间接地构造一个数,以增强程序的可移植性。例如直接构造一个全 1 的数,在 IBM-PC 中为 0xffff(2 字节),而在 VAX-11/780 上,却是 0xffffffff(4 字节)。如果用~0 来构造,系统可以自动适应。

5. <<(按位"左移")

运算规则为:将操作对象各二进制位全部左移指定的位数,移出的高位丢弃,空出的低位补 0。

如 a<<4 指把 a 的各二进制位向左移动 4 位,若 a=57,则

0000000000111001(十进制 57),左移 4 位后为 0000001110010000(十进制 912)。

若左移时丢弃的高位不包含 1,则每左移一位,相当于给该数乘以 2。

6. >>(按位"右移")

运算规则为:将操作对象的各二进制位全部右移指定的位数。移出的低位丢弃,空出的高位对于无符号数补 0。对于有符号数,右移时符号位将随同移动,空出的高位正数补 0,负数补 1。

如 a>>4 指把 a 的各二进制位向右移动 4 位,若 a=57,则

0000000000111001(十进制 57),右移 4 位后为 0000000000000011(十进制 3)。

每右移一位,相当于给该数除以 2,并去掉小数。

2.4 math 库及其使用

Python 的运算符可以进行一些数学运算,但要处理复杂的问题时,可以使用 Python 提供的内置 math 库。math 库是内置数学类函数库,提供了数学常数和函数。Python 中

math 库不支持复数类型，仅支持整数和浮点数运算。

1. math 库中的数学常数

math 库提供的数学常数，如表 2.9 所示。

表 2.9 math 库的数学常数

常数	描述	常数	描述
math.pi	圆周率 pi	math.inf	正无穷大
math.e	自然常数 e	math.nan	非浮点数标记，NaN(Not a Number)
math.tau	数学常数 τ		

数学常数使用方法如下：

```
>>> import math
>>> math.pi
3.141592653589793
>>> math.e
2.718281828459045
>>> math.tau
6.283185307179586
>>> a=float("inf")              #创建变量 a 为正无穷大
>>> a
inf
>>> b=float("-inf")             #创建变量 b 为负无穷大
>>> b
-inf
>>> c=float("nan")              #创建 c 为 nan 变量
>>> c
nan
```

2. math 库常用函数

常用的 math 库函数如表 2.10 所示。完整的 math 库函数详见附录 B。

表 2.10 常用 math 库函数

函数	功能描述
math.ceil(x)	返回不小于 x 的最小整数
math.cmp(x,y)	比较 x 和 y：如果 x>y，返回 1；如果 x==y，返回 0；如果 x<y，返回 -1
math.exp(x)	返回指数函数 e^x 的值
math.fabs(x)	返回浮点数 x 的绝对值
math.fmod(x,y)	返回 x 与 y 的模，即 x%y 的运算结果
math.fsum([x,y, …])	浮点数精确求和，即求 x+y+…

续表

函　　数	功能描述
math.floor(x)	返回不大于 x 的最大整数
math.log(x)	返回 x 的自然对数的值,即 lnx 的值
math.log10(x)	返回以 10 为基数的 x 的对数
math.pow(x,y)	返回 x^y 的值
math.round(x[,n])	返回浮点数 x 的四舍五入值,如给出 n 值,则 n 代表舍入到小数点后的位数
math.isnan(x)	若 x 不是数字,返回 True;否则,返回 False
math.isinf(x)	若 x 为无穷大,返回 True;否则,返回 False
math.sqrt(x)	返回数字 x 的平方根
math.sin(x)	返回 x 弧度的正弦值
math.cos(x)	返回 x 弧度的余弦值
math.tan(x)	返回 x 弧度的正切值
math.asin(x)	返回 x 弧度反正弦弧度值
math.acos(x)	返回 x 弧度反余弦弧度值
math.atan(x)	返回 x 弧度反正切弧度值
math.degrees(x)	将弧度转换为角度
math.radians(x)	将角度转换为弧度

常用的 math 库函数使用方法如下:

```
>>> x=-1
>>> math.abs(x)
1
>>> math.pow(2,3)
8.0
>>> math.fsum([0.03+1.58+0.0005])
1.6105
>>> math.log10(100)
2.0
>>> a=float("inf")
>>> math.isinf(a)
True
>>> math.isinf(1.0e+308)
False
>>> math.isinf(1.0e+309)
True
>>> b=float("nan")
>>> math.isnan(b)
```

```
True
>>> math.isnan(1e-5)
False
>>> math.degrees(3)
171.88733853924697
```

【例 2.7】 已知三角形三个顶点的坐标，使用数学库函数计算三角形三边长及三个角的大小。

程序如下：

```
import math
x1,x2,y1,y2,z1,z2=2,1,5,3,-1,-5
a=math.sqrt((x1-y1)*(x1-y1)+(x2-y2)*(x2-y2))
b=math.sqrt((x1-z1)*(x1-z1)+(x2-z2)*(x2-z2))
c=math.sqrt((y1-z1)*(y1-z1)+(y2-z2)*(y2-z2))

A=math.degrees(math.acos((a*a-b*b-c*c)/(-2*b*c)))
B=math.degrees(math.acos((b*b-a*a-c*c)/(-2*a*c)))
C=math.degrees(math.acos((c*c-a*a-b*b)/(-2*a*b)))

print("三角形的三边长为:%.2f,%.2f,%.2f"%(a,b,c))
print("三角形的三个角大小为:%.2f,%.2f,%.2f"%(A,B,C))
```

程序运行结果：

```
三角形的三边长为:3.61, 6.71, 10.00
三角形的三个角大小为:10.30, 19.44, 150.26
```

程序第2行定义了三角形三个点的坐标，第3～5行计算三角形三边长，第7～9行使用余弦定理计算三个角的大小，第11～12行输出运行结果。

2.5 数据类型转换

计算机中的运算与数据类型有密切关系，不同类型的数据运算时需要进行类型转换，转换方法有隐式(又称为自动)转换和显式(又称为强制)转换两种。

2.5.1 自动类型转换

隐式转换又称为自动类型转换。在 Python 中，当一个表达式中有不同数据类型的数据参与运算时，就会进行自动类型转换。例如表达式 10/4*4 作为数学式子的，计算结果很明显是10，但在不同的程序设计语言中计算结果就不同了。

在C语言中，计算结果为8。由于C语言遵循两个整数计算结果仍为整数的原则，先计算10/4，得到2，再用2乘以4，得到计算结果8。

在Python 2.x中,执行以上表达式,计算过程和计算结果与C语言相同。

在Python 3.x中,该表达式计算时首先将进行除法运算的操作数自动转换成浮点型10.0/4.0,再进行运算,得到2.5,再用2.5乘以4,最后得到计算结果10.0。

【例2.8】 计算表达式的值。

```
>>> 10/4*4
10.0
>>> type(10/4*4)          #输出以上表达式的类型
<class 'float'>
>>> 10//4*4               #整除结果为整数,不需要类型转换
8
>>> type(10//4*4)
<class 'int'>
```

2.5.2 强制类型转换

当自动类型转换达不到转换需求时,可以使用类型转换函数,将数据从一种类型强制(或称为显式)转换成另一种类型,以满足运算需求。Python提供的常用类型转换函数如表2.11所示。

表2.11 类型转换函数

函数	功能描述
int(x)	将x转换为整数
float(x)	将数字或字符串x转换为浮点数
complex(x)	将x转换为复数,其中实部为x,虚部为0
complex(x,y)	将x、y转换为复数,其中实部为x,虚部为y
str(x)	将x转换为字符串
chr(x)	将一个整数转换为一个字符,整数为字符的ASCII编码
ord(x)	将一个字符转换为它的ASCII编码的整数值
hex(x)	将数字x转换为十六进制字符串
oct(x)	将一个整数转换为一个八进制字符串
eval(str)	将字符串str当作有效表达式求值,并返回计算结果

【例2.9】 类型转换函数的应用。

```
>>> x=int("5")+15          #将字符串"5"强制转换为整数
>>> x
20
>>> y=float("5")           #将字符串"5"强制转换为浮点数
>>> y
5.0
```

```
>>> complex(x)            #创建实部为x,虚部为0的复数
(20+0j)
>>> complex(x,y)          #创建实部为x,虚部为y的复数
(20+5j)
>>> z=str(x)              #读取x的值转换成字符串,x中的值不变
>>> z
'20'
>>> type(x)               #输出x的类型
<class 'int'>             #x的类型没有变化
>>> chr(97)               #得到整数97所表示的字符
'a'
>>> ord('A')              #得到字符'A'的ASCII码值
65
>>> hex(x)                #读取x的值转换成十六进制字符串,x中的值不变
'0x14'
>>> oct(x)                #读取x的值转换成八进制字符串,x中的值不变
'0o24'
>>> eval('x-y')           #先剥离'x-y'的单引号,接着再计算表达式x-y
14.0
>>> eval("'x-y'")         #先剥离"'x-y'"的双引号,接着再计算表达式'x-y'
'x-y'                     #运算结果为字符串
```

习　　题

1. 选择题

(1) 表达式 16/4－2**5 * 8/4%5//2 的值为(　　)。

A. 14　　B.4　　C. 20　　D. 2

(2) 数学关系表达式 3≤x≤10 表示成正确的 Python 表达式为(　　)。

A. 3＜＝x＜10　　B. 3＜＝x and x＜10

C. x＞＝3 or x＜10　　D. 3＜＝x or x＜10

(3) 以下为不合法的表达式是(　　)。

A. x in[1,2,3,4,5]　　B. x－6＞5

C. e＞5 and 4＝＝f　　D. 3＝a

(4) Python 语句 print(0xA＋0xB)的输出结果是(　　)。

A. 0xA＋0xB　　B. A＋B　　C. 0xA＋0xB　　D. 21

(5) 下列表达式中,值不为1的是(　　)。

A. 4//3　　B. 15%2　　C. 1^0　　D.～1

(6) 语句 eval('2＋4/5')运行后的输出结果是(　　)。

A. 2.8　　B. 2　　C. 2＋4/5　　D. '2＋4/5'

(7) 若字符串 s＝ 'a\nb\tc ',则 len(s)的值是(　　)。

A. 7　　B. 6　　C. 5　　D. 4

（8）下列表达式的值为 True 的是（　　）。

A. 2!=5 or 0　　B. 3>2>2　　C. 5+4j>2-3j　　D. 1 and 5==0

（9）与关系表达式 x==0 等价的表达式是（　　）。

A. x=0　　B. not x　　C. x　　D. x!=1

（10）以下程序的运行结果是（　　）。

```
x,y=3,5
x,y=y,x
print(x,y)
```

A. 3,3　　B. 5,5　　C. 3,5　　D. 5,3

（11）常数 math.e 表示的数值约为（　　）。

A. 3.141592653589793　　B. 2.718281828458045

C. 32768　　D. 3628800

（12）下列语句正确的是（　　）。

A. 'hello'*2　　B. 'hello'+2　　C. 'hello' *'2'　　D. 'hello'-'2'

（13）下面代码的运行结果是（　　）。

```
>>>abs(-3+4j)
```

A. 3.0　　B. 4.0　　C. 5.0　　D. 运行错误

（14）下面代码的运行结果是（　　）。

```
>>>1.23e-4+5.67e+8j.real
```

A. 1.23　　B. 5.67e+8　　C. 1.23e4　　D. 0.000123

（15）表达式"" or [] or {}的运算结果是（　　）。

A. ""　　B. {}　　C. []　　D. False

2. 填空题

（1）n 是小于正整数 k 的偶数，用 Python 表达式表示为________。

（2）若 a=7，b=-2，c=4，则表达式 a%3+b*b-c/5 的值为________。

（3）Python 表达式 1/2 的值为________，1//3+1//3+1//3 的值为________。

（4）计算 $2^{31}-1$ 的 Python 表达式是________。

（5）数学表达式 $\frac{e^{|x-y|}}{3^x+\sqrt{6}\sin y}$ 的 Python 表达式为________。

（6）已知 a=3、b=5，则表达式 a or b 的值为________。

（7）已知 a=3、b=5、c=6、d=True，则表达式 not d or a>=0 and a+c>b+3 的值为________。

（8）Python 语句 x=0;y=True;print(x>y and 'A'<'B')的运行结果是________。

（9）判断整数 i 能否被 3 和 5 整除的 Python 表达式为________。

（10）如果想测试变量的类型，可以使用________函数来实现。

第3章 顺序结构程序设计

程序由多条语句构成，描述计算机的执行步骤。人们利用计算机解决问题，必须预先将问题转化为用计算机语句描述的解题步骤，即程序。也就是说，程序在计算机上执行时，程序中的语句完成具体的操作并控制计算机的执行流程，但程序并不一定完全按照语句序列的书写顺序来执行。程序中语句的执行顺序称为“程序结构”。程序包含三种基本结构：顺序结构、选择结构和循环结构。如果程序中的语句是按照书写顺序执行，则称其为“顺序结构”；如果程序中某些语句按照某个条件来决定是否执行，则称其为“选择结构”；如果程序中某些语句反复执行多次，则称其为“循环结构”。

顺序结构是最简单的一种结构，它只需按照处理顺序依次写出相应的语句即可。因此，学习程序设计，首先从顺序结构开始。本章主要介绍算法的概念、程序设计的基本结构、数据的输入/输出及顺序程序设计方法。

3.1 算　　法

开发程序的目的，就是要解决实际问题。然而，面对各种复杂的实际问题，如何编写程序，往往令初学者感到茫然。程序设计语言只是一个工具，只懂得语言的规则并不能保证编写出高质量的程序。程序设计的关键是算法设计，算法和程序设计与数据结构密切相关。简单地讲，算法是解决问题的策略、规则和方法。算法的具体描述形式很多，但计算机程序是对算法的一种精确描述，而且可在计算机上运行。

3.1.1 算法的概念

算法就是解决问题的一系列操作步骤的集合。比如，厨师做菜时，要经过一系列的步骤——洗菜、切菜、配菜、炒菜和装盘。用计算机解题的步骤就称为算法，编程人员必须告诉计算机先做什么，再做什么，这可以通过高级语言的语句来实现。通过这些语句，一方面体现了算法的思想，另一方面指示计算机按算法的思想去工作，从而解决实际问题。程序就是由一系列的语句组成的。

著名的计算机科学家沃思(Niklaus Wirth)曾经提出一个著名的公式：

数据结构＋算法＝程序

数据结构是指对数据(操作对象)的描述，即数据的类型和组织形式；算法则是对操作步骤的描述。也就是说，数据描述和操作描述是程序设计的两项主要内容。数据描述的主要内容是基本数据类型的组织和定义，数据操作则是由语句来实现的。算法具有下列特性。

1. 有穷性

任意一组合法输入值，在执行有穷步骤之后一定能结束，即算法中的每个步骤都能在有限时间内完成。

2. 确定性

算法的每一步必须是确切定义的，使算法的执行者或阅读者都能明确其含义及如何执行，并且在任何条件下，算法都只有一条执行路径。

3. 可行性

算法应该是可行的，算法中的所有操作都必须足够基本，都可以通过已经实现的基本操作运算有限次实现。

4. 有输入

一个算法应有零个或多个输入，它们是算法所需的初始量或被加工对象的表示。有些输入量需要在算法执行过程中输入，而有的算法表面上可以没有输入，实际上已被嵌入到算法之中。

5. 有输出

一个算法应有一个或多个输出，它是一组与输入有确定关系的量值，是算法进行信息加工后得到的结果，这种确定关系即为算法的功能。

6. 有效性

在一个算法中，要求每一个步骤都能有效地执行。

以上这些特性是一个正确的算法应具备的特性，在设计算法时应该注意。

3.1.2 算法的评价标准

什么是“好”的算法，通常从下面几个方面衡量算法的优劣。

1. 正确性

正确性是指算法能满足具体问题的要求，即对任何合法的输入，算法都会得出正确的结果。

2. 可读性

可读性指算法被理解的难易程度。算法主要是为了人的阅读与交流，其次才是为计算机执行，因此算法应该更易于人的理解。另一方面，晦涩难读的程序易于隐藏较多错误而难以调试。

3. 健壮性（鲁棒性）

健壮性即对非法输入的抵抗能力。当输入的数据为非法时，算法应当恰当地做出反应或进行相应处理，而不是产生奇怪的输出结果。并且，处理出错的方法不应是中断程序的执行，而应是返回一个表示错误或错误性质的值，以便在更高的抽象层次上进行处理。

4. 高效率与低存储量需求

通常,效率指的是算法执行时间,存储量指的是算法执行过程中所需的最大存储空间,两者都与问题的规模有关。尽管计算机的运行速度提高很快,但这种提高无法满足问题规模加大带来的速度要求。所以追求高速算法仍然是必要的。相比起来,人们会更多地关注算法的效率,但这并不因为计算机的存储空间是海量的,而是由人们面临的问题的本质决定的。二者往往是一对矛盾,常常可以用空间换时间,也可以用时间换空间。

3.1.3 算法的表示

算法就是对特定问题求解步骤的描述,可以说是设计思路的描述。在算法定义中,并没有规定算法的描述方法,所以它的描述方法可以是任意的。既可以用自然语言描述,也可以用数学方法描述,还可以用某种计算机语言描述。若用计算机语言描述,就是计算机程序。

为了能清晰地表示算法,程序设计人员采用更规范的方法。常用的有自然语言描述、流程图、N-S结构流程图、伪代码等。

1. 自然语言描述

自然语言就是人们日常生活中应用的语言,用自然语言表示通俗易懂,容易被人们接受,也更容易学习和表达,但自然语言文字冗长,而且容易产生歧义。假如有这样一句话:“他看到我很高兴。”请问这句话是表达了他高兴还是我高兴?仅从这句话本身很难判断。此外,用自然语言描述包含分支和循环的算法十分不方便。因此,除了一些十分简单的算法外,一般不采用自然语言来描述算法。

2. 流程图

流程图是描述算法最常用的一种方法,利用集合图形符号来代表不同性质的操作,用流程线来指示算法的执行方向,ANSI(美国国家标准化协会)规定的一些常用流程图符号如图3.1所示。这种表示直观、灵活,很多程序员采用这种表示方法,因此又称为传统的流程图。本书中的算法将采用这种表示方法描述,读者应对这种流程图熟练掌握。

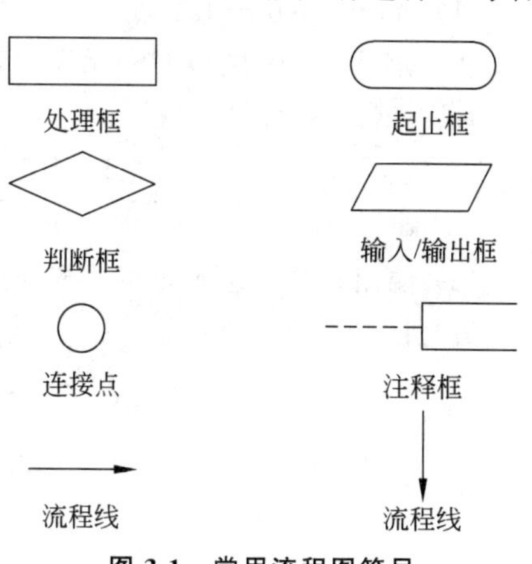

图3.1 常用流程图符号

【例3.1】 设计一个算法,求三个整数之和,画出流程图。

求三个整数之和的算法流程图如图3.2所示。

注意:画流程图时,每个框内要说明操作内容,描述要确切,不要有“二义性“。画箭头时要注意箭头的方向,箭头方向表示程序执行的流向。

【例3.2】 求两个正整数的最大公约数。

求两个正整数的最大公约数的算法流程图如图3.3所示。

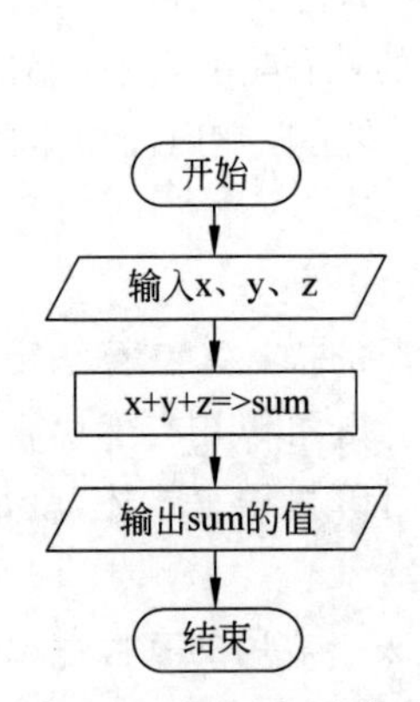

图 3.2 求三个整数之和的算法流程图

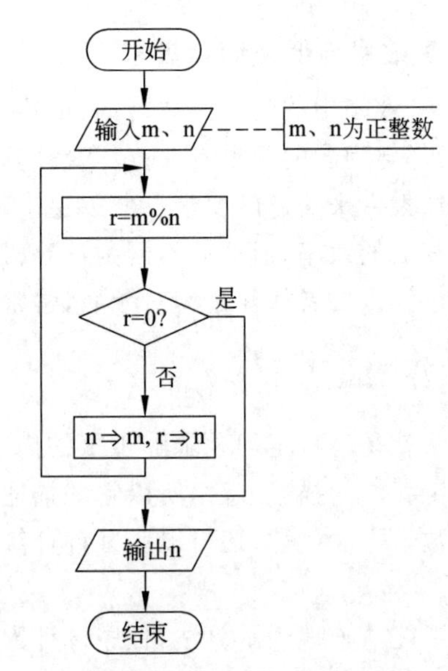

图 3.3 求两个正整数的最大公约数的算法流程图

【例 3.3】 设计解一元二次方程 $ax^2+bx+c=0(a\neq0)$ 的算法，画出流程图。

分析：求解一元二次方程可按照以下步骤完成。

(1) 计算 $\Delta=b^2-4ac$。

(2) 如果 $\Delta<0$，则原方程无实数解。

否则($\Delta\geqslant0$)，计算：

$$x_1=\frac{-b+\sqrt{b^2-4ac}}{2a};\quad x_2=\frac{-b-\sqrt{b^2-4ac}}{2a}$$

(3) 输出解 x_1、x_2 或无实数解信息。

流程图如图 3.4 所示。

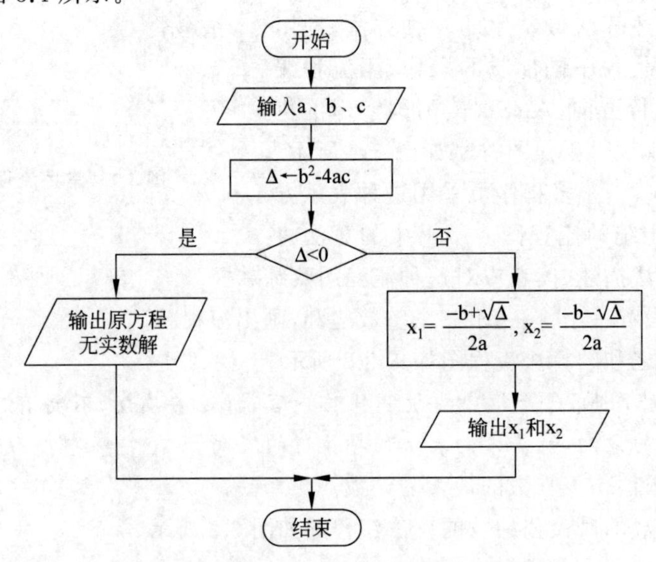

图 3.4 求解一元二次方程的算法流程图

3. N-S 结构流程图

N-S结构流程图是美国学者 I.Nassi 和 B.Shneiderman 于 1973 年提出的一种新的流程图形式。在这种流程图中完全去掉了流程线，全部算法写在一个矩形框内，而且在框内还可以包含其他的框。这样算法只能从上到下顺序执行，从而避免了算法流程的任意转向，保证了程序的质量。

例 3.1 的 N-S 结构流程图如图 3.5 所示。

例 3.2 的 N-S 结构流程图如图 3.6 所示。

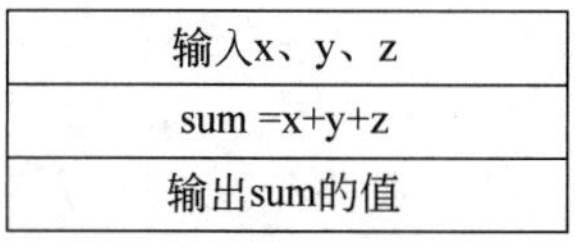

输入x、y、z
sum =x+y+z
输出sum的值

图 3.5 例 3.1 的 N-S 结构流程图

输入m、n	
r=m%n	
当r不等于0时	
	m=n
	n=r
	r=m%n
输出n	

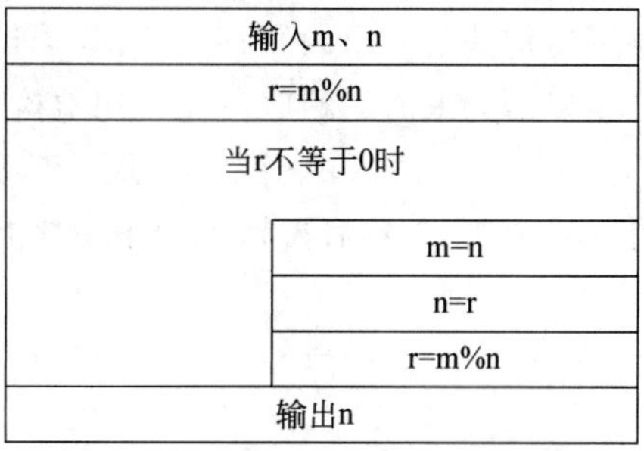

图 3.6 例 3.2 的 N-S 结构流程图

4. 伪代码

伪代码是介于自然语言和计算机语言之间的文字和符号，是帮助程序员制定算法的智能化语言，它不能在计算机上运行，但使用起来比较灵活，无固定格式规范，只要写出来自己或别人能看懂即可。由于它与计算机语言比较接近，因此易于转换为计算机程序。

```
input a,b,c
Δ= b²-4ac
if  Δ<0    then
   print "方程无实数解"
else
   x1=(-b+sqrt(Δ))/(2*a)
   x2=(-b-sqrt(Δ))/(2*a)
print  x1,x2
```

在以上几种描述算法的方法中，具有熟练编程经验的人士喜欢用伪代码，初学者使用流程图或 N-S 结构流程图较多，因为易于理解，比较形象。

3.2 程序的基本结构

随着计算机技术的发展，编制的程序越来越复杂。一个复杂程序多达数千万条语句，而且程序的流向也很复杂，常常用无条件转向语句去实现复杂的逻辑判断功能。因而造成程序质量差，可靠性很难保证，同时也不易阅读，维护困难，20 世纪 60 年代末期，国际上出现了所谓的"软件危机"。

为了解决这一问题,就出现了结构化程序设计,它的基本思想是像玩积木游戏那样,只要有几种简单类型的结构,可以构成任意复杂的程序。这样可以使程序设计规范化,便于用工程的方法来进行软件生产。基于这样的思想,1966年意大利的Bobra和Jacopini提出了3种基本结构,即顺序结构、选择结构和循环结构,由这3种基本结构组成的程序就是结构化程序。

3.2.1 顺序结构

顺序结构是最简单的一种结构,其语句是按书写顺序执行的,除非指示转移,否则计算机自动以语句编写的顺序一句一句地执行。顺序结构的语句程序流向是沿着一个方向进行,有一个入口(A)和一个出口(B)。流程图和N-S结构流程图如图3.7和图3.8所示,先执行程序模块A,然后再执行程序模块B。程序模块A和B分别代表某些操作。

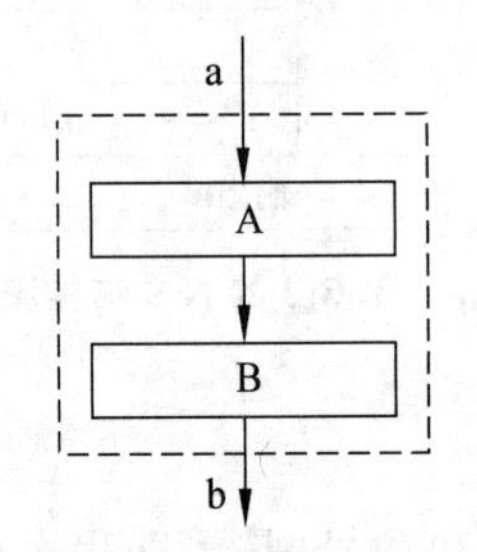

图3.7 顺序结构的流程图

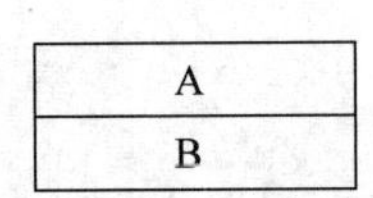

图3.8 顺序结构的N-S结构流程图

3.2.2 选择结构

在选择结构中,程序可以根据某个条件是否成立,选择执行不同的语句。选择结构如图3.9和图3.10所示。当条件成立时执行模块A;否则条件不成立时执行模块B。模块B也可以为空,如图3.11所示。当条件为真时执行某个指定的操作(模块A),条件为假时跳过该操作(单路选择)。

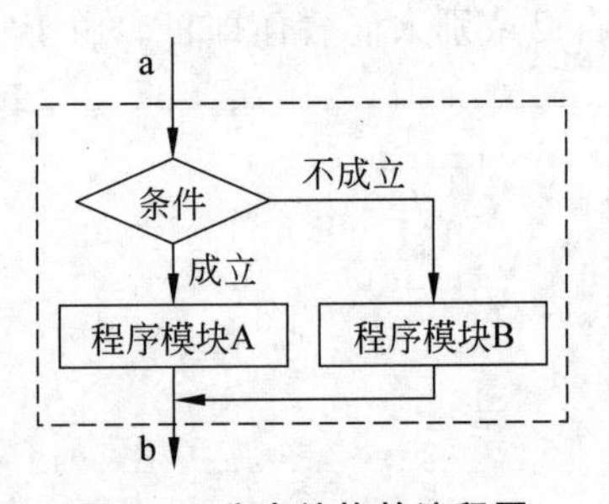

图3.9 分支结构的流程图

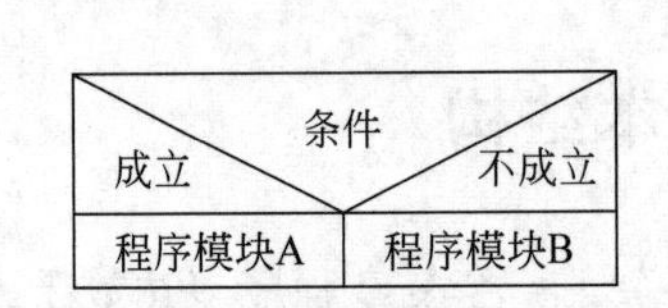

图3.10 分支结构的N-S结构流程图

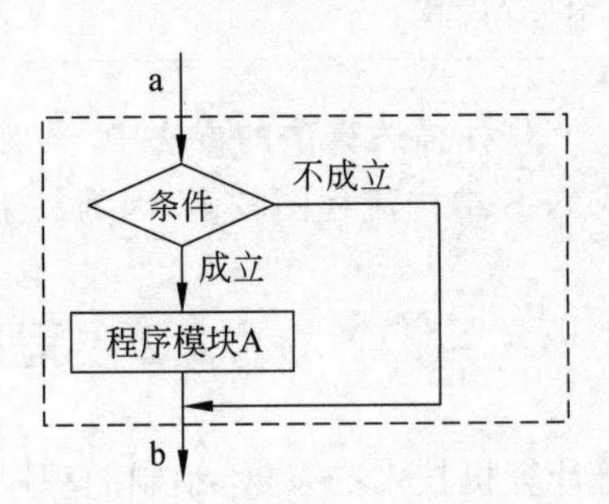

图3.11 单分支结构的流程图

3.2.3　循环结构

在循环结构中，可以使程序根据某种条件和指定的次数，使某些语句执行多次。循环结构有两种形式：当型循环和直到型循环。

1. 当型循环

先判断，只要条件成立（为真）就反复执行程序模块；当条件不成立（为假）时则结束循环。当型循环结构的流程图和 N-S 结构流程图分别如图 3.12(a)和图 3.12(b)所示。

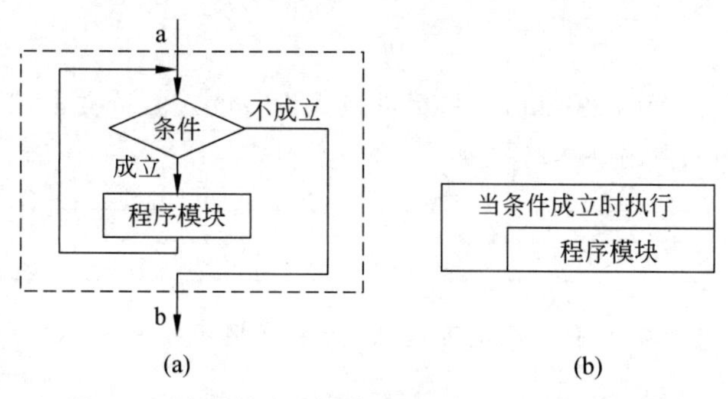

图 3.12　当型循环结构的流程图和 N-S 结构流程图

2. 直到型循环

先执行程序模块，再判断条件是否成立。如果条件成立（为真）则继续执行循环体；当条件不成立（为假）时结束循环。直到型循环结构的流程图和 N-S 结构流程图如图 3.13 所示。

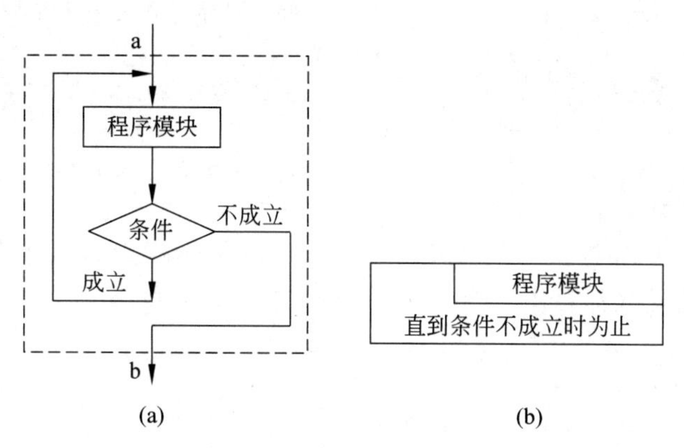

图 3.13　直到型循环结构的流程图和 N-S 结构流程图

注意：无论是顺序结构、选择结构还是循环结构，它们都有一个共同的特点，即只有一个入口和一个出口。从示意的流程图可以看到，如果把基本结构看作一个整体（用虚线框表示），执行流程从 a 点进入基本结构，而从 b 点脱离基本结构。整个程序由若干个这样的基本结构组成。三种结构之间可以是平行关系，也可以相互嵌套，通过结构之间的复合形成复杂的结构。结构化程序的特点就是单入口、单出口。

3.3 数据的输入与输出

通常，一个程序可以分成三步进行：输入原始数据、进行计算处理和输出运行结果。其中，数据的输入与输出是用户通过程序与计算机进行交互的操作，是程序的重要组成部分。本节详细介绍 Python 的输入与输出。

3.3.1 标准输入输出

1. 标准输入

Python 提供了内置函数 input()从标准输入设备读入一行文本，默认的标准输入设备是键盘。input()函数的基本格式为：

```
input([提示字符串])
```

说明：方括号中的提示字符串是可选项，如果有提示字符串，运行时原样显示，给用户提示。

在 Python 2.x 与 Python 3.x 中该函数的使用方法略有不同。

在 Python 2.x 中，该函数返回结果的类型由输入时所使用的界定符来决定。例如：

```
>>>x=input("Please enter your input: ")
Please enter your input: 5              #没有界定符，x 为整数
>>>x=input("Please enter your input: ")
Please enter your input: '5'            #单引号界定符，x 为字符串
>>>x=input("Please enter your input: ")
Please enter your input: [1,2,3]        #方括号界定符，x 为列表
>>>x=input("Please enter your input: ")
Please enter your input: (1,2,3)        #圆括号界定符，x 为元组
```

在 Python 2.x 中还提供一个内置函数 raw_input()函数用来接收用户输入的值，该函数将用户的所有输入都看作字符串，返回字符串类型。例如：

```
>>>x=raw_input ("Please enter your input: ")
Please enter your input: 5
>>>x
'5'
>>>x=raw_input ("Please enter your input: ")
Please enter your input: (1,2,3)
>>>x
'(1,2,3)'
```

在 Python 3.x 中，将 raw_input()和 input()进行了功能整合，去除了 raw_input()函

数，仅保留input()函数。input()函数接收任意输入，将所有输入默认为字符串处理，并返回字符串类型，相当于Python 2.x中的raw_input()函数。例如：

```
>>>x=input("Please enter your input: ")
Please enter your input: 5
>>>print(type(x))
<class 'str'>
```

说明：内置函数type()用来返回变量类型。上例中当输入数值5赋给变量x之后，x的类型为字符串。

```
>>>x=input ("Please enter your input:")
Please enter your input: (1,2,3)
>>>print(type(x))
<class 'str'>
```

如果要输入数值类型数据，可以使用类型转换函数把字符串转换为数值。例如：

```
>>>x=int(input ("Please enter your input:"))
"Please enter your input:5
>>> print(type(x))
<class 'int'>
```

说明：x接收的是字符串5，通过int()函数将字符串转换为整型类型。

input()函数还可给多个变量赋值。例如：

```
>>>x,y=input()
3 4
>>>x
'3'
>>>y
'5'
```

2. 标准输出

在Python 2.x与Python 3.x中的输出方法也不完全一致。在Python 2.x中使用print语句进行输出，Python 3.x中使用print()函数进行输出。

本书给出的例子大部分是在Python 3.10.2环境下编写运行，因此这里重点介绍print()函数的用法。

print()函数一般形式为：

```
print([输出项1,输出项2,…,输出项n][,sep=分隔符][,end=结束符])
```

说明：输出项之间用逗号分隔，没有输出项时输出一个空行。sep表示输出时各输出项之间的分隔符（缺省时用空格分隔），end表示输出时的结束符（缺省时以回车换行结束）。print()函数从左至右输出各项的值，并将各输出项的值依次显示在屏幕的同一行上。例如：

```
>>>x,y=2,3
>>>print(x,y)
2 3
>>>print(x,y,sep=':')
2:3
>>>print(x,y,sep=':',end='%')
2:3%
```

3.3.2 格式化输出

在很多实际应用中需要将数据按照一定格式输出。

1. 字符串格式化%

Python中print()函数可以按照指定的输出格式在屏幕上输出相应的数据信息。其基本做法是：将输出项格式化，然后利用print()函数输出。

在Python中格式化输出时，采用%分隔格式控制字符串与输出项，一般格式为：

```
格式控制字符串%(输出项1,输出项2,…,输出项n)
```

功能是按照“格式控制字符串”的要求，将输出项1，输出项2，…，输出项n的值输出到输出设备上。

其中格式控制字符串用于指定输出格式，它包含如下两类字符：

(1) 常规字符：包括可显示的字符和用转义字符表示的字符。

(2) 格式控制符：以%开头的一个或多个字符，以说明输出数据的类型、形式、长度、小数位数等，如"%d"表示按十进制整型输出；"%c"表示按字符型输出等。格式控制符与输出项应一一对应。

对应不同类型数据的输出，Python采用不同的格式说明符描述。格式说明如表3.1所示。

表3.1 print()函数的格式说明

格式符	格式说明
d或i	以带符号的十进制整数形式输出整数(正数省略符号)
o	以八进制无符号整数形式输出整数(不输出前导0)
x或X	以十六进制无符号整数形式输出整数(不输出前导符0x)。用x时，以小写形式输出包含a、b、c、d、e、f的十六进制数；用X时，以大写形式输出包含A、B、C、D、E、F的十六进制数

续表

格式符	格 式 说 明
c	以字符形式输出,输出一个字符
s	以字符串形式输出
f	以小数形式输出实数,默认输出6位小数
e或E	以标准指数形式输出实数,数字部分隐含1位整数,6位小数。使用e时,指数以小写e表示;使用用E时,指数以大写E表示
g或G	根据给定的值和精度,自动选择f与e中较紧凑的一种格式,不输出无意义的0

例如:

```
print("sum=%d"%x)
```

若x=300,则输出为

```
sum=300
```

格式控制字符串中"sum ="照原样输出,"%d"表示以十进制整数形式输出。

对输出格式,Python语言同样提供附加格式字符,用于对输出格式作进一步描述。在使用表3.1的格式控制字符时,在%与格式字符之间可以根据需要使用附加字符,使得输出格式的控制更加准确。附加格式说明符如表3.2所示。

表3.2 附加格式说明符

附加格式说明符	格 式 说 明
m	域宽,十进制整数,用以描述输出数据所占宽度。如果m大于数据实际位数,输出时前面补足空格;如果m小于数据的实际位数,按实际位数输出。当为小数时,小数点或占1位
n	附加域宽,十进制整数,用于指定实型数据小数部分的输出位数。如果n大于小数部分的实际位数,输出时小数部分用0补足;如果n小于小数部分的实际位数,输出时将小数部分多余的位四舍五入。如果用于字串数据,表示从字串中截取的字符数
-	输出数据左对齐,默认时为右对齐
+	输出正数时,以+号开头
#	作为o、x的前缀时,输出结果前面加上前导符号0、0x

这样,格式控制字符的形式为:

```
%[附加格式说明符]格式符
```

注意: 书中语句格式描述时用方括号表示可选项,其余出现在格式中的非汉字字符均为定义符，应原样照写。

例如，可在%和格式字符之间加入形如“m.n”（m、n均为整数，含义如表3.2所示）的修饰。其中，m为宽度修饰，n为精度修饰。如%7.2f，表示用实型格式输出，附加格式说明符“7.2”表示输出宽度为7，输出2位小数。

下面是一些格式化输出的示例。

```
>>>year = 2017
>>>month = 1
>>>day = 28
#格式化日期，将%02d数字转换成2位整型，缺位补0
>> print('%04d-%02d-%02d'%(year,month,day))
2017-01-28                  #运行结果
>>>value = 8.123
>> print('%06.2f'%value)    #保留宽度为6，小数点后2位小数的数据
008.12                      #运行结果
>>>print('%d'%10)           #输出十进制数
10
>>>print('%o'%10)           #输出八进制数
12
>>>print('%02x'%10)         #输出两位十六进制数，字母小写，空缺位补0
0a
>>>print('%04X'%10)         #输出四位十六进制数，字母大写，空缺位补0
000A
>>>print('%.2e'%1.2888)     #以科学计数法输出浮点型数，保留2位小数
1.29e+00
```

3.3.3 字符串的format()方法

在Python中，字符串有一种format()方法。这个方法会将格式字符串当作一个模板，通过传入的参数对输出项进行格式化。

字符串format()方法的一般形式为：

```
格式字符串.format(输出项1,输出项2,…,输出项n)
```

其中，格式字符串中可以包括普通字符和格式说明符，普通字符原样输出，格式说明符决定了所对应输出项的格式。

格式字符串使用大括号括起来，一般形式为：

```
{[序号或键]:格式说明符}
```

其中，可选项序号表示要格式化的输出项的位置，从0开始，0表示输出项1，1表示输出项2，以后以此类推。序号可全部省略。若全部省略表示按输出项的自然顺序输出。可选项键对应要格式化的输出项名字或字典的键值。格式说明符如表3.1所示，以冒号

开头。

以下是使用 format()的应用实例。

(1) 使用“{序号}”形式的格式说明符：

```
>>>"{} {}".format("hello", "world")          #不设置指定位置,按默认顺序
'hello world'
>>> "{0}{1}".format("hello", "world")        #设置指定位置
'hello world'
>>> "{1}{0} {1}".format("hello", "world")    #设置指定位置,输出项 2 重复输出
'world hello world'
```

(2) 使用“{序号：格式说明符}”形式的格式说明符：

```
>>> "{0:.2f},{1}".format(3.1415926,100)
'3.14,100'
```

该例中,“{0:.2f}”决定了该格式说明符对应于输出项 1,“.2f”说明输出项 1 的输出格式,即以浮点数形式输出,小数点后保留 2 位小数。

(3) 使用“{键}”形式的格式说明符：

```
>>> "pi={x}".format(x=3.14)
'pi=3.14'
```

(4) 混合使用“{序号}”“{键}”形式的格式说明符：

```
>>> "{0},pi={x}".format("圆周率",x=3.14)
'圆周率,pi=3.14'
```

在 format()方法格式字符串中,除了可以包括序号或键外,还可以包含格式控制标记。格式控制标记用来控制参数输出时的格式。格式控制标记如表 3.3 所示。

表 3.3　format()方法中的格式控制标记

格式控制标记	说　明
<宽度>	设定输出数据的宽度
<对齐>	设定对齐方式,有左对齐、右对齐和居中对齐三种形式
<填充>	设定用于填充的单个字符
,	数字的千位分隔符
<.精度>	浮点数小数部分精度或字符串最大输出长度
<类别>	输出整数和浮点数类型的格式规则

表 3.3 中的这些字段都是可选的,也可以组合使用。

1. ＜宽度＞

＜宽度＞用来设定输出数据的宽度。如果该输出项对应的format()参数长度比＜宽度＞设定值大，则使用参数实际长度；如果该值的实际位数小于指定宽度，则位数将被默认以空格字符填充。例如：

```
>>> "{0:10}".format("Python")
'Python    '                    #输出宽度设定为10,字符串右边以5个空格填充
>>> "{0:10}".format("Python Programming")
'Python Programming'            #输出宽度设定为10,字符串实际宽度大于10
```

2. ＜对齐＞

参数在＜宽度＞内输出时的对齐方式，分别使用“＜”“＞”和“^”三个符号表示左对齐、右对齐和居中对齐。例如：

```
>>> "{0:>10}".format("Python")            #输出时右对齐
'    Python'
>>> "{0:<10}".format("Python")            #输出时左对齐
'Python    '
>>>"{0:^10}".format("Python")             #输出时居中对齐
'  Python  '
```

3.＜填充＞

＜填充＞是指＜宽度＞内除了参数外的字符采用的表示方式，默认采用空格，可以通过＜填充＞更换。例如：

```
>>>"{0:*^10}".format("Python")           #输出时居中且使用*填充
'**Python**'
>>>"{0:#<10}".format("Python")           #输出时左对齐且使用#填充
'Python####'
```

4. 逗号(,)

逗号(,)用于显示数字的千位分隔符，适用于整数和浮点数。例如：

```
>>>'{0:,}'.format(1234567890)            #用于整数输出
'1,234,567,890'
>>>'{0:,}'.format(1234567.89)            #用于浮点数输出
'1,234,567.89'
```

5. ＜.精度＞

＜.精度＞由小数点(.)开头。对于浮点数，精度表示小数部分输出的有效位数；对于

字符串，精度表示输出的最大长度。例如：

```
>>>'{0:.2f},{1:.5}'.format(1.2345,'programming')
'1.23,progr'
```

6. <类型>

<类型>表示输出整数和浮点数类型时的格式规则。

对于整数类型，输出格式包括以下6种。

- b：输出整数的二进制方式。
- c：输出整数对应的Unicode字符。
- d：输出整数的十进制方式。
- o：输出整数的八进制方式。
- x：输出整数的小写十六进制方式。
- X：输出整数的大写十六进制方式。

例如：

```
>>>'{:b}'.format(10)
'1010'
>>>'{:d}'.format(10)
'10'
>>>'{:x}'.format(95)
'5f'
>>>'{:X}'.format(95)
'5F'
```

对于浮点数类型，输出格式包括以下4种。

- e：输出浮点数对应的小写字母e的指数形式。
- E：输出浮点数对应的大写字母E的指数形式。
- f：输出浮点数的标准浮点形式。
- %：输出浮点数的百分形式。

例如：

```
>>> '{0:e},{0:E},{0:f},{0:%}'.format(123.456789)
'1.234568e+02,1.234568E+02,123.456789,12345.678900%'
>>> '{0:.2e},{0:.2E},{0:.2f},{0:.2%}'.format(123.456789)
'1.23e+02,1.23E+02,123.46,12345.68%'
```

注意：浮点数输出时尽量使用<.精度>表示小数部分的宽度，有助于更好控制输出格式。

3.4 顺序结构程序设计举例

到目前为止,介绍的程序都是逐条语句书写的,程序的执行也是按照顺序逐条执行的,这种程序称为顺序程序。

下面是能够实现实际功能的顺序程序设计示例,虽然不难,但对形成清晰的编程思路是有帮助的。

【例 3.4】 从键盘输入一个 3 位整数,分离出它的个位、十位和百位并分别在屏幕输出。

分析:此题要求设计一个从三位整数中分离出个位、十位和百位数的算法。例如,输入的数是 235,则输出分别是 2、3、5。百位数字可采用对 100 整除的方法得到,235//100=2;个位数字可采用对 10 求余的方法得到,235%10=5;十位数字可通过将其变化为最高位后再整除的方法得到,(235-2*100)//10=3,也可通过将十位数字其变换为最低位再求余的方法得到,(235/10)%10=3。

根据以上分析,程序应分为三步完成。

(1) 调用 input()函数输入一个三位整数。

(2) 利用上述算法计算该数的个位、十位和百位数。

(3) 输出计算后的结果。

程序如下:

```
x=int(input("请输入一个 3 位整数"))
a=x//100
b=(x-a*100)//10
c=x%10
print("百位=%d,十位=%d,个位=%d"%(a,b,c))
```

程序运行结果:

```
请输入一个 3 位整数 235
百位=2,十位=3,个位=5
```

【例 3.5】 小写字母转盘(如图 3.14 所示)。

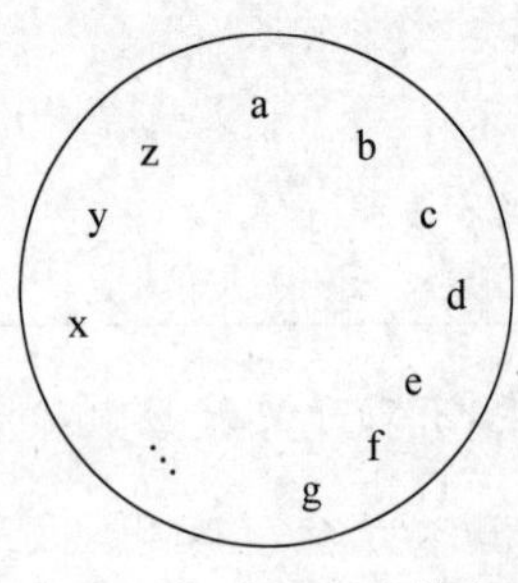

图 3.14 小写字母转盘

用户输入一个小写字母,求出该字母的前驱和后继字符。例如,c 字符的前驱和后继分别是 b 和 d,a 字符的前驱和后继分别是 z 和 b,z 字符的前驱和后继分别是 y 和 a。

分析:首先应该输入一个小写字母存储到字符类型变量(假设为 ch 变量)中,接着再求该字符的前驱和后继。

求一个字母的前驱字母并不是简单地减 1,例如,字母 a 的前驱是 z,不能通过减 1 来实现。在没有学习条件控制之前,可以利用取余操作的特性,即任何一个整数除以 26(26 个字母)

的余数只能为0～25。可以以z为参考点，首先求出输入的字符ch(假设是w)与z之间的字符偏移数n='z'－ch='z'－'w'=3，而(n＋1)%26=4则是ch(字母w)的前驱字母相对于z的偏移数，'z'－(n＋1)%26=122－4=118(即字母v)就是ch(字母w)的前驱字母。

可以采用同样的道理求后继字母。

程序如下：

```
ch=input("请输入一个字符：")
pre=ord('z')-(ord('z')-ord(ch)+1)%26          #ord()函数用来得到字符的ASCII值
next=ord('a')+(ord(ch)-ord('a')+1)%26
print("%c的前驱字母是%c,后继字母是%c"%(ch,pre,next))
```

程序运行结果：

```
请输入一个字符：z
z的前驱字母是y,后继字母是a
```

再次运行程序，结果如下：

```
请输入一个字符：a
a的前驱字母是z,后继字母是b
```

习　　题

1. 选择题

(1) 算法是指(　　)。

A. 数学计算公式　　B. 对问题的精确描述

C. 程序的语句序列　　D. 解决问题的精确步骤

(2) 下列叙述正确的是(　　)。

A. 算法的效率只与问题的规模有关，而与数据的存储结构无关

B. 算法的时间复杂度与空间复杂度一定相关

C. 数据的逻辑结构与存储结构是一一对应的

D. 算法的时间复杂度是指执行算法所需要的计算工作量

(3) 以下(　　)是流程图的基本元素。

A. 判断框　　B. 顺序结构　　C. 分支结构　　D. 循环结构

(4) 程序流程图中带有箭头的线段表示的是(　　)。

A.调用关系　　B. 控制流　　C. 图元关系　　D. 数据流

(5) 以下程序段的运行结果是(　　)。

```
s='PYTHON'
print("{0:3}".format(s))
```

A. PYT　　B. PYTH　　C. PYTHON　　D. PYTHON

(6) 利用print()函数进行格式化输出，(　　)用于控制浮点数的小数点后两位输出。

A. {.2}　　B. {:.2}　　C. {.2f}　　D. {:.2f}

2. 什么是算法？算法的基本特征是什么？

3. 编写一个加法和乘法计算器程序。

4. 编写程序，输入三角形的3个边长a、b、c，求三角形的面积area，并画出算法的流程图和N-S结构图。公式为

$$area=\sqrt{S(S-a)(S-b)(S-c)}$$

其中，$S=(a+b+c)/2$。

5. 编写程序，输入四个数，并求它们的平均值。

6. 从键盘上输入一个大写字母，并将大写字母转换成小写字母后输出。

7. 一年按365天计，以1.0作为每天的能力值基数，每天原地踏步则能力值为1.0，每天努力一点则能力值提高1%；每天更努力则能力值提高2%。一年后，这三种行为收获的成果相差多少呢？

第4章 选择结构程序设计

选择结构又称为分支结构，它根据是否满足给定的条件，决定程序的执行路线。在不同条件下，执行不同的操作，这在实际求解问题过程中是大量存在的。例如，输入一个整数，要判断它是否为偶数，就可以使用选择结构来实现。根据程序执行路线或分支的不同，选择结构又分为单分支、双分支和多分支等3种类型。本章主要介绍Python中if语句以及选择结构程序设计方法。

4.1 单分支选择结构

用if语句可以构成选择结构，根据给定的条件进行判断，以决定执行某个分支程序段。Python的if语句有3种基本形式。

if语句的一般格式为：

```
if 表达式:
    语句块
```

其语句功能是先计算表达式的值，若为真，则执行语句；否则跳过语句执行if语句之后的下一条语句。其执行流程如图4.1所示。

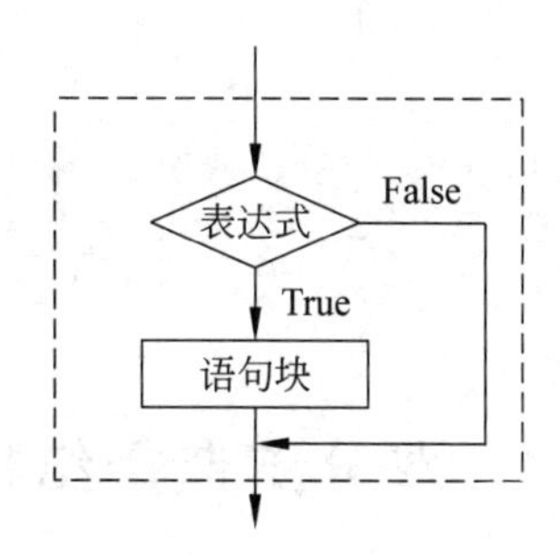

图4.1 单分支if语句的执行流程

注意：

(1) 在if语句的表达式后面必须加冒号。

(2) 因为Python把非0当作真，0当作假，所以表示条件的表达式不一定必须是结果为True或False的关系表达式或逻辑表达式，也可以是任意表达式。

(3) if语句的语句块必须向右缩进,语句块可以是单条语句,也可以是多条语句。当包含两条或两条以上的语句时,这些语句必须缩进一致,即语句块中的所有语句必须上下对齐。例如:

```
if x>y:
    t=x
    x=y
    y=t
```

(4) 如果语句块中只有一条语句,if语句也可以写在同一行上。例如:

```
x=10
if x>0: print(2*x-1)
```

【例4.1】 输入3个整数x、y、z,把这3个数由小到大输出。

分析:输入x、y、z,如果x>y,则交换x和y,否则不交换;如果x>z,则交换x和z,否则不交换;如果y>z,则交换y和z,否则不交换。最后输出x、y、z。

程序如下:

```
x,y,z=eval(input('请输入x、y、z: '))
if x>y:
    x,y=y,x
if x>z:
    x,z=z,x
if y>z:
    y,z=z,y
print (x,y,z)
```

程序运行结果:

```
请输入x、y、z: 34,156,23
23 34 156
```

4.2 双分支选择结构

可以用if语句实现双分支选择结构,其一般格式为:

```
if 表达式:
    语句块1
else:
    语句块2
```

其语句功能是：先计算表达式的值，若为 True，则执行语句块 1；否则执行语句块 2。执行语句块 1 或语句块 2 后再执行 if 语句之后的语句。其执行流程如图 4.2 所示。

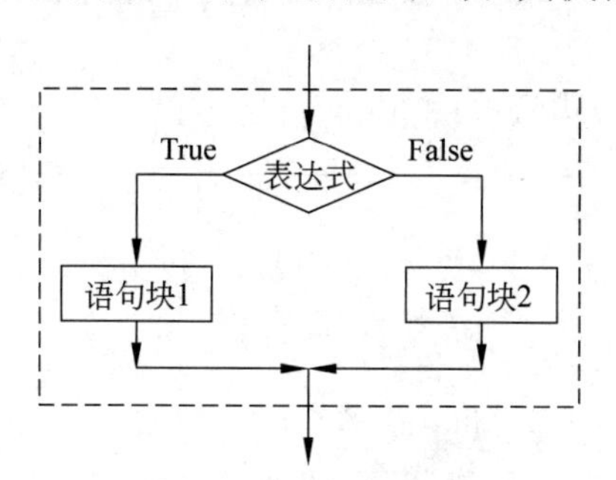

图 4.2 双分支 if 语句的执行流程

注意：与单分支 if 语句一样，对于表达式后面或者 else 后面的语句块，应将它们缩进对齐。例如：

```
if x%2==0:
    y=x+y
    x=x+1
else:
    y=2*x
    x=x-1
```

【例 4.2】 输入年份，判断是否是闰年。

分析：这里的关键是判断闰年的条件，如果年份能被 4 整除但不能被 100 整除或者能被 400 整除，则是闰年，否则就不是闰年。

程序如下：

```
year=int(input('请输入年份：'))
if (year%4==0 and year%100!=0) or (year%400==0):
    print(year,'年是闰年')
else:
    print(year,'年不是闰年')
```

程序运行结果：

```
请输入年份：2017
2017 年不是闰年
```

再次运行程序，结果如下：

```
请输入年份：2000
2000 年是闰年
```

4.3 多分支选择结构

多分支 if 语句的一般格式为:

```
if 表达式 1:
   语句块 1
elif 表达式 2:
   语句块 2
elif 表达式 3:
   语句块 3
   ……
elif 表达式 m:
   语句块 m
[else:
   语句块 n]
```

其语句功能是:当表达式 1 的值为 True 时,执行语句块 1,否则求表达式 2 的值;当表达式 2 的值为 True 时,执行语句块 2,否则求表达式 3 的值;以此类推。若表达式的值都为 False,则执行 else 后的语句 n。不管有几个分支,程序执行完一个分支后,其余分支将不再执行。多分支 if 语句的执行过程如图 4.3 所示。

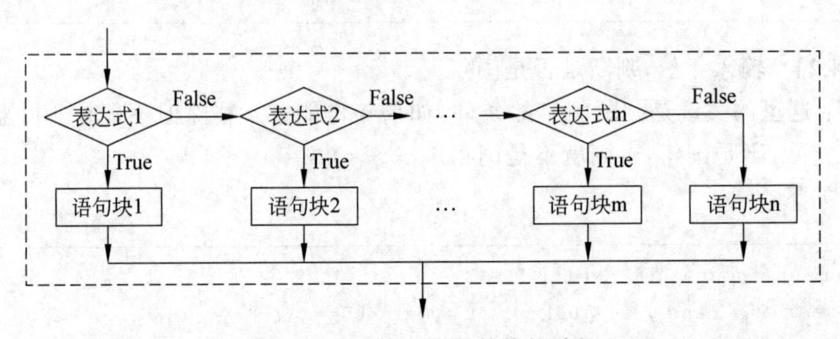

图 4.3 多分支 if 语句的执行过程

【例 4.3】 输入学生的成绩,根据成绩进行分类,85 分以上为优秀,70~84 分为良好,60~69 分为及格,60 分以下为不及格。

分析:将学生成绩分为 4 个分数段,然后根据各分数段的成绩,输出不同的等级。程序分为 4 个分支,可以用 4 个单分支结构实现,也可以用多分支 if 语句实现。

程序如下:

```
score= int(input("请输入学生成绩:"))
if score <60:
    print("不及格")
```

```
elif score <70:
    print("及格")
elif score <85:
    print("良好")
else:
    print("优秀")
```

程序运行结果：

```
请输入学生成绩:83
良好
```

【例 4.4】 从键盘输入一个字符 ch,判断它是英文字母、数字还是其他字符。

分析：本题应进行 3 种情况的判断。

(1) 英文字母：ch>="a" and ch<="z" or ch>="A" and ch<="Z"。

(2) 数字字符：ch>="0" and ch<="9"。

(3) 其他字符。

程序如下：

```
ch=input("请输入一个字符:")
if ch>="a" and ch<="z" or ch>="A" and ch<="Z":
   print("%c 是英文字母"%ch)
elif ch>="0" and ch<="9":
   print("%c 是数字"%ch)
else:
    print("%c 是其他字符"%ch)
```

程序运行结果：

```
请输入一个字符: L
L 是英文字母
```

再次运行程序,结果如下：

```
请输入一个字符: #
#是其他字符
```

4.4 选择结构嵌套

if 语句中可以再嵌套 if 语句,可以有以下不同形式的嵌套结构。

语句一：

```
if 表达式 1:
    if 表达式 2:
        语句块 1
    else:
        语句块 2
```

语句二：

```
if 表达式 1:
    if 表达式 2:
        语句块 1
else:
    语句块 2
```

Python根据对齐关系来确定if语句之间的逻辑关系，在语句一中，else语句与第二个if语句匹配，在语句二中，else语句与第一个if语句匹配。

【例4.5】 选择结构的嵌套问题。

购买地铁车票的规定如下：乘坐1～4站，3元/位；乘坐5～9站，4元/位；乘坐9站以上，5元/位。输入乘坐人数、乘坐站数，输出应付款。

分析：需要进行两次分支。根据“人数<=4”分支一次，表达式为假时，还需要根据“人数<=9”分支一次。流程图如图4.4所示。

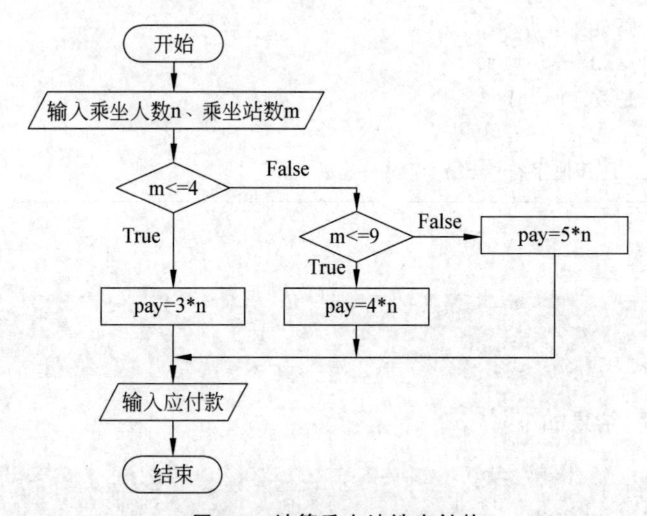

图4.4 计算乘坐地铁应付款

程序如下：

```
n, m=eval(input('请输入乘坐人数,乘坐站数:'))
if m<=4:
    pay=3 * n
```

```
else:
    if m<=9:
        pay=4 * n
    else:
        pay=5 * n
print('应付款: ', pay)
```

程序运行结果：

```
请输入乘坐人数,乘坐站数: 3,5
应付款: 12
```

【例 4.6】 求一元二次方程 $ax^2+bx+c=0$ 的根。

程序如下：

```
import math
a,b,c=eval(input("请输入一元二次方程的系数: "))
if a == 0:
    print('输入错误!')
else:
    delta = b * b-4 * a * c
    x = -b/(2 * a)
    if delta == 0:
       print('方程有唯一解,X=%f'%(x))
    elif delta > 0:
       x1 = x-math.sqrt(delta)/(2 * a)
       x2 = x+math.sqrt(delta)/(2 * a)
       print('方程有两个实根: x1=%f,x2=%f'%(x1,x2))
     else:
       x1 = (-b+complex(0,1) * math.sqrt((-1) * delta))/(2 * a)
       x2 = (-b-complex(0,1) * math.sqrt((-1) * delta))/(2 * a)
       print('方程有两个虚根,分别是: ')
       print(x1,x2)
```

程序运行结果：

```
请输入一元二次方程的系数: 0,1,1
输入错误!
```

再次运行程序，结果如下：

```
请输入一元二次方程的系数: 1,2,1
方程有唯一解,X=-1.000000
```

再次运行程序,结果如下:

```
请输入一元二次方程的系数: 5,2,3
方程有两个虚根,分别是:
(-0.2+0.7483314773547882j) (-0.2-0.7483314773547882j)
```

4.5 选择结构程序设计举例

执行选择结构时,依据一定的条件选择程序的执行路径,因此,程序设计的关键在于分析程序流程,构建合适的分支条件,根据不同的程序流程选择适当的分支语句。为了加深对选择结构程序设计方法的理解,下面再看几个例子。

【例 4.7】 从键盘输入一个实数,不调用 math.h 中的库函数,计算其绝对值和平方值并输出计算结果。

程序如下:

```
a=float(input('input:'))
if a>=0:
    b=a
else:
    b=-a
c=a**2
print("abs=%f,square=%f"%(b,c))
```

程序运行结果:

```
input:-5
abs=5.000000,square=25.000000
```

【例 4.8】 输入一个三角形的三条边长,求该三角形的面积。

分析:设 a、b、c 为三角形的三条边长,则构成三角形的充分必要条件是任意两条边之和大于第三条边,即 $a+b>c$,$b+c>a$,$c+a>b$。如果该条件满足,则可按照海伦公式计算三角形的面积:

$$s=\sqrt{p(p-a)(p-b)(p-c)}$$

其中 $p=(a+b+c)/2$。

程序如下:

```
from math import *
a,b,c=eval(input('a,b,c = '))
if a+b>c and a+c>b and b+c>a:
    p=(a+b+c)/2
```

```
    s=sqrt(p*(p-a)*(p-b)*(p-c))
    print('area=',s)
else:
    print('input data error')
```

程序运行结果：

```
a,b,c = 3,4,5
area = 6.0
```

【例 4.9】 输入一个整数，判断它是否为水仙花数。所谓水仙花数，是指这样的一些三位整数：各位数字的立方和等于该数本身。例如，$153=1^3+5^3+3^3$，因此153是水仙花数。

分析：题目的关键是先分别得到这个三位整数的个位、十位和百位数字，再根据判定条件判断该数是否为水仙花数。

程序如下：

```
x=int(input('请输入三位整数 x: '))
a=x//100
b=(x-a*100)//10
c=x-100*a-10*b
if x==a**3+b**3+c**3:
    print(x,'是水仙花数')
else:
    print(x,'不是水仙花数')
```

程序运行结果：

```
请输入三位整数 x: 153
153 是水仙花数
```

【例 4.10】 某运输公司的收费是按照用户运送货物的运送里程进行计算，其运费折扣标准如表4.1所示。请编写程序计算运输公司的计费。

表 4.1 运输公司运费计算方法

运送里程(km)	运费的折扣	运送里程(km)	运费的折扣
s<250	没有折扣	1000≤s<2000	8%折扣
250≤s<500	2%折扣	2000≤s<3000	10%折扣
500≤s<1000	5%折扣	s≥3000	15%折扣

分析：首先要输入运送里程，然后根据运送里程决定运费折扣是多少，再进行运费的计算。

程序如下：

```
s=int(input("请输入运送里程: "))
if s<250:
    fee=s
if 250<=s<500:
    fee =(0.98) * s
if 500<=s<1000:
    fee =(0.95) * s
if 1000<=s<2000:
    fee =(0.92) * s
if 2000<=s<3000:
    fee =(0.90) * s
if 3000<=s:
    fee =(0.85) * s
print('运费是: %.6f'%fee)
```

程序运行结果：

```
请输入运送里程: 300
运费是: 294.000000
```

【例 4.11】 如图 4.5 所示，在直角坐标系中有一个以原点为中心的单位圆，任意给定一点(x,y)，试判断该点是在单位圆内、单位圆上还是单位圆外？若在单位圆外，那么进一步判断该点是在 x 轴的上方、下方还是在 x 轴上？

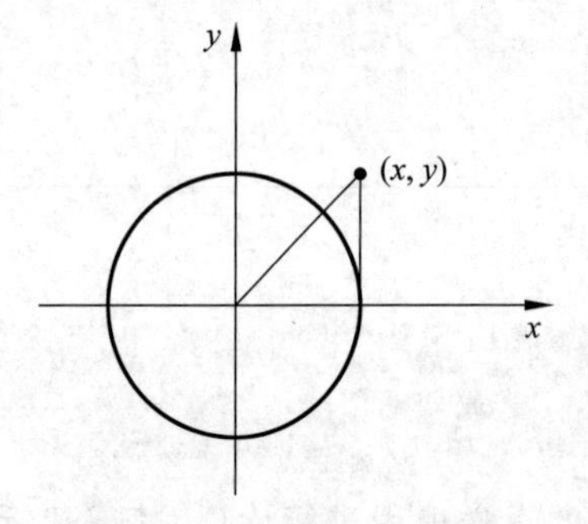

图 4.5 单位圆与点示意图

分析：以原点为中心的单位圆的方程为 $x^2+y^2=1$，因此，对任意点(x,y)，若 $x^2+y^2<1$，则该点在单位圆内；若 $x^2+y^2>1$，则该点在单位圆外；若 $x^2+y^2=1$，则该点在单位圆上。这就形成了 3 个分支，而 if 语句只能解决二路分支问题，为此，先将问题变成 2 个分支，即若 $x^2+y^2\leqslant 1$，则该点在单位圆内或单位圆上；否则该点在单位圆外。当该点在单位圆外时，还要考虑是在 x 轴的下方、上方还是 x 轴上。对这个三分支问题，可以仿照上面的方法又将它变成二路分支来处理。根据以上分析，得到流程图如图 4.6 所示。

程序如下：

```
x,y=eval(input("请输入 x 和 y: "))
if x* * 2+y* * 2<=1:
    if x* * 2+y* * 2==1:
        print("点(%f,%f)在单位圆上"%(x,y))
```

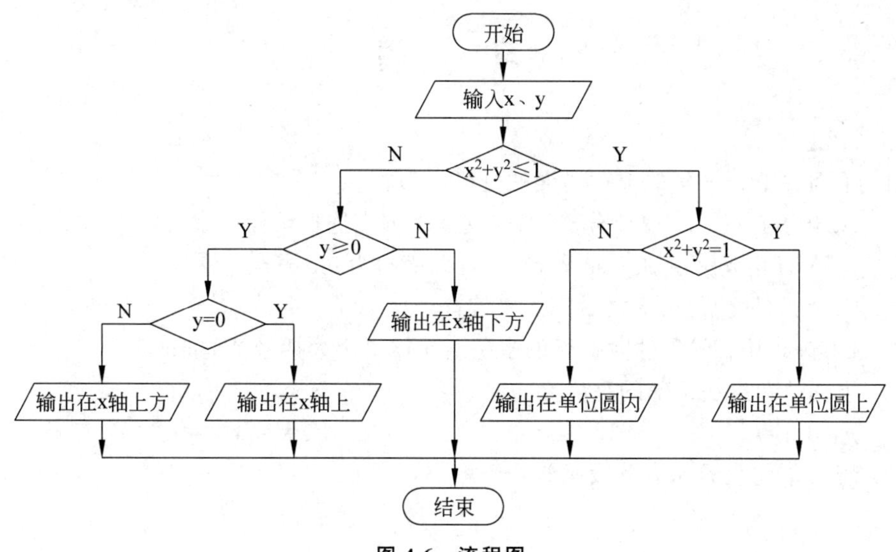

图 4.6　流程图

```
    else:
        print("点(%f,%f)在单位圆内"%(x,y))
else:
    if y>=0:
      if y==0:
          print("点(%f,%f)在单位圆外,在 x 轴上"%(x,y))
      else:
          print("点(%f,%f)在单位圆外,在 x 轴上方"%(x,y))
    else:
          print("点(%f,%f)在单位圆外,在 x 轴下方"%(x,y))
```

程序运行结果：

```
请输入 x 和 y: 1,0
点(1.000000,0.000000)在单位圆上
```

再次运行程序,结果如下：

```
请输入 x 和 y: 3,-2
点(3.000000,-2.000000)在单位圆外,在 x 轴下方
```

再次运行程序,结果如下：

```
请输入 x 和 y: 0.2,0.3
点(0.200000,0.300000)在单位圆内
```

习　题

1. 选择题

(1) 下面关于 if 语句的描述错误的是(　　)。

A. if 语句可以实现单分支、双分支及多分支选择结构

B. 若 if 语句嵌套在 else 子句中,可以简写为 elif 子句

C. if 条件之后、else 之后都需要带冒号

D. 满足 if 后的条件时执行的多条语句需要用大括号括起来

(2) 下面语句语法正确的是(　　)。

A. if s=4　　B. if s=4:　　C. if s==4　　D. if s==4:

(3) 用 if 语句表示如下分段函数:

$$y=\begin{cases} x^2-2x+3, & x<1 \\ \sqrt{x-1}, & x\geqslant 1 \end{cases}$$

不正确的程序段是(　　)。

A.
```
if(x<1): y=x*x-2*x+3
    else: y=math.sqrt(x-1)
```

B.
```
if(x<1): y=x*x-2*x+3
    y=math.sqrt(x-1)
```

C.
```
y=x*x-2*x+3
    if(x>=1): y=math.sqrt(x-1)
```

D.
```
if(x<1): y=x*x-2*x+3
    if(x>=1): y=math.sqrt(x-1)
```

(4) 下列程序的运行结果是(　　)。

```
s=0
a,b=1,2
if a>0:
    s=s+1
elif b>0:
    s=s+1
print(s)
```

A. 0　　B. 0　　C. 2　　D. 语法错误

(5) 下列程序的运行结果是(　　)。

```
x=0
y=True
print(x>y and 'A'<'B')
```

A. True　　B. False　　C. 0　　D. 1

(6) 下列程序的运行结果是(　　)。

```
x=2
y=2.0
if(x==y): print("Equal")
else: print("No Equal")
```

A. Equal　　B. Not Equal　　C. 编译错误　　D. 运行时错误

2. 填空题

(1) 对于 if 语句中的语句块,应将它们________。

(2) 当 $x=0, y=50$ 时,语句 z=x if x else y 执行后,z 的值是________。

(3) 判断整数 x 奇偶性的 if 条件语句是________。

(4) 说明以下 3 个 if 语句的区别:________。

```
a: if i>0:
           if j>0 :n=1
           else:n=2
b:if i>0:
         if j>0:n=1
        else:n=2
c:if i>0:n=1
        else:
         if j>0:n=2
```

(5) 下列程序段的功能是________。

```
a=3
b=5
if a>b:
    t=a
    a=b
    b=t
print a,b
```

3. 编程计算函数的值:

$$y=\begin{cases} x+9, & \text{当 } x<-4 \text{ 时} \\ x^2+2x+1, & \text{当 } -4\leqslant x<4 \text{ 时} \\ 2x-15, & \text{当 } x\geqslant 4 \text{ 时} \end{cases}$$

4. 在购买某物品时,若标明的价钱 x 在下面范围内,所付钱 y 按对应折扣支付,其数学表达式如下:

$$y=\begin{cases} x, & x<1000 \\ 0.9x, & 1000\leqslant x\leqslant 2000 \\ 0.8x, & 2000\leqslant x\leqslant 3000 \\ 0.7x, & x>3000 \end{cases}$$

5. 计算器程序。用户输入运算数和四则运算符,输出计算结果。

6. 输入数 x、y 和 z，如果 $x^2+y^2+z^2$ 大于 1000，则输出 $x^2+y^2+z^2$ 千位以上的数字，否则输出三个数之和。

7. 某公司员工的工资计算方法如下：

(1) 工作时数超过 120 小时者，超过部分加发 15%工资。

(2) 工作时数低于 60 小时者，扣发 700 元。

(3) 其余按每小时 80 元计发工资。

输入员工的工号和该员工的工作时数，计算应发工资。

第5章 循环结构程序设计

结构化程序由顺序结构、选择结构和循环结构组成。前面已经介绍了顺序结构和选择结构程序设计，本章主要介绍循环结构的程序设计。

循环结构是一种重复执行的程序结构。在许多实际问题中，需要对问题的一部分通过若干次、有规律的重复计算来实现。例如，求大量数据之和、迭代求根、递推法求解等，都要用到循环结构的程序设计。循环是计算机解题的一个重要特征，计算机运算速度快，最善于进行重复性的工作。

Python 语言提供了 while 语句和 for 语句来实现循环结构。

5.1 while 语句结构

5.1.1 while 语句

1. while 语句的一般格式

while 语句是当型循环，一般格式为：

```
while 条件表达式:
    循环体
```

功能：条件表达式描述循环的条件，循环体语句描述要反复执行的操作，称为循环体。while 语句执行时，先计算条件表达式的值，当条件表达式的值为真(非 0) 时，循环条件成立，执行循环体；当条件表达式的值为假(0) 时，循环条件不成立，退出循环，执行循环语句之后的下一条语句。其执行流程如图 5.1 所示。

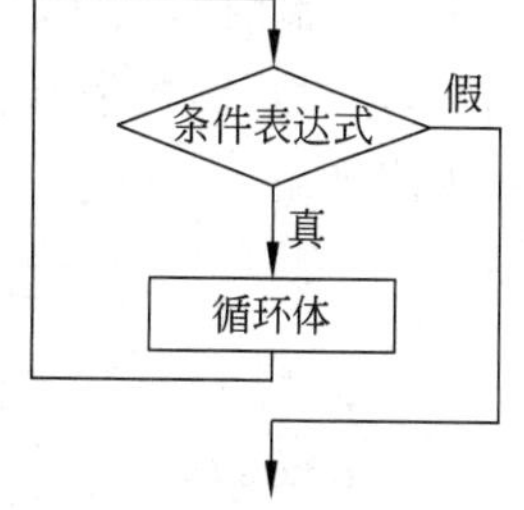

图 5.1 while 循环流程图

注意：

(1) 当循环体由多条语句构成时，必须用缩进对齐的方式组成一个语句块来分隔子句，否则会产生错误。

(2) 与 if 语句的语法类似，如果 while 循环体中只有一条语句，可以将该语句与 while 写在同一行中。

(3) while 语句的条件表达式不需要用括号括起来，表达式后面必须有冒号。

(4) 如果表达式永远为真，循环将会无限地执行下去。因此，在循环体内必须要有修改表达式值的语句，使其值趋向 False，让循环趋于结束，避免出现无限循环。

2. 在 while 语句中使用 else 子句

while 语句中使用 else 子句的一般格式：

```
while 条件表达式:
    循环体
else:
    语句
```

Python 与其他大多数语言不同，可以在循环语句中使用 else 子句，即构成了 while…else 循环结构，else 中的语句会在循环正常执行完的情况下执行(不管是否执行循环体)。例如：

```
count=int(input())
while count<5:
    print(count,"is less han 5")
    count=count+1
else:
    print(count,"is not less than 5")
```

程序的一次运行结果如下：

```
8↙
8 is not less than 5
```

在该程序中，当输入 8 时，循环体一次都没有执行，退出循环时，执行 else 子句。

5.1.2 while 语句应用

【例 5.1】 求 $\sum_{n=1}^{100} n$。

分析：本例实际是求若干个数之和的累加问题。定义 sum 用于存放累加和，用 n 表示加数，用循环结构来求解，每循环一次累加一个整数值，整数的取值范围为 1～100。

程序如下：

```
sum,n=0,1
while n<=100:
    sum=sum+n
    n=n+1
print("1+2+3+…+100=",sum)
```

程序运行结果：

```
1+2+3+…+100=5050
```

说明：程序中变量n有两个作用，其一是作为循环计数变量，其二是作为每次被累加的整数值。循环体有两条语句，sum= sum ＋ n实现累加；n＝n＋1使加数n每次增1，这是改变循环条件的语句，否则循环不能终止，成为“死循环”。循环条件是当n小于或等于100时，执行循环体，否则跳出循环，执行循环语句之后的下一条语句(print语句)以输出计算结果。

思考：如果将循环体语句“s＝s＋n”和“n＝n＋1”互换位置，程序的运行结果如何？

对于while语句的用法，还需要注意以下几点。

(1) 如果while后面表达式的值一开始就为假，则循环体一次也不会执行。例如：

```
a=0
b=0
while a>0:
   b=b+1
```

(2) 循环体中的语句可以是任意类型的合法语句。

(3) 遇到下列情况，退出while循环：

- 表达式不成立；
- 循环体内遇到break、return等语句。

【例5.2】 从键盘上输入若干个数，求所有正数之和。当输入0或负数时，程序结束。

程序如下：

```
sum=0
x=int(input("请输入一个正整数(输入 0 或者负数时结束):"))
while x>0:
   sum=sum+x
   x=int(input("请输入一个正整数(输入 0 或者负数时结束):"))
print("sum=",sum)
```

程序运行结果：

```
请输入一个正整数(输入 0 或者负数时结束): 13
请输入一个正整数(输入 0 或者负数时结束): 21
请输入一个正整数(输入 0 或者负数时结束): 5
请输入一个正整数(输入 0 或者负数时结束): 54
请输入一个正整数(输入 0 或者负数时结束): 0
sum = 93
```

【例5.3】 输入一个正整数x，如果x满足0＜x＜99999，则输出x是几位数并输出x个位上的数字。

程序如下：

```
x=int(input("Please input x: "))
if x>0 and x<99999:
   i=x
   n=0
   while i>0:
        i=i//10
        n=n+1
   a=x%10
   print("%d是%d位数,它的个位上数字是%d"%(x,n,a))
else:
     print("输入错误!")
```

程序运行结果:

```
Please input x: 12345
12345是5位数,它的个位上数字是5
```

再次运行程序,结果如下:

```
Please input x: -1
输入错误!
```

5.2 for语句结构

5.2.1 for语句

1. for语句的一般格式

for语句是循环控制结构中使用较广泛的一种循环控制语句,特别适合于循环次数确定的情况。其一般格式为:

```
for 目标变量 in 序列对象:
    循环体
```

for语句的首行定义了目标变量和遍历的序列对象,后面是需要重复执行的语句块。语句块中的语句要向右缩进,且缩进量要一致。

注意:

(1) for语句是通过遍历任意序列的元素来建立循环的,针对序列的每一个元素执行一次循环体。列表、字符串、元组都是序列,可以利用它们来创建循环。

(2) for语句也支持一个可选的else块,其功能就像在while循环中一样,如果循环离开时没有遇到break语句,就会执行else块。也就是序列所有元素都被访问过了之后,执行else块。其一般格式为:

```
for 目标变量 in 序列对象:
    语句块
else:
    语句
```

2. rang 对象在 for 循环中的应用

在 Python 3.x 中，range()函数返回的是可迭代对象。Python 专门为 for 语句设计了迭代器的处理方法。range()函数的一般格式为：

```
range([start,]end[,step])
```

range()函数共有 3 个参数，start 和 step 是可选的，start 表示开始，默认值为 0，end 表示结束，step 表示每次跳跃的间距，默认值为 1。该函数功能是生成一个从 start 参数的值开始，到 end 参数的值结束(但不包括 end)的数字序列。

例如，传递一个参数的 range()函数：

```
>>> for i in range(5):
    print(i)
0
1
2
3
4
```

传递两个参数的 range()函数：

```
>>> for i in range(2,4):
    print(i)
2
3
```

传递三个参数的 range()函数：

```
>>> for i in range(2,20,3):
    print(i)
2
5
8
11
14
17
```

执行过程中首先对关键字 in 后的对象调用 iter()函数获得迭代器,然后调用 next()函数获得迭代器的元素,直到抛出 StopIteration 异常。

range()函数的工作方式类似于分片。它包含下限(上例中为 2),但不包含上限(上例中为 20)。如果希望下限为 0,则只可以提供上限,例如:

```
>>>range(10)
[0,1,2,3,4,5,6,7,8,9]
```

【例 5.4】 用 for 循环语句实现例 5.1。

程序如下:

```
sum=0
for i in range(101):
    sum=sum+i
print("1+2+3+…+100=",sum)
```

该例中采用 range()函数得到一个 0~100 的序列,变量 i 依次从序列中取值累加到 sum 变量中。

5.2.2 for 语句应用

【例 5.5】 判断 m 是否为素数。

一个自然数,若除了 1 和它本身外不能被其他整数整除,则称为素数。例如,2、3、5、7 等。根据定义,只需检测 m 能否被 2,3,4,…,m－1 整除,只要能被其中一个数整除,则 m 不是素数,否则就是素数。程序中设置标志量 flag,若 flag 为 0 时,则 m 不是素数;若 flag 为 1 时,则 m 是素数。

程序如下:

```
m=int(input("请输入要判断的正整数 m: "))
flag=1
for i in range(2,m):
    if  m%i==0:
        flag=0
        i=m                    #令 i 为 m,使 i<m 不成立,在不是素数时退出循环
if  flag==1:
    print("%d 是素数"%m)
else:
    print("%d 不是素数"%m)
```

程序运行结果:

```
请输入要判断的正整数 m: 11
11 是素数
```

再次运行程序，结果如下：

```
请输入要判断的正整数 m: 20
20 不是素数
```

【例 5.6】 已知四位数 3025 具有特殊性质：它的前两位数字 30 与后两位数字 25 之和是 55，而 55 的平方正好等于 3025。编写程序，列举出所有具有这种性质的四位数。

分析：采用列举的方法。将给定的四位数按前两位数、后两位数分别进行分离，验证分离后的两个两位数之和的平方是否等于分离前的那个四位数，若等于即打印输出。

程序如下：

```
print("满足条件的四位数分别是: ")
for i in range(1000,10000):
        a=i//100
        b=i%100
        if  (a+b)**2==i:
              print(i)
```

程序运行结果：

```
满足条件的四位数分别是:
2025
3025
9801
```

【例 5.7】 求 1～100 中能被 7 或 11 整除、但不能同时被 7 和 11 整除的所有整数并将它们输出。每行输出 10 个。

分析：列举出 1～100 的所有数据，根据题目中的条件对这些数据进行筛选。要控制每行输出 10 个，则应使用 count 变量，用于计数，每当有一个满足条件的数输出时，count 加 1，当 count 能整除 10 时，则换行。

程序如下：

```
print("满足条件的数分别是: ")
count=0
for i in range(1,101):
    if i%7==0 and i%11!=0 or i%11==0 and i%7!=0:
        print(i,end="   ")
        count=count+1
        if count%10==0:
            print("")
```

程序运行结果：

```
满足条件的数分别是:
7   11   14   21   22   28   33   35   42   44
49   55   56   63   66   70   84   88   91   98
99
```

5.3 循环嵌套

如果一个循环结构的循环体又包括了另一个循环结构,就称为循环的嵌套。这种嵌套过程可以有很多种。一个循环外面仅包含一层循环称为两重循环;一个循环外面包围两层循环称为三重循环;一个循环外面包围多层循环称为多重循环。

循环语句 while 和 for 可以相互嵌套。在使用循环嵌套时,应注意以下几个问题:

(1) 外层循环和内层循环控制变量不能同名,以免造成混乱。

(2) 循环嵌套的缩进在逻辑上一定要注意,以保证逻辑上的正确性。

(3) 循环嵌套不能交叉,即在一个循环体内必须完整地包含另一个循环,如图 5.2 所示的循环嵌套都是合法的嵌套形式。

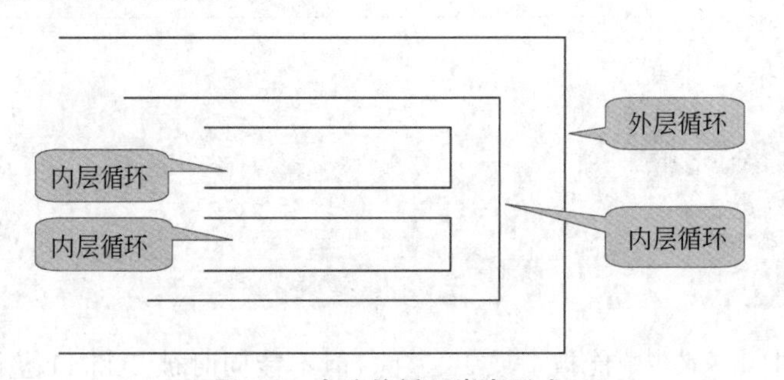

图 5.2 合法的循环嵌套形式

嵌套循环执行时,先由外层循环进入内层循环,并在内层循环终止后接着执行外层循环,再由外层循环进入内层循环中,当内层循环终止时,程序结束。

【例 5.8】 输出九九乘法表,格式如下。

```
1*1=1
1*2=2  2*2=4
1*3=3  2*3=6   3*3=9
1*4=4  2*4=8   3*4=12  4*4=16
1*5=5  2*5=10  3*5=15  4*5=20  5*5=25
1*6=6  2*6=12  3*6=18  4*6=24  5*6=30  6*6=36
1*7=7  2*7=14  3*7=21  4*7=28  5*7=35  6*7=42  7*7=49
1*8=8  2*8=16  3*8=24  4*8=32  5*8=40  6*8=48  7*8=56  8*8=64
1*9=9  2*9=18  3*9=27  4*9=36  5*9=45  6*9=54  7*9=63  8*9=72  9*9=81
```

程序如下:

```
for i in range(1, 10, 1):                  #控制行
    for j in range(1, i+1, 1):             #控制列
        print("%d * %d=%2d  " %(j,i,i * j),end=" ")
    print("")                              #每行末尾的换行
```

【例 5.9】 找出所有的三位数,要求其各位数字的立方和正好等于这个三位数。例如,$153=1^3+5^3+3^3$ 就是这样的数。

分析:假设所求的三位数百位数字是 i,十位数字是 j,个位数字是 k,根据题目描述,应满足 $i^3+j^3+k^3=i*100+j*10+k$。

程序如下:

```
for i in range(1,10):
    for j in range(0,10):
        for k in range(0,10):
            if i**3+j**3+k**3==i * 100+j * 10+k:
                print("%d%d%d"%(i,j,k))
```

程序运行结果:

```
153
370
371
407
```

从程序中可以看出,三个 for 语句循环嵌套在一起,第二个 for 语句是前一个 for 语句的循环体,第三个 for 语句是第二个 for 语句的循环体,第三个 for 语句的循环体是 if 语句。

【例 5.10】 求 100~200 中的全部素数。

在例 5.5 中判断了给定的整数 m 是否为素数。本例要求 100~200 中的所有素数,可在外层加一层循环,用于提供要考查的整数 m=100,101,…,200。

程序如下:

```
print("100~200 中的素数有:")
for m in range(100,201):
    flag=1
    for i in range(2,m):
        if  m%i==0:
            flag=0
            break
    if flag==1:
        print(m,end=" ")
```

程序运行结果：

```
100~200中的素数有：
101  103  107  109  113  127  131  137  139  149  151  157  163  167  173
179  181  191  193  197  199
```

5.4 循环控制语句

有时需要在循环体中提前跳出循环，或者在某种条件满足时，不执行循环体中的某些语句而立即从头开始新一轮循环，这时就要用到循环控制语句 break、continue 和 pass 语句。

5.4.1 break 语句

break 语句用在循环体内，使所在循环立即中止，即跳出所在循环体，继续执行循环结构之后的语句。break 语句对循环执行过程的影响如图 5.3 所示。

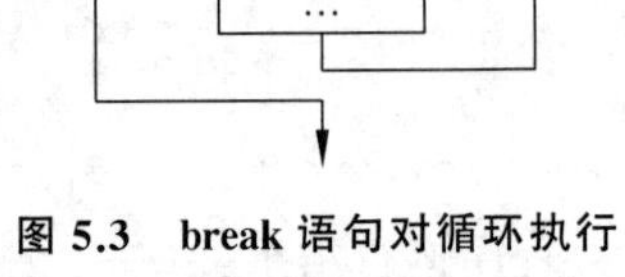

图 5.3 break 语句对循环执行过程的影响示意图

【例 5.11】 求两个整数 a 与 b 的最大公约数。

分析：找出 a 与 b 中较小的一个，则最大公约数必在 1 与这个较小整数的范围内。使用 for 语句，循环变量 i 从较小整数变化到 1。一旦循环控制变量 i 同时能被 a 与 b 整除，则 i 就是最大公约数，然后使用 break 语句强制退出循环。

程序如下：

```
m,n=eval(input("请输入两个整数: "))
if m<n:
        min=m
else:
        min=n
for i in range(min,1,-1):
   if m%i==0 and n%i==0:
            print("最大公约数是: ",i)
            break
```

程序运行结果：

```
请输入两个整数: 156,18
最大公约数是: 6
```

注意：

(1) break 语句只能用于由 while 和 for 语句构成的循环结构中。

(2) 在循环嵌套的情况下，break 语句只能终止并跳出包含它的最近一层循环体。

5.4.2 continue 语句

当在循环结构中遇到 continue 语句时，程序将跳过 continue 语句后面尚未执行的语句，重新开始下一轮循环，即只结束本次循环的执行，并不终止整个循环的执行。continue 语句对循环执行过程的影响如图 5.4 所示。

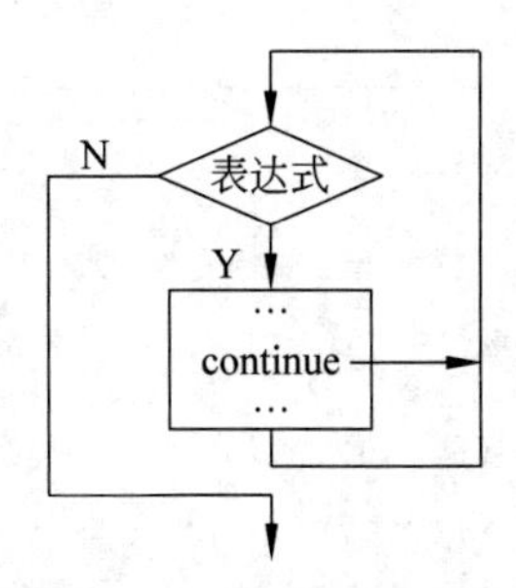

图 5.4 continue 语句对循环执行过程的影响示意图

【例 5.12】 求 1～100 中的所有奇数之和。

程序如下：

```
x=y=0
while True:
   x+=1
   if not(x%2):continue              #x 为偶数直接进行下一次循环
   elif x>100:break                  #x>100 时退出循环
   else:y+=x                         #实现累加
print("y=",y)
```

程序运行结果：

```
y=2500
```

5.4.3 pass 语句

pass 语句是一个空语句，它不做任何操作，代表一个空操作，在特别的时候用来保证格式或是语义的完整性。例如，下面的循环语句：

```
for i in range(5):
    pass
```

该语句的确会循环 5 次，但除了循环本身之外，什么也没做。

【例 5.13】 逐个输出“Python”字符串中的字符。

程序如下：

```
for letter in "Python":
    if letter == "o":
        pass
        print("This is pass block")
    print("Current Letter :", letter)
print("End!")
```

程序运行结果：

```
Current Letter : P
Current Letter : y
Current Letter : t
Current Letter : h
This is pass block
Current Letter : o
Current Letter : n
End!
```

在程序中，当遇到字母o时，执行pass语句，接着执行print("This is pass block")语句。从运行结果可以看到，pass语句对其他语句的执行没有产生任何影响。

5.5 循环结构程序设计举例

【例5.14】 利用下面的公式求π的近似值，要求累加到最后一项小于10^{-6}为止。

$$\frac{\pi}{4} \approx 1-\frac{1}{3}+\frac{1}{5}-\frac{1}{7}+\cdots\cdots$$

分析：这是一个累加求和的问题，但这里的循环次数是预先未知的，而且累加项正负交替出现，如何解决这类问题呢？

在本例中，累加项的构成规律可用寻找累加项通式的方法得到。具体可表示为通式t=s/n，即累加项由分子和分母两部分组成。分子s为+1、-1、+1、-1，……交替变化，可以采用赋值语句s=-s实现，s的初始值取为1；分母n为1、3、5、7、……的规律递增，可采用n=n+2实现，n的初始值为1.0。

程序如下：

```
import math
s=1
n=1.0
t=1.0
pi=0
while math.fabs(t)>=1e-6:
    pi=pi+t
    n=n+2
```

```
    s=-s
    t=s/n
pi=pi * 4
print("PI=%f"%pi)
```

程序运行结果：

```
PI=3.141591
```

【例 5.15】 两个乒乓球队进行比赛，各出三人。甲队为 a、b、c 三人，乙队为 x、y、z 三人。以抽签决定比赛名单。有人向队员打听比赛的名单，a 说他不与 x 比，c 说他不与 x、z 比。编程序找出三队比赛对手的名单。

分析：可采用枚举的方法实现。

程序如下：

```
for i in range(ord('x'),ord('z')+1):
   for j in range(ord('x'),ord('z')+1):
       if i!=j:
          for k in range(ord('x'),ord('z')+1):
              if (i!= k) and (j != k):
                  if (i!=ord('x')) and (k!=ord('x')) and (k!=ord('z')):
                      print('order is:\na --> %s\nb --> %s\nc-->%s' %(chr(i),
chr(j),chr(k)))
```

程序运行结果：

```
order is:
a --> z
b --> x
c --> y
```

【例 5.16】 正弦函数的泰勒展开式是 $\sin x = x - \frac{x^3}{3!} + \frac{x^5}{5!} - \frac{x^7}{7!} + \cdots$，编程计算 sinx 的值，要求最后一项的绝对值小于 10^{-7}。

分析：根据泰勒展开式，设通项式 fitem，它由分子(e)、分母(d)和符号(s)三部分组成。可以得出 sinx 的通项公式有如下特点：

(1) 分子：$e_0 = x, e_i = e_{i-1} \times x \times x$；

(2) 分母：$d_0 = 1, d_i = d_{i-1} \times (n+1) \times (n+2)$，n 的初始值取 1；

(3) 符号：$s_0 = 1, s_i = -s_{i-1}$。

程序如下：

```
s=1
i=1
```

```
a=int(input("请输入角度值(单位：度)："))
x=3.1415926/180*a                #将角度转化为弧度
sinx=x
fitem=e=x                        #第0项为x,分子即为x
d=1                              #第0项分母为1
while(fitem>10**-7):
    e=e*x*x
    d=d*(i+1)*(i+2)
    i=i+2
    fitem=e/d                    #求通项的绝对值
    s=-s                         #求该项的符号
    sinx+=s*fitem                #求正弦值
print("sin(%3.1f)=%.3f"%(a,sinx))
```

程序运行结果：

```
请输入角度值(单位：度)：30
sin(30.0)=0.500
```

【例5.17】 "百钱百鸡"问题。

公鸡5文钱一只，母鸡3文钱一只，小鸡3只一文钱，用100文钱买100只鸡，其中公鸡、母鸡、小鸡都必须要有，问公鸡，母鸡，小鸡要买多少只刚好凑足100文钱？

分析：显然这是一个组合问题，也可以看作是解不定方程的问题，采用列举的方法实现。令i、j、k分别表示公鸡、母鸡和小鸡的数目。

为了确定取值范围，可以有不同的思路，因而也有不同的实现方法，其计算也可能相差甚远。

【方法一】 令i、j、k的列举范围分别为：

i：1～20(公鸡最多能买20只)；

j：1～33(母鸡最多能买33只)；

k：1～100(小鸡最多能买100只)。

可以采用三重循环逐个搜索。

程序如下：

```
for i in range(1,21):
    for j in range(1,34):
        for k in range(1,101):
            if i+j+k==100 and i*5+j*3+k/3==100:
                print("公鸡：%d只,母鸡：%d只,小鸡：%d只"%(i,j,k))
```

程序运行结果：

```
公鸡：4只,母鸡：18只,小鸡：78只
```

```
公鸡: 8只,母鸡: 11只,小鸡: 81只
公鸡: 12只,母鸡: 4只,小鸡: 84只
```

在程序中,循环体被执行了 20×33×100=66000 次。

【方法二】 令 i、j、k 的列举范围分别为(保证每种鸡至少买一只):

i: 1～18(公鸡最多能买 18 只);

j: 1～31(母鸡最多能买 31 只);

k: 100－i－k(当公鸡和小鸡数量确定后,小鸡的数量可计算得到)。

可以采用两重循环逐个搜索。

程序如下:

```
for i in range(1,19):
        for j in range(1,32):
                k=100-i-j
                if i+j+k==100 and i * 5+j * 3+k/3==100:
                        print("公鸡: %d只,母鸡: %d只,小鸡: %d只"%(i,j,k))
```

在程序中,循环体被执行了 18×31=558 次。

【方法三】 从题意可得到下列方程组:

$$\begin{cases} i+j+k=100 \\ 5i+3j+\dfrac{k}{3}=100 \end{cases}$$

由方程组可得到式子 7i+4j=100。由于 i 和 j 至少为 1,因此可知 i 最大为 13,j 最大为 23。方法二的两重循环可改进为以下程序:

```
for i in range(1,14):
    for j in range(1,24):
        k=100-i-j
        if i+j+k==100 and i * 5+j * 3+k/3==100:
            print("公鸡: %d只,母鸡: %d只,小鸡: %d只"%(i,j,k))
```

该程序的循环体被执行了 13×23=299 次。

【方法四】 由方法三中的式 7i+4j=100 可得: j=(100－7i)/4。观察 7i+4j=100, 4j 与 100 都是 4 的倍数,因此 i 一定也是 4 的倍数。有了这些条件,程序实现时只需要对 i 进行逐个搜索即可,i 的搜索范围为 1～13。

采用单层循环进行逐个搜索。

程序如下:

```
for i in range(1,14):
    j=(100-7 * i)/4
    k=100-i-j
```

```
    if i%4==0:
        print("公鸡: %d只,母鸡: %d只,小鸡: %d只"%(i,j,k))
```

该算法程序只循环了13次。

上述四种方法都能得到相同的运行结果,从程序执行次数分析可知,由于程序的搜索策略不同,程序的运算量也不同。

习　题

1. 选择题

(1) 以下for语句中,(　　)不能完成1～10的累加功能。

A. for i in range(10,0):sum+=i

B. for i in range(1,11):sum+=i

C. for i in range(10,0,-1):sum+=i

D. for i in range(10,9,8,7,6,5,4,3,2,1):sum+=i

(2) 设有如下程序段:

```
k=10
while k:
    k=k-1
    print(k)
```

则下面语句描述中正确的是(　　)。

A. while循环执行10次　　B.循环是无限循环

C. 循环体语句一次也不执行　　D. 循环体语句执行一次

(3) 以下while语句中的表达式“not E”等价于(　　)。

```
while not E:
    pass
```

A. E==0　　B. E!=1　　C. E!=0　　D. E==1

(4) 下列程序的结果是(　　)。

```
sum=0
for i in range(100):
    if(i%10):
        continue
    sum=sum+1
print(sum)
```

A. 5050　　B. 4950　　C. 450　　D. 45

(5) 下列for循环执行后,输出结果的最后一行是(　　)。

```
for i in range(1,3):
```

```
    for j in range(2,5):
      print(i*j)
```

A. 2　　B. 6　　C. 8　　D. 15

(6) 下列说法中正确的是(　　)。

A. break 用在 for 语句中，而 continue 用在 while 语句中

B. break 用在 while 语句中，而 continue 用在 for 语句中

C. continue 能结束循环，而 break 只能结束本次循环

D. break 能结束循环，而 continue 只能结束本次循环

2. 填空题

(1) Python 提供了两种基本的循环结构：________和________。

(2) 循环语句 for i in range(−3,21,4)的循环次数为________。

(3) 要使语句 for i in range(−,−4,−2)循环执行 15 次，则循环变量 i 的初值应当为________。

(4) 执行下列 Python 语句后的输出结果是________，循环执行了________次。

```
i=-1;
while(i<0);
    i*=i
print(i)
```

(5) 当循环结构的循环体由多个语句构成时，必须用________的方式组成一个语句块。

(6) Python 无穷循环 while True 的循环体中可用________语句退出循环。

3. 一个五位数，判断它是不是回文数。例如，12321 是回文数，因为个位与万位相同，十位与千位相同。

4. 求 1+2!+3!+…+20!的和。

5. 求 200 以内能被 11 整除的所有正整数，并统计满足条件的数的个数。

6. 编写一个程序，求 e 的值，当通项小于 10^{-7} 停止计算。

$$e \approx 1 + \frac{1}{1!} + \frac{1}{2!} + \cdots + \frac{1}{n!}$$

第6章 组合数据类型

在实际的应用过程中，通常要面对的并不是单一变量、单一数据，而是大批量的数据。如果将这些数据组织成基本数据类型进行处理，显然效率太低。为了实现批量处理，Python提供了组合数据类型。

6.1 组合数据类型概述

组合数据类型将多个相同类型或不同类型的数据组织起来。根据数据之间的关系，组合数据类型可分为3类，分别是序列类型、集合类型和映射类型。序列类型包括列表、元组和字符串等；集合类型包括集合；映射类型包括字典。

对于序列类型、集合类型以及映射类型，Python都提供了大量的可直接调用的方法。本章后续将对这些方法进行详细介绍。

1. 序列类型

序列是程序设计中最基本的数据结构。几乎每一种程序设计语言都提供了类似的数据结构，例如C语言和Visual Basic中的数组等。序列是一系列连续值，这些值通常是相关的，并且按照一定顺序排列。Python提供的序列类型使用灵活，功能强大。

序列中的每个元素都有自己的位置编号，可以通过偏移量索引来读取数据。图6.1是一个包含11个元素的序列。最开始的第一个元素索引为0，第二个元素索引为1，以此类推；也可以从最后一个元素开始计数，最后一个元素的索引是－1，倒数第二个元素的索引就是－2，以此类推。可以通过索引获取序列中的元素，其一般形式为：

序列名[索引]

其中，索引又称为“下标”或“位置编号”，必须是整数或整型表达式。在包含了n个元素的序列中，索引的取值为0、1、2、……、n－1和－1、－2、－3、……、－n，即范围为－n～n－1。

字符	H	e	l	l	o		W	o	r	l	d
索引	0	1	2	3	4	5	6	7	8	9	10
索引	-11	-10	-9	-8	-7	-6	-5	-4	-3	-2	-1

图6.1 序列元素与索引对应图

2. 集合类型

集合类型与数学中的集合概念一致。集合类型中的元素是无序的，无法通过下标索引的方法来访问集合类型中的每一个数值，且集合中的元素不能重复。

集合中的元素类型只能是固定的数据类型，即其中不能存在可变数据类型。列表、字典和集合类型本身都是可变类型，不能作为集合的元素。

3. 映射类型

映射类型是键-值对的集合。元素之间是无序的，通过键可以找出该键对应的值，即键代表一个属性，值则代表这个属性代表的内容，键值对将映射关系结构化。

映射类型的典型代表是字典。

6.2 列　　表

列表(list)是 Python 中的重要内置数据类型，列表是一个元素的有序集合，一个列表中元素的数据类型可以各不相同，所有元素放在一对方括号"["和"]"中，相邻元素之间用逗号分隔开。例如：

```
[1,2,3,4,5]
['Python', 'C','HTML','Java','Perl ']
['wade',3.0,81,[ 'bosh','haslem']]                #列表中嵌套了列表
```

6.2.1 列表的基本操作

1. 列表的创建

使用赋值运算符"="将一个列表赋值给变量即可创建列表对象。例如：

```
>>>a_list= ['physics', 'chemistry',2017, 2.5]
>>>b_list=['wade',3.0,81,[ 'bosh','haslem']]    #列表中嵌套了列表
>>>c_list=[1,2,(3.0,'hello world!')]             #列表中嵌套了元组
>>>d_list=[]                                      #创建一个空列表
```

2. 列表元素读取

使用索引可以直接访问列表元素，方法为：列表名[索引]。如果指定索引不存在，则提示下标越界。例如：

```
>>>a_list= ['physics', 'chemistry',2017, 2.5,[0.5,3]]
>>>a_list[1]
'chemistry'
>>> a_list[-1]
[0.5, 3]
```

```
>>> a_list[5]              #下标越界
Traceback (most recent call last):
  File "<pyshell#9>", line 1, in <module>
    a_list[5]
IndexError: list index out of range
```

3. 列表切片

可以使用“列表序号对”的方法来截取列表中的任意部分,得到一个新列表,这称为列表的切片操作。切片操作的方法是:

列表名[开始索引:结束索引:步长]。

开始索引:表示是第一个元素对象,正索引位置默认为0;负索引位置默认为-len(list)。

结束索引:表示是最后一个元素对象,正索引位置默认为len(list)-1;负索引位置默认为-1。

步长:表示取值的步长,默认为1,步长值不能为0。

例如:

```
>>> a_list[1:3]              #开始为1,结束为2,不包括3,步长默认为1
['chemistry', 2017]
>>> a_list[1:-1]
['chemistry', 2017, 2.5]
>>> a_list[:3]               #左索引默认为0
['physics', 'chemistry', 2017]
>>> a_list[1:]               #从第一个元素开始截取列表
['chemistry', 2017, 2.5, [0.5, 3]]
>>> a_list[:]                #左右索引均缺省
['physics', 'chemistry', 2017, 2.5, [0.5, 3]]
>>> a_list[::2]              #左右索引均缺省,步长为2
['physics', 2017, [0.5, 3]]
```

4. 增加元素

在实际应用中,列表元素的增加和删除操作也是经常遇到的操作,Python提供了多种不同的方法来实现这一功能。

(1) 使用“+”运算符将一个新列表添加在原列表的尾部。

例如:

```
>>> id(a_list)              #获取列表 a_list 的地址
49411096
>>> a_list=a_list+[5]
>>> a_list
['physics', 'chemistry', 2017, 2.5, [0.5, 3], 5]
```

```
>>> id(a_list)              #获取添加元组时候 a_list 的地址
49844992
```

从以上例子可以看出，“+”运算符在形式上实现了列表元素的增加，但从增加前后列表的地址看，这种方法并不是真的为原列表添加元素，而是创建了一个新列表，并将原列表和增加列表依次复制到新创建列表的内存空间。由于需要进行大量元素的复制，因此该方法操作速度较慢，大量元素添加时不建议使用该方法。

(2) 使用列表对象的 append()方法向列表尾部添加一个新的元素。这种方法在原地址上进行操作，速度较快。

```
>>> a_list.append('Python')
>>> a_list
['physics', 'chemistry', 2017, 2.5, [0.5, 3], 5, 'Python']
```

(3) 使用列表对象的 extend()方法将一个新列表添加在原列表的尾部。与“+”的方法不同，这种方法是在原列表地址上操作的。例如：

```
>>> a_list.extend([2017,'C'])
>>> a_list
['physics', 'chemistry', 2017, 2.5, [0.5, 3], 5, 'Python', 2017, 'C']
```

(4) 使用列表对象的 insert()方法将一个元素插入到列表的指定位置。该方法有两个参数：第一个参数为插入位置；第二个参数为插入元素。例如：

```
>>> a_list.insert(3,3.5)          #插入位置为位置编号
>>> a_list
['physics', 2017, 'chemistry', 3.5, 2.5, [0.5, 3], 5, 'Python', 2017, 'C']
```

5. 检索元素

(1) 使用列表对象的 index()方法可以获取指定元素首次出现的下标，语法为：

```
index(value,[,start,[,end]])
```

其中，start 和 end 分别用来指定检索的开始和结束位置，start 默认为 0，end 默认为列表长度。例如：

```
>>> a_list.index(2017)            #在 a_list 列表中检索
1
>>> a_list.index(2017,2)          #从 a_list 列表第 2 个元素开始进行检索
8
>>> a_list.index(2017,5,7)        #在 a_list 列表第 5~7 个元素中检索
Traceback (most recent call last):
  File "<pyshell                  #10>", line 1, in <module>
```

```
    a_list.index(2017,5,7)
ValueError: 2017 is not in list    #在指定范围中没有检索到元素,提示错误信息
```

(2) 使用列表对象的 count()方法统计列表中指定元素出现的次数。例如：

```
>>> a_list.count(2017)
2
>>> a_list.count([0.5,3])
1
>>> a_list.count(0.5)
0
```

(3) 使用 in 运算符检索某个元素是否在该列表中。如果元素在列表中，返回 True，否则返回 False。

```
>>> 5 in a_list
True
>>> 0.5 in a_list
False
```

6. 删除元素

(1) 使用 del 命令删除列表中指定位置的元素。例如：

```
>>> del a_list[2]
>>> a_list
['physics', 2017, 3.5, 2.5, [0.5, 3], 5, 'Python', 2017, 'C']
```

执行 del a_list[2]后，a_list 中位置编号为 2 的元素被删除，该元素后面的元素自动前移一个位置。

del 命令也可以直接删除整个列表。例如：

```
>>> b_list=[10,7,1.5]
>>> b_list
[10, 7, 1.5]
>>> del b_list
>>> b_list
Traceback (most recent call last):
  File "<pyshell#42>", line 1, in <module>
    b_list
NameError: name 'b_list' is not defined
```

删除对象 b_list 之后，该对象就不存在了，再次访问就会提出错误。

(2) 使用列表对象的 remove()方法删除首次出现的指定元素，如果列表中不存在要删除的元素，提示出错信息。例如：

```
>>>a_list.remove(2017)
>>> a_list
['physics', 3.5, 2.5, [0.5, 3], 5, 'Python', 2017, 'C']
>>> a_list.remove(2017)
>>> a_list
['physics', 3.5, 2.5, [0.5, 3], 5, 'Python', 'C']
>>> a_list.remove(2017)
Traceback (most recent call last):
  File "<pyshell#30>", line 1, in <module>
    a_list.remove(2017)
ValueError: list.remove(x): x not in list
```

执行第一条 a_list.remove(2017)语句,删除了第一个 2017,a_list 内容变为['physics',3.5,2.5,[0.5,3],5,'Python',2017,'C'];执行第二条 a_list.remove(2017)语句,删除了第二条 2017,a_list 内容变为['physics',3.5,2.5,[0.5,3],5,'Python','C'];执行第三条 a_list.remove(2017)语句,系统提示出错。

(3) 使用列表的 pop()方法删除并返回指定位置上的元素,缺省参数时删除最后一个位置上的元素,如果给定的索引超出了列表的范围,则提示出错。例如:

```
>>> a_list.pop()
'C'
>>> a_list
['physics', 3.5, 2.5, [0.5, 3], 5, 'Python']
>>> a_list.pop(1)
3.5
>>> a_list
['physics', 2.5, [0.5, 3], 5, 'Python']
>>> a_list.pop(5)
Traceback (most recent call last):
    File "<pyshell#35>", line 1, in <module>
      a_list.pop(5)
IndexError: pop index out of range
```

6.2.2 列表的常用函数

1. cmp()函数

格式:

```
cmp(列表 1,列表 2)
```

功能:对两个列表逐项进行比较,先比较列表的第一个元素,若相同则分别取两个列表的下一个元素进行比较,若不同则终止比较。如果第一个列表最后比较的元素大于第二个列表，则结果为1，相反则为−1，元素完全相同则结果为0，类似于>、<、==等关系运算符。

例如：

```
>>>cmp([1,2,5],[1,2,3])
1
>>> cmp([1,2,3],[1,2,3])
0
cmp([123, 'Bsaic'],[ 123, 'Python'])
-1
```

在Python 3.x中，已不再支持cmp()函数，可以直接使用关系运算符来比较数值或列表。

例如：

```
>>> [123,'Bsaic']>[ 123,'Python']
False
>>> [1,2,3]==[1,2,3]
True
```

2. len()函数

格式：

```
len(列表)
```

功能：返回列表中的元素个数。

例如：

```
>>> a_list= ['physics', 'chemistry',2017, 2.5,[0.5,3]]
>>> len(a_list)
5
>>> len([1,2.0,'hello'])
3
```

3. max()和min()函数

格式：

```
max(列表),min(列表)
```

功能：返回列表中的最大或最小元素。要求所有元素之间可以进行大小比较。

例如：

```
>>> a_list=['123', 'xyz', 'zara', 'abc']
>>> max(a_list)
'zara'
>>> min(a_list)
'123'
```

4. sum()函数

格式：

```
sum(列表)
```

功能：对数值型列表的元素进行求和运算，对非数值型列表运算则出错。

例如：

```
>>> a_list=[23,59,-1,2.5,39]
>>> sum(a_list)
122.5
>>> b_list=['123', 'xyz', 'zara', 'abc']
>>> sum(b_list)
Traceback (most recent call last):
  File "<pyshell#11>", line 1, in <module>
    sum(b_list)
TypeError: unsupported operand type(s) for +: 'int' and 'str'
```

5. sorted()函数

格式：

```
sorted(列表)
```

功能：对列表进行排序，默认是按照升序排序。该方法不会改变原列表的顺序。

例如：

```
>>> a_list=[80, 48, 35, 95, 98, 65, 99, 95, 18, 71]
>>> sorted(a_list)
[18, 35, 48, 65, 71, 80, 95, 95, 98, 99]
>>>a_list                       #输出 a_list 列表，该列表原来的顺序并没有改变
[80, 48, 35, 95, 98, 65, 99, 95, 18, 71]
```

如果需要进行降序排序，在 sorted()函数的列表参数后面增加一个 reverse 参数，让其值等于 True 则表示降序排序，等于 Flase 表示升序排序。例如：

```
>>> a_list=[80, 48, 35, 95, 98, 65, 99, 95, 18, 71]
>>> sorted(a_list,reverse=True)
```

```
[99, 98, 95, 95, 80, 71, 65, 48, 35, 18]
>>> sorted(a_list,reverse=False)
[18, 35, 48, 65, 71, 80, 95, 95, 98, 99]
```

6. sort()函数

格式：

```
list.sort()
```

功能：对列表进行排序，排序后的新列表会覆盖原列表，默认为升序排序。

例如：

```
>>> a_list=[80, 48, 35, 95, 98, 65, 99, 95, 18, 71]
>>> a_list.sort()
>>> a_list                    #输出 a_list 列表,该列表原来的顺序被改变了
[18, 35, 48, 65, 71, 80, 95, 95, 98, 99]
```

如果需要进行降序排序，在sort()方法中增加一个reverse参数，让其值等于True则表示降序排序，等于False表示升序排序。例如：

```
>>> a_list=[80, 48, 35, 95, 98, 65, 99, 95, 18, 71]
>>> a_list.sort(reverse=True)
>>> a_list
[99, 98, 95, 95, 80, 71, 65, 48, 35, 18]
>>> a_list.sort(reverse=False)
>>> a_list
[18, 35, 48, 65, 71, 80, 95, 95, 98, 99]
```

7. reverse()函数

格式：

```
list.reverse()
```

功能：对list列表中的元素进行翻转存放，不会对原列表进行排序。

例如：

```
>>> a_list=[80, 48, 35, 95, 98, 65, 99, 95, 18, 71]
>>> a_list.reverse()
>>> a_list
[71, 18, 95, 99, 65, 98, 95, 35, 48, 80]
```

列表基本操作及常用函数总结如表6.1所示。

表 6.1 列表基本操作及常用函数

方 法	功 能
list.append(obj)	在列表末尾添加新的对象
list.extend(seq)	在列表末尾一次性追加另一个序列中的多个值
list.insert(index,obj)	将对象插入列表
list.index(obj)	从列表中找出某个值第一个匹配项的索引位置
list.count(obj)	统计某个元素在列表中出现的次数
list.remove(obj)	移除列表中某个值的第一个匹配项
list.pop(obj=list[-1])	移除列表中的一个元素(默认最后一个元素),并且返回该元素的值
sort()	对原列表进行排序
reverse()	反向存放列表元素
cmp(list1,list2)	比较两个列表的元素
len(list)	求列表元素个数
max(list)	返回列表元素的最大值
min(list)	返回列表元素的最小值
list(seq)	将元组转换为列表
sum(list)	对数值型列表元素求和

6.2.3 列表应用举例

【例 6.1】 从键盘上输入一批数据,对这些数据进行逆置,最后按照逆置后的结果输出。

分析:将输入的数据存放在列表中,将列表的所有元素镜像对调,即第一个与最后一个对调,第二个与倒数第二个对调,以此类推。

程序如下:

```
b_list=int(input("请输入数据:"))
a_list=[]
for i in b_list.split(','):
    a_list.append(i)
print("逆置前数据为:",a_list)
n=len(a_list)
for i in range(n//2):
     a_list[i],a_list[n-i-1]=a_list[n-i-1],a_list[i]
print("逆置后数据为:",a_list)
```

程序运行结果:

```
请输入数据:"Python",2017,98.5,7102,'program'
逆置前数据为:['"Python"', '2017', '98.5', '7102', "'program'"]
逆置后数据为:["'program'", '7102', '98.5', '2017', '"Python"']
```

【例 6.2】 编写程序，求出 1000 以内的所有完数，并按下面的格式输出其因子：6 its factors are 1,2,3。

分析：一个数如果恰好等于它的因子之和，这个数就称为“完数”。例如，6 就是一个完数，因为 6 的因子有 1、2、3，且 6＝1＋2＋3。

这里的关键是求因子。在 2～100 的数中，对于任意的数 a，采用循环从 1 到 a－1 进行检查，如果检测到是 a 的因数，则将该因数存放在列表中，并将其累加起来，如果因数之和正好和该数相等，则该数 a 是完数。

程序如下：

```
m=1000
for a in range(2,m+1):
        s=0
        L1=[]
        for i in range(1,a):
            if a%i==0:
                s+=i
                L1.append(i)
                if s==a:
                   print("%d  its factors are: "%a,L1)
```

程序运行结果：

```
6  its factors are: [1, 2, 3]
24  its factors are: [1, 2, 3, 4, 6, 8]
28  its factors are: [1, 2, 4, 7, 14]
496  its factors are: [1, 2, 4, 8, 16, 31, 62, 124, 248]
```

6.3 元　　组

与列表类似，元组(tuple)也是 Python 的重要序列结构，但元组属于不可变序列，其元素不可改变，即元组一旦创建，用任何方法都不能修改元素的值，如果确实需要修改，只能再创建一个新元组。

元组的定义形式与列表类似，区别在于定义元组时，所有元素放在一对圆括号“(”和“)”中。例如：

```
(1,2,3,4,5)
('Python', 'C','HTML','Java','Perl ')
```

6.3.1　元组的基本操作

1. 元组的创建

使用赋值运算符“=”将一个元组赋值给变量即可创建元组对象。例如：

```
>>>a_tuple= ('physics', 'chemistry',2017, 2.5)
>>>b_tuple=(1,2,(3.0,'hello world!'))                  #元组中嵌套了元组
>>>c_tuple =('wade',3.0,81,[ 'bosh','haslem'])       #元组中嵌套了列表
>>>d_tuple =()                                          #创建一个空元组
```

如果要创建只包含一个元素的元组，只把元素放在圆括号里是不行的，这是因为圆括号既可以表示元组，又可以表示数学公式中的小括号，会产生歧义。在这种情况下，Python 规定，按小括号进行计算。因此，要创建只包含一个元素的元组，需要在元素后面加一个逗号“,”，而创建多个元素的元组时则没有这个规定。例如：

```
>>> x=(1)
>>> x
1
>>> y=(1,)
>>> y
(1,)
>>> z=(1,2)
>>> z
(1, 2)
```

注意：Python 在显示只有一个元素的元组时，也会加一个逗号“,”，以免误解成数学计算意义上的括号。

2. 读取元素

与列表相同，使用索引可以直接访问元组的元素，方法为：元组名[索引]。例如：

```
>>> a_tuple= ('physics', 'chemistry',2017, 2.5)
>>> a_tuple[1]
'chemistry'
>>> a_tuple[-1]
2.5
>>> a_tuple[5]
Traceback (most recent call last):
  File "<pyshell#14>", line 1, in <module>
    a_tuple[5]
IndexError: tuple index out of range
```

3. 元组切片

元组也可以进行切片操作，方法与列表类似。对元组切片可以得到一个新元组。

例如：

```
>>> a_tuple[1:3]
('chemistry', 2017)
>>> a_tuple[::3]
('physics', 2.5)
```

4. 检索元素

(1) 使用元组对象的 index()方法可以获取指定元素首次出现的下标。例如：

```
>>> a_tuple.index(2017)
2
>>> a_tuple.index('physics',-3)
Traceback (most recent call last):
  File "<pyshell#24>", line 1, in <module>
    a_tuple.index('physics',-3)
ValueError: tuple.index(x): x not in tuple       #在指定范围中没有检索到元素,
                                                 #提示错误信息
```

(2) 使用元组对象的 count()方法可以统计元组中指定元素出现的次数。例如：

```
>>> a_tuple.count(2017)
1
>>> a_tuple.count(1)
0
```

(3) 使用 in 运算符可以检索某个元素是否在该元组中。如果元素在元组中,返回 True,否则返回 False。

```
>>> 'chemistry' in a_tuple
True
>>> 0.5 in a_tuple
False
```

5. 删除元组

使用 del 语句删除元组,删除之后对象就不存在了,若再次访问会出错。例如：

```
>>> del a_tuple
>>> a_tuple
Traceback (most recent call last):
  File "<pyshell#30>", line 1, in <module>
    a_tuple
NameError: name 'a_tuple' is not defined
```

6.3.2　列表与元组的区别及转换

1. 列表与元组的区别

列表和元组在定义和操作上有很多相似的地方，不同点在于列表是可变序列，可以修改列表中元素的值，也可以增加和删除列表元素，而元组是不可变序列，元组中的数据一旦定义就不允许通过任何方式改变。因此，元组没有 append()、insert()和 extend()方法，不能给元组添加元素，没有 remove()和 pop()方法，也不支持对元组元素进行 del 操作，不能从元组删除元素。

与列表相比，元组具有以下优点。

(1) 元组的处理速度和访问速度比列表快。如果定义了一系列常量值，主要对其进行遍历或者类似用途，而不需要对其元素进行修改，这种情况一般使用元组。可以认为元组对不需要修改的数据进行了"写保护"，从而使代码更安全。

(2) 作为不可变序列，元组(包含数值、字符串和其他元组的不可变数据)可用作字典的键，而列表不可以作为字典的键，因为列表是可变的。

2. 列表与元组的转换

列表可以转换成元组，元组也可以转换成列表。内置函数 tuple()可以接收一个列表作为参数，返回包含同样元素的元组，而 list()可以接收一个元组作为参数，返回包含同样元素的列表。例如：

```
>>> a_list= ['physics', 'chemistry',2017, 2.5,[0.5,3]]
>>> tuple(a_list)
('physics', 'chemistry', 2017, 2.5, [0.5, 3])
>>> type(a_list)        #查看调用 tuple()函数之后 a_list 的类型
<class 'list'>          #a_list 类型并没有改变
>>> b_tuple=(1,2,(3.0,'hello world!'))
>>> list(b_tuple)
[1, 2, (3.0, 'hello world!')]
>>> type(b_tuple)       #查看调用 list()函数之后 b_tuple 的类型
<class 'tuple'>         #b_tuple 类型并没有改变
```

从效果来看，tuple()函数可以看作是在冻结列表使其不可变，而 list()函数是在融化元组使其可变。

6.3.3　元组应用

元组中元素的值不可改变，但元组中可变序列的元素的值可以改变。

利用元组可以一次性为多个变量赋值。

```
>>> v = ('a', 2, True)
>>> (x,y,z)=v
>>> v = ('Python', 2, True)
```

```
>>> (x,y,z)=v
>>> x
'Python'
>>> y
2
>>> z
True
```

6.4 字 符 串

Python中的字符串是一个有序的字符集合,用于存储或表示基于文本的信息。它不仅能保存文本,而且能保存非打印字符或二进制数据。

Python中的字符串用一对单引号(')或双引号(")括起来。例如:

```
>>> 'Python'
'Python'
>>>"Python Program"
'Python Program'
```

6.4.1 三重引号字符串

Python中有一种特殊的字符串,用三重引号表示。如果字符串占据了几行,但却想让Python保留输入时使用的准确格式,例如,行与行之间的回车符、引号、制表符或者其他信息都保存下来,则可以使用三重引号——字符串以三个单引号或三个双引号开头,并且以三个同类型的引号结束。采用这种方式,可以将整个段落作为单个字符串进行处理。例如:

```
>>> '''Python is an "object-oriented"
open-source programming language'''
'Python is an "object-oriented"\n open-source programming language'
```

6.4.2 字符串基本操作

1. 字符串创建

使用赋值运算符"="将一个字符串赋值给变量即可创建字符串对象。例如:

```
>>> str1="Hello"
>>> str1
"Hello"
>>> str2='Program \n\'Python\''      #将包含有转义字符的字符串赋给变量
>>> str2
"Program \n'Python'"
```

2. 字符串元素读取

与列表相同,使用索引可以直接访问字符串中的元素,方法为:字符名[索引]。例如:

```
>>> str1[0]
'H'
>>> str1[-1]
'o'
```

3. 字符串分片

字符串的分片就是从字符串中分离出部分字符,操作方法与列表相同,即采取“字符名[开始索引:结束索引:步长]”的方法。例如:

```
>>> str="Python Program"
>>> str[0:5:2]              #从第 0 个字符开始到第 4 个字符结束,每隔一个取一个字符
'Pto'
>>> str[:]                  #取出 str 字符本身
'Python Program'
>>> str[-1:-20]             #从-1 开始,到-20 结束,步长为 1
''                          #结果为空串
>>> str[-1:-20:-1]          #将字符串由后向前逆向读取
'margorP nohtyP'
```

4. 连接

字符串连接运算可使用运算符“+”,将两个字符串对象连接起来,得到一个新的字符串对象。例如:

```
>>> "Hello"+"World"
'HelloWorld'
>>> "P"+"y"+"t"+"h"+"o"+"n"+"Program"
'PythonProgram'
```

将字符串和数值类型数据进行连接时,需要使用 str()函数将数值数据转换成字符串,然后再进行连接运算。例如:

```
>>> "Python"+str(3)
'Python3'
```

5. 重复

字符串重复操作使用运算符“*”,构建一个由字符串自身重复连接而成的字符串对

象。例如：

```
>>> "Hello" * 3
'HelloHelloHello'
>>> 3 * "Hello World!"
'Hello World!Hello World!Hello World!'
```

6. 关系运算

与数值类型数据一样,字符串也能进行关系运算,但关系运算的意义与在整型数据上使用时略有不同。

(1) 单字符字符串的比较。单个字符字符串是按照字符的 ASCII 码值大小进行比较的。例如：

```
>>> "a"=="a"
True
>>> "a"=="A"
False
>>> "0">"1"
False
```

(2) 多字符字符串的比较。当字符串中的字符多于一个时,比较的过程仍是基于字符的 ASCII 码值的大小进行的。比较的过程是并行地检查两个字符串中位于同一位置的字符,然后向前推进,直到找到两个不同的字符为止。

① 从两个字符串中索引为 0 的位置开始比较。

② 比较位于当前位置的两个单字符。

- 如果两个字符相等,则两个字符串的当前索引加 1,回到步骤②。
- 如果两个字符不相等,返回这两个字符比较的结果,作为字符串的比较结果。

③ 如果两个字符串比较到其中一个字符串结束时,对应位置的字符都相等,则较长的字符串更大。

例如：

```
>>> "abc"<"abd"
True
>>> "abc">"abcd"
False
>>> "abc"<"cde"
True
>>> ""<"0"
True
```

注意：空字符串("")比其他字符串都小,因为它的长度为 0。

7. 成员运算

字符串使用 in 或 not in 运算符判断一个字符串是否属于另一个字符串，其一般形式为：

```
字符串 1 [not] in 字符串 2
```

其返回值为 True 或 False。例如：

```
>>> "ab" in "aabb"
True
>>> "abc" in "aabbcc"
False
>>> "a" not in "abc"
False
```

6.4.3 字符串的常用方法

1. 子串查找

子串查找就是在主串中查找子串，如果找到则返回子串在主串中的位置，找不到则返回−1。Python 提供了 find()方法进行查找，其一般形式为：

```
str.find(substr,[start,[,end]])
```

其中，substr 是要查找的子串，start 和 end 是可选项，分别表示查找的开始位置和结束位置。例如：

```
>>> s1="beijing xi'an tianjin beijing chongqing"
>>> s1.find("beijing")
0
>>> s1.find("beijing",3)
22
>>> s1.find("beijing",3,20)
-1
```

2. 字符串替换

字符串替换 replace()方法的一般形式为：

```
str.replace(old,new[,max])
```

其中，old 是要进行更换的旧字符串，new 是用于替换 old 字符串的新字符串，max 是可选项。该方法的功能是把字符串中的 old(旧字符串)替换成 new(新字符串)，如果指定了第三个参数 max，则替换不超过 max 次。例如：

```
>>> s2 = "this is string example. this is string example."
>>> s2.replace("is", "was")              #s2 中所有的 is 都替换成 was
'thwas was string example. thwas was string example.'
>>> s2 = "this is string example. this is string example."
>>> s2.replace("is", "was",2)            #s2 中前面两个 is 替换成 was
'thwas was string example. this is string example.'
```

3. 字符串分离

字符串分离是将一个字符串分离成多个子串组成的列表。Python 提供了 split()方法实现字符串的分离，其一般形式为：

```
str.split([sep])
```

其中，sep 表示分隔符，默认以空格作为分隔符。若参数中没有分隔符，则把整个字符串作为列表的一个元素，当有参数时，以该参数进行分离。例如：

```
>>> s3="beijing,xi'an,tianjin,beijing,chongqing"
>>> s3.split(',')                    #以逗号作为分隔符
['beijing', "xi'an", 'tianjin', 'beijing', 'chongqing']
>>> s3.split('a')                    #以字符 a 作为分隔符
["beijing,xi'", 'n,ti', 'njin,beijing,chongqing']
>>> s3.split()                       #没有分隔符,整个字符串作为列表的一个元素
["beijing,xi'an,tianjin,beijing,chongqing"]
```

4. 字符串连接

字符串连接是将列表、元组中的元素以指定的字符（分隔符）连接起来生成一个新的字符串，使用 join()方法实现，其一般形式为：

```
sep.join(sequence)
```

其中，sep 表示分隔符，可以为空，sequence 是要连接的元素序列。其功能是以 sep 作为分隔符，将 sequence 所有的元素合并成一个新的字符串并返回该字符串。例如：

```
>>> s4=["beijing","xi'an","tianjin", "chongqing"]
>>> sep="-->"
>>> str=sep.join(s4)                 #连接列表元素
>>> str                              #输出连接结果
"beijing-->xi'an-->tianjin-->chongqing"
>>> s5=("Hello","World")
```

```
>>> sep=""
>>> sep.join(s5)                    #连接元组元素
'HelloWorld'
```

字符串常用方法总结如表 6.2 所示。

表 6.2 字符串常用方法

方 法	功 能
str.find(substr,[start,[,end]])	定位子串 substr 在 str 中第一次出现的位置
str.replace(old,new[,max])	用字符串 new 替代 str 中的 old
str.split([sep])	以 sep 为分隔符,把 str 分离成一个列表
sep.join(sequence)	把 sequence 的元素用连接符连接起来
str.count(substr,[start,[,end]])	统计 str 中有多少个 substr
str.strip()	去掉 str 中两端空格
str.lstrip()	去掉 str 中左边空格
str.rstrip()	去掉 str 中右边空格
str.strip([chars])	去掉 str 中两端字符串 chars
str.isalpha()	判断 str 是否全是字母
str.isdigit()	判断 str 是否全是数字
str.isupper()	判断 str 是否全是大写字母
str.islower()	判断 str 是否全是小写字母
str.lower()	把 str 中所有大写字母转换为小写
str.upper()	把 str 中所有小写字母转换为大写
str.swapcase()	把 str 中的大小写字母互换
str.capitalize()	把字符串 str 中第一个字母变成大写,其他字母变小写

6.4.4 字符串应用举例

【例 6.3】 从键盘输入 5 个英文单词,输出其中以元音字母开头的单词。

分析:首先将所有的元音字母存放在字符串 str 中,然后循环地输入 10 个英文单词,并将这些单词存放在列表中。从列表中一一取出这些单词,采用分片的方法提取出每个单词的首字母,遍历存放元音的字符串 str,判断该单词的首字母是否在 str 中。

程序如下:

```
str="AEIOUaeiou"
a_list=[]
```

```
for i in range(0,5):
    word=input("请输入一个英文单词：")
    a_list.append(word)
print("输入的5个英文单词是：",a_list)
print("首字母是元音的英文单词有：")
for i in range(0,5):
    for ch in str:
        if a_list[i][0]==ch:
            print(a_list[i])
            break
```

程序运行结果：

```
请输入一个英文单词：china
请输入一个英文单词：program
请输入一个英文单词：Egg
请输入一个英文单词：apple
请输入一个英文单词：software
输入的5个英文单词是：['china', 'program', 'Egg', 'apple', 'software']
首字母是元音的英文单词有：
Egg
apple
```

【例 6.4】 输入一段字符，统计其中单词的个数，单词之间用空格分隔。

分析：按照题意，一段连续的不含空格类字符的字符串就是单词。将连续的若干个空格作为出现一次空格，那么单词的个数可以由空格出现的次数(连续的若干个空格看作一次空格，一行开头的空格不统计)来决定。如果当前字符是非空格类字符，而它的前一个字符是空格，则可看作是新单词开始，累积单词个数的变量加1；如果当前字符是非空格类字符，而它的前一个字符也是非空格类字符，则可看作是前一个单词的继续，累积单词个数的变量保持不变。

程序如下：

```
str=input("请输入一串字符：")
flag=0
count=0

for c in str:
    if c==" ":
        flag=0
    else:
        if flag==0:
            flag=1
            count=count+1
print("共有%d个单词"%count)
```

程序运行结果：

```
请输入一串字符：Python is an object-oriented  programming language often used
for rapid  application  development
共有 12 个单词
```

【例 6.5】 输入一行字符，分别统计出其中英文字母、空格、数字和其他字符的个数。

分析：首先输入一个字符串，根据字符串中每个字符的 ASCII 码值判断其类型。数字 0～9 对应的 ASCII 码值为 48～57，大写字母 A～Z 对应的 ASCII 码值为 65～90，小写字母 a～z 对应的 ASCII 码值为 97～122。使用 ord()函数将字符转换为对应的 ASCII 码值。可以采用先找出各类型的字符，放到不同列表中，再分别计算列表的长度。

程序如下：

```
a_list = list(input('请输入一行字符：'))
letter = []
space = []
number = []
other = []

for i in range(len(a_list)):
    if ord(a_list[i]) in range(65, 91) or ord(a_list[i]) in range(97,123):
        letter.append(a_list[i])
    elif a_list[i] == ' ':
        space.append(' ')
    elif ord(a_list[i]) in range(48, 58):
        number.append(a_list[i])
    else:
        other.append(a_list[i])

print('英文字母个数：%s' %len(letter))
print('空格个数：%s' %len(apace))
print('数字个数：%s' %len(number))
print('其他字符个数：%s' %len(other))
```

程序运行结果：

```
请输入一行字符：Python 3.5.2 中文版
英文字母个数：6
空格个数：1
数字个数：3
其他字符个数：5
```

6.5 字　典

字典(dictionary)是Python语言中唯一的映射类型。这种映射类型由键(key)和值(value)组成，是“键值对”的无序可变序列。

定义字典时，每个元组的键和值用冒号分隔，相邻元素之间用逗号分隔，所有的元组放在一对大括号“{”和“}”中。字典中的键可以是Python中的任意不可变类型，例如整数、实数、复数、字符串、元组等。键不能重复，而值可以重复。一个键只能对应一个值，但多个键可以对应相同的值。例如：

```
{1001: 'Alice',1002: 'Tom',1003: 'Emily'}
{(1,2,3): 'A',65.5, 'B'}
{'Alice':95,'Beth':82,'Tom':65.5,'Emily':95}
```

6.5.1 字典的基本操作

1. 字典的创建

(1) 使用“=”将一个字典赋给一个变量即可创建一个字典变量。例如：

```
>>> a_dict={'Alice':95,'Beth':82,'Tom':65.5,'Emily':95}
>>> a_dict
{'Emily': 95, 'Tom': 65.5, 'Alice': 95, 'Beth': 82}
```

也可创建一个空字典，例如：

```
>>> b_dict={}
>>> b_dict
{}
```

(2) 使用内置dict()函数，通过其他映射(例如其他字典)或者(键，值)序列对也可以创建字典。例如：

```
#以映射函数的方式建立字典,zip函数返回tuple列表
>>> c_dict=dict(zip(['one', 'two', 'three'], [1, 2, 3]))
>>> c_dict
{'three': 3, 'one': 1, 'two': 2}
#以键值对方式建立字典
>>> d_dict = dict(one = 1, two = 2, three = 3)
>>> d_dict
{'three': 3, 'one': 1, 'two': 2}
#以键值对形式的列表建立字典
>>> e_dict= dict([('one', 1),('two',2),('three',3)])
>>> e_dict
```

```
{'three': 3, 'one': 1, 'two': 2}
#以键值对形式的元组建立字典
>>>f_dict= dict((('one', 1),('two',2),('three',3)))
>>> f_dict
{'three': 3, 'one': 1, 'two': 2}
>>> g_dict=dict()                          #创建空字典
>>> g_dict
{}
```

(3) 通过内置函数 fromkeys()来创建字典。formkeys()函数的一般形式为：

```
dict.fromkeys(seq[, value]))
```

其中，seq 表示字典键值列表；value 为可选参数，用于设置键序列(seq)的值。例如：

```
>>> h_dict={}.fromkeys((1,2,3),'student')      #指定 value 值为 student
>>> h_dict
{1: 'student', 2: 'student', 3: 'student'}
#以参数(1,2,3)为键,不指定 value 值,创建 value 值为空的字典
>>> i_dict={}.fromkeys((1,2,3))
>>> i_dict
{1: None, 2: None, 3: None}
>>> j_dict={}.fromkeys(())                     #创建空字典
>>> j_dict
{}
```

2. 字典元素的读取

(1) 与列表和元组类似，可以使用下标的方式来访问字典中的元素，字典的下标是键，若使用的键不存在，则提示异常错误。例如：

```
>>> a_dict={'Alice':95,'Beth':82,'Tom':65.5,'Emily':95}
>>> a_dict['Tom']
65.5
>>> a_dict[95]
Traceback (most recent call last):
    File "<pyshell#32>", line 1, in <module>
        a_dict[95]
KeyError: 95
```

(2) 使用字典对象的 get()方法获取指定“键”对应的“值”，get()方法的一般形式为：

```
dict.get(key, default=None)
```

其中,key是指在字典中要查找的"键",default是指当指定的"键"值不存在时所返回的值。该方法相当于一条if…else…语句,如果参数key在字典中则返回key对应的value值,字典将返回dict[key];如果参数key不在字典中则返回参数default,如果没有指定default,默认值为None。例如:

```
>>> a_dict.get('Alice')
95
>>> a_dict.get('a','address') #键'a'在字典中不存在,返回指定的值'address'
'address'
>>> a_dict.get('a')
>>> print(a_dict.get('a'))     #键'a'在字典中不存在,没有指定值,返回默认的None
None
```

3. 字典元素的添加与修改

(1) 字典没有预定义大小的限制,可以随时向字典添加新的键值对,或者修改现有键所关联的值。添加和修改的方法相同,都是使用"字典变量名[键名]=键值"的形式。要区分究竟是添加还是修改,需要看键名与字典中的键名是否有重复,若该"键"存在,则表示修改该"键"的值,若不存在,则表示添加一个新的"键值对",也就是添加一个新的元素。例如:

```
>>> a_dict['Beth']=79            #修改"键"为'Beth'的值
>>> a_dict
{'Alice': 95, 'Beth': 79, 'Emily': 95, 'Tom': 65.5}
>>> a_dict['Eric']=98            #增加元素,"键"为'Eric',值为98
>>> a_dict
{'Alice': 95, 'Eric': 98, 'Beth': 79, 'Emily': 95, 'Tom': 65.5}
```

(2) 使用字典对象的update()方法将另一个字典的"键值对"一次性地全部添加到当前字典对象,如果当前字典中存在着相同的"键",则以另一个字典中的"值"为准对当前字典进行更新。例如:

```
>>> a_dict={'Alice': 95, 'Beth': 79, 'Emily': 95, 'Tom': 65.5}
>>> b_dict={'Eric':98,'Tom':82}
>>> a_dict.update(b_dict)        #使用update()方法修改a_dict字典
>>> a_dict
{'Alice': 95, 'Beth': 79, 'Emily': 95, 'Tom': 82, 'Eric': 98}
```

4. 删除字典中的元素

(1) 使用del命令删除字典中指定"键"对应的元素。

```
>>> del a_dict['Beth']          #删除"键"为'Beth'的元素
>>> a_dict
{'Alice': 95, 'Emily': 95, 'Tom': 82, 'Eric': 98}
>>> del a_dict[82]              #删除"键"为 82 的元素,不存在,提示出错
Traceback (most recent call last):
    File "<pyshell#56>", line 1, in <module>
        del a_dict[82]
KeyError: 82
```

(2) 使用字典对象的 pop()方法删除并返回指定“键”的元素。例如:

```
>>> a_dict.pop('Alice')
95
>>>a_dict
{Emily': 95, 'Tom': 82, 'Eric': 98}
```

(3) 使用字典对象的 popitem()方法删除字典元素。由于字典是无序的,popitem()方法实际删除的是一个随机元素。

```
>>> a_dict.popitem()
('Emily', 95)
>>> a_dict
{'Tom': 82, 'Eric': 98}
```

(4) 使用字典对象的 clear()方法删除字典的所有元素。

```
>>> a_dict.clear()
>>> a_dict
{}
```

5. 删除字典

使用 del 命令删除字典。

```
>>> del a_dict
>>> a_dict
Traceback (most recent call last):
    File "<pyshell#68>", line 1, in <module>
        a_dict
NameError: name 'a_dict' is not defined
```

注意:使用 clear()方法删除了所有字典的元素之后,字典仍存在但为空;使用 del 删除字典后,该对象被删除不再存在了,若再次访问就会出错。

6.5.2 字典的遍历

结合 for 循环语句，字典的遍历有很多方式。

1. 遍历字典的关键字

使用字典的 keys()方法，以列表的方式返回字典的所有“键”。keys()方法的语法为：dict.keys()。例如：

```
>>> a_dict={'Alice': 95, 'Beth': 79, 'Emily': 95, 'Tom': 65.5}
>>> a_dict.keys()
dict_keys(['Tom', 'Emily', 'Beth', 'Alice'])
```

2. 遍历字典的值

使用字典的 values()方法，以列表的方式返回字典的所有“值”。values()方法的语法为：dict. values()。例如：

```
>>> a_dict.values()
dict_values([65.5, 95, 79, 95])
```

3. 遍历字典元素

使用字典的 items()方法，以列表的方式返回字典的所有元素，即(键，值)。items()方法的语法为：dict. items()。例如：

```
>>> a_dict.items()
dict_items([('Tom', 65.5), ('Emily', 95), ('Beth', 79), ('Alice', 95)])
```

字典方法总结如表 6.3 所示。

表 6.3 字典方法

方　法	功　能
dict(seq)	用(键，值)对(或者映射和关键字参数)创建字典
get(key[,returnvalue])	返回 key 的值，若无 key 而指定了 returnvalue，则返回 returnvalue 值；若无此值则返回 None
has_key(key)	如果 key 存在于字典中，返回 1(真)；否则返回 0(假)
items()	返回一个由元组构成的列表，每个元组包含一个键值对
keys()	返回一个由字典所有键构成的列表
popitem()	删除任意键值对，并作为两个元素的元组返回。若字典为空，则返回 KeyError 异常
update(newDictionary)	将来自 newDictionary 的所有键值添加到当前字典，并覆盖同名键的值

续表

方　法	功　能
values()	以列表的方式返回字典的所有“值”
clear()	从字典删除所有项

6.5.3　字典应用举例

【例 6.6】 将一个字典的键和值对调。

分析：对调就是将字典的键变为值，值变为键。遍历字典，得到原字典的键和值，将原来的键作为值，原来的值作为键名，采用“字典变量名[键名]＝值”方式，逐个添加字典元素。

程序如下：

```
a_dict={'a':1,'b':2,'c':3}
b_dict={}
for key in a_dict:
    b_dict[a_dict[key]]=key
print(b_dict)
```

程序运行结果：

```
{1: 'a', 2: 'b', 3: 'c'}
```

【例 6.7】 输入一串字符，统计其中每个单词出现的次数，单词之间用空格分隔开。

分析：采用字典数据结构来实现。如果某个单词出现在字典中，可以将单词(键)作为索引来访问它的值，并将它的关联值加 1；如果某个单词(键)不存在于字典中，使用赋值的方式创建键，并将它的关联值置为 1。

程序如下：

```
string=input("input string:")
string_list=string.split()
word_dict={}
for word in string_list:
    if word in word_dict:
        word_dict[word] += 1
    else:
        word_dict[word] = 1
print(word_dict)
```

程序运行结果：

```
input string:to be or not to be
{'or': 1, 'not': 1, 'to': 2, 'be': 2}
```

6.6 集　　合

集合(set)是一组对象的集合,是一个无序排列的、不重复的数据集合体。类似于数学中的集合概念,可对其进行交、并、差等运算。

6.6.1 集合的基本操作

1. 创建集合

(1) 用一对大括号将多个用逗号分隔的数据括起来。例如:

```
>>> a_set={0,1,2,3,4,5,6,7,8,9}
>>> a_set
{0, 1, 2, 3, 4, 5, 6, 7, 8, 9}
```

(2) 使用集合对象的set()方法创建集合,该方法可以将列表、元组、字符串等类型的数据转换成集合类型的数据。例如:

```
#将列表类型的数据转换成集合类型
>>> b_set=set(['physics', 'chemistry',2017, 2.5])
>>> b_set
{2017, 2.5, 'chemistry', 'physics'}
#将元组类型的数据转换成集合类型
>>> c_set=set(('Python', 'C','HTML','Java','Perl '))
>>> c_set
{'Java', 'HTML', 'C', 'Python', 'Perl '}
>>> d_set=set('Python')        #将字符串类型的数据转换成集合类型
>>> d_set
{'y', 'o', 't', 'h', 'n', 'P'}
```

(3) 使用集合对象的frozenset()方法创建一个冻结的集合,即该集合不能再添加或删除任何集合里的元素。它与set()方法创建的集合区别是: set()方法可以添加或删除元素,而frozenset()方法则不行;frozenset()方法可以作为字典的key,也可以作为其他集合的元素,而set不可以。例如:

```
>>> e_set=frozenset('a')                #正确
>>> e_set
frozenset{'a'}
>>> a_dict={e_set:1,'b':2}
>>> a_dict
{frozenset({'a'}): 1, 'b': 2}
>>> f_set=set('a')
>>> f_set
{'a'}
>>> b_dict={f_set:1,'b':2}              #错误
```

```
Traceback (most recent call last):
    File "<pyshell#9>", line 1, in <module>
        b_dict={f_set:1,'b':2}
TypeError: unhashable type: 'set'
```

注意：在集合中不允许有相同元素，如果在创建集合时有重复元素，Python会自动删除重复的元素。例如：

```
>>> g_set={0,0,0,0,1,1,1,3,4,5,5,5}
>>> g_set
{0, 1, 3, 4, 5}
```

2. 访问集合

由于集合本身是无序的，所以不能为集合创建索引或切片操作，只能使用in、not in或者循环遍历来访问或判断集合元素。例如：

```
>>> b_set=set(['physics', 'chemistry',2017, 2.5])
>>> b_set
{'chemistry', 2017, 2.5, 'physics'}
>>> 2.5 in b_set
True
>>> 2 in b_set
False
>>> for i in b_set:print(i,end=' ')
chemistry 2017 2.5 physics
```

3. 删除集合

使用del语句删除集合。

```
>>> a_set={0,1,2,3,4,5,6,7,8,9}
>>> a_set
{0, 1, 2, 3, 4, 5, 6, 7, 8, 9}
>>> del a_set
>>> a_set
Traceback (most recent call last):
  File "<pyshell#66>", line 1, in <module>
    a_set
NameError: name 'a_set' is not defined
```

4. 更新集合

使用以下内建方法来更新可变集合。

(1) 使用集合对象的add()方法给集合添加元素,一般形式为:s.add(x),其功能是在集合s中添加元素x。例如:

```
>>> b_set.add('math')
>>> b_set
{'chemistry', 2017, 2.5, 'math', 'physics'}
```

(2) 使用集合对象的update()方法修改集合。一般形式为:s.update(s1,s2,…,sn),其功能是用集合s1,s2,…,sn中的成员修改集合s,s=s∪s1∪s2∪…∪sn。例如:

```
>>> s={'Phthon','C','C++'}
>>> s.update({1,2,3},{'Wade','Nash'},{0,1,2})
>>> s
{0, 1, 2, 3, 'Phthon', 'Wade', 'C++', 'Nash', 'C'}      #去除了重复的元素
```

5. 删除集合中的元素

(1) 使用集合对象的remove()方法删除集合元素。一般形式为:s.remove (x),其功能是从集合s中删除元素x,若x不存在,则提示错误信息。例如:

```
>>> s={0, 1, 2, 3, 'Phthon', 'Wade', 'C++', 'Nash', 'C'}
>>> s.remove(0)
>>> s
{1, 2, 3, 'Phthon', 'Wade', 'C++', 'Nash', 'C'}
>>> s.remove('Hello')
Traceback (most recent call last):
  File "<pyshell#45>", line 1, in <module>
    s.remove('Hello')
KeyError: 'Hello'
```

(2) 使用集合对象的discard()方法删除集合元素。一般形式为:s. discard (x),其功能是从集合s中删除元素x,若x不存在,也不提示错误。例如:

```
>>> s.discard('C')
>>> s
{1, 2, 3, 'Phthon', 'Wade', 'C++', 'Nash'}
>>> s.discard('abc')        #集合s中不存在'abc'元素,删除时未提示错误信息
>>> s
{1, 2, 3, 'Phthon', 'Wade', 'C++', 'Nash'}
```

(3) 使用集合对象的pop()方法删除集合中任意一个元素并返回该元素。例如:

```
>>> s.pop()
1
```

```
>>> s
{2, 3, 'Phthon', 'Wade', 'C++', 'Nash'}
```

(4) 使用集合对象的 clear()方法删除集合的所有元素。例如：

```
>>> s.clear()
>>> s
set()      #空集合
```

6.6.2 集合常用运算

Python 提供的方法实现了典型的数学集合运算，支持一系列标准操作。

1. 交集

方法：s1&s2&…&sn，计算 s1，s2，…，sn 这 n 个集合的交集。例如：

```
>>> {0,1,2,3,4,5,7,8,9}&{0,2,4,6,8}
{8, 0, 2, 4}
>>> {0,1,2,3,4,5,7,8,9}&{0,2,4,6,8}&{1,3,5,7,9}
set()                  #交集为空集合
```

2. 并集

方法：s1|s2|…|sn，计算 s1，s2，…，sn 这 n 个集合的并集。例如：

```
>>> {0,1,2,3,4,5,7,8,9}|{0,2,4,6,8}
{0, 1, 2, 3, 4, 5, 6, 7, 8, 9}
>>> {0,1,2,3,4,5}|{0,2,4,6,8}
{0, 1, 2, 3, 4, 5, 6, 8}
```

3. 差集

方法：s1-s2-…-sn，计算 s1，s2，…，sn 这 n 个集合的差集。例如：

```
>>> {0,1,2,3,4,5,6,7,8,9}-{0,2,4,6,8}
{1, 3, 5, 9, 7}
>>> {0,1,2,3,4,5,6,7,8,9}-{0,2,4,6,8}-{2,3,4}
{1, 5, 9, 7}
```

4. 对称差集

方法：s1^s2^…^sn，计算 s1，s2，…，sn 这 n 个集合的对称差集，即求所有集合的相异元素。例如：

```
>>> {0,1,2,3,4,5,6,7,8,9}^{0,2,4,6,8}
{1, 3, 5, 7, 9}
>>> {0,1,2,3,4,5,6,7,8,9}^{0,2,4,6,8}^{1,3,5,7,9}
set()
```

5. 集合的比较

(1) s1==s2：判断s1和s2集合是否相等，如果s1和s2集合具有相同的元素，则返回True，否则返回False。例如：

```
>>> {1,2,3,4}=={4,3,2,1}
True
```

注意：判断两个集合是否相等，只需要判断其中的元素是否一致，与顺序无关。

(2) s1!=s2：判断s1和s2集合是否不相等，如果s1和s2集合具有不同的元素，则返回True，否则返回False。例如：

```
>>> {1,2,3,4}!={4,3,2,1}
False
>>> {1,2,3,4}!={2,4,6,8}
True
```

(3) s1<s2：判断集合s1是否是集合s2的真子集，如果s1不等于s2，且s1中所有元素都是s2的元素，则返回True，否则返回False。例如：

```
>>> {1,2,3,4}<{4,3,2,1}
False
>>> {1,2,3,4}<{1,2,3,4,5}
True
```

(4) s1<=s2：判断集合s1是否是集合s2的子集，如果s1中所有元素都是s2的元素，则返回True，否则返回False。例如：

```
>>> {1,2,3,4}<={1,2,3,4}
True
>>> {1,2,3,4}<={1,2,3,4,5}
True
```

(5) s1>s2：判断集合s1是否是集合s2的真超集，如果s1不等于s2，且s2中所有元素都是s1的元素，则返回True，否则返回False。例如：

```
>>> {1,2,3,4}>{4,3,2,1}
False
```

```
>>> {1,2,3,4}>{3,2,1}
True
```

(6) s1>=s2：判断集合 s1 是否是集合 s2 的超集，如果 s2 中所有元素都是 s1 的元素，则返回 True，否则返回 False。例如：

```
>>> {1,2,3,4}>={4,3,2,1}
True
>>> {1,2,3,4}>={3,2,1}
True
```

适合于可变集合的方法如表 6.4 所示。

表 6.4 可变集合方法

方 法	功 能
s.update(t)	用 t 中的元素修改 s，即修改之后 s 中包含 s 和 t 的成员
s.add(obj)	在 s 集合中添加对象 obj
s.remove(obj)	从集合 s 中删除对象 obj，如果 obj 不是 s 中的元素，将触发 KeyError 错误
s.discard(obj)	如果 obj 是集合 s 中的元素，从集合 s 中删除对象 obj
s.pop()	删除集合 s 中的任意一个对象，并返回该对象
s.clear()	删除集合 s 中的所有元素

习 题

1. 选择题

(1) 以下关于元组的描述正确的是(　　)。

A. 创建元组 tup：tup=()；　　B. 创建元组 tup：tup=(50)；

C. 元组中的元素允许被修改　　D. 元组中的元素允许被删除

(2) 以下语句的运行结果是(　　)。

```
>> Python = "  Python"
>> print (" study" +Python)
```

A. studyPython　　B. "study"Python　　C. study Python　　D. 语法错误

(3) 以下关于字典描述错误的是(　　)。

A. 字典是一种可变容器，可存储任意类型对象

B. 每个键值对都用冒号(:)隔开，每个键值对之间用逗号(,)隔开

C. 键值对中，值必须唯一

D. 键值对中，键必须是不可变的

(4) 下列说法错误的是(　　)。

A. 除字典类型外,所有标准对象均可以用于布尔测试

B. 空字符串的布尔值是False

C. 空列表对象的布尔值是False

D. 值为0的任何数字对象的布尔值是False

(5) 以下不能创建字典的语句是(　　)。

A. dict1={}　　B. dict2={3:5}

C. dict3={[1,2,3]: "uestc"}　　D. dict4={(1,2,3): "uestc"}

(6) S和T是两个集合,对S|T的描述正确的是(　　)。

A. S和T的补运算,包括集合S和T中的非相同元素

B. S和T的差运算,包括在集合S但不在T中的元素

C. S和T的交运算,包括同时在集合S和T中的元素

D. S和T的并运算,包括在集合S和T中的所有元素

2. 填空题

(1) 已知列表a_list=['a','b','c','e','f','g'],按要求完成以下代码。

列出列表a_list的长度:________;

输出下标值为3元素:________;

输出列表第2个及其后所有的元素:________;

增加元素'h':________;

删除第3个元素:________。

(2) 按要求转换变量。

将字符串str="python"转换为列表:________;

将字符串str="python"转换为元组:________;

将列表a_list=["python","Java","C"]转换为元组:________;

将元组tup=("python","Java","C")转换成列表:________。

(3) 已知字符串str1、str2,判断str1是否是str2的一部分:________。

(4) 写出以下程序的运行结果:________。

```
def func(s, i, j):
    if i<j:
        func(s, i +1, j -1)
        s[i],s[j] = s[j], s[i]
def main():
    a = [10, 6, 23, -90, 0, 3]
    func(a, 0, len(a)-1)
    for i in range(6):
        print  a[i]
        print "\n"
main()
```

(5) 已知变量str="abc:efg",写出实现以下功能的代码。

去除变量 str 两边的空格：________；

判断变量 str 是否以"ab 开始"：________；

判断变量是否以"g"结尾：________；

将变量 str 对应值中"e"替换为"x"：________；

输出变量 str 对应值的后 2 个字符：________。

3. 从键盘输入 10 个学生的成绩并存储在列表中，求成绩最高者的序号和成绩。

4. 编写程序，生成包含 20 个元素的随机数列表，将前 10 个元素升序排序，后 10 个元素降序排序，并输出结果。

5. 输入 10 名学生的成绩，进行优、良、中、及格和不及格的统计。

6. 将输入的字符串大小写进行转换并输出，例如，输入"aBc"，输出"AbC"。

7. 已知字典 dict={"name":"Zhang","Address":"Shaanxi","Phone":"123556"}，代码实现以下功能。

分别输出 dict 所有的键(key)、值(value)：________；

输出 dict 的 Address 值：________；

修改 dict 的 Phone 值为"029-8888 8888"：________；

添加键值对 "class"："Python"，并输出：________；

删除字典 dict 的 Address 键值对：________。

8. 编写购物车程序，购物车类型为列表类型，列表中的每个元素为一个字典类型，字典键值包括 name 和 price，使用函数实现如下功能。

(1) 创建购物车：键盘输入商品信息，并输出商品列表，例如，

输入：计算机 1999
鼠标 66
键盘 888
固态硬盘 599

购物车列表为

```
goods=[
    {"name":"计算机","price":1999},
    {"name":"鼠标","price":66},
    {"name":"键盘","price":888},
    {"name":"固态硬盘","price":599},
]
```

(2) 键盘输入用户资产(如 2000)，按序号选择商品，加入购物车，若商品总额大于用户资产，提示用户余额不足，否则购买成功。

9. 设计一个字典，用户输入内容作为“键”，查找输出字典中对应的“值”，如果用户输入的键不存在，则输出“该键不存在!”。

10. 已知列表 a_list=[11,22,33,44,55,66,77,88,99,90]，将所有大于 60 的值保存至字典的第一个 key 中，将小于 60 的值保存至第二个 key 的值中，即{'k1': 大于 66 的所有值,'k2': 小于 66 的所有值}。

第7章 正则表达式

正则表达式(Regular Expression),又称规则表达式,本质上是一种小型的、高度专业化的编程语言。正则表达式由字母、数字和一些特殊符号组成,这些符号的序列组成一个规则字符串,用来表示满足某种逻辑条件的字符串。给定一个普通字符串和一个正则表达式,可以判断普通字符串或其子串是否符合正则表达式所定义的逻辑(即字符串与正则表达式是否匹配)。正则表达式为文本模式匹配、文本的搜索和替换功能提供了基础。

目前大多数操作系统和程序设计语言都对正则表达式进行了不同程度的支持,使用正则表达式进行匹配的流程如图7.1所示。

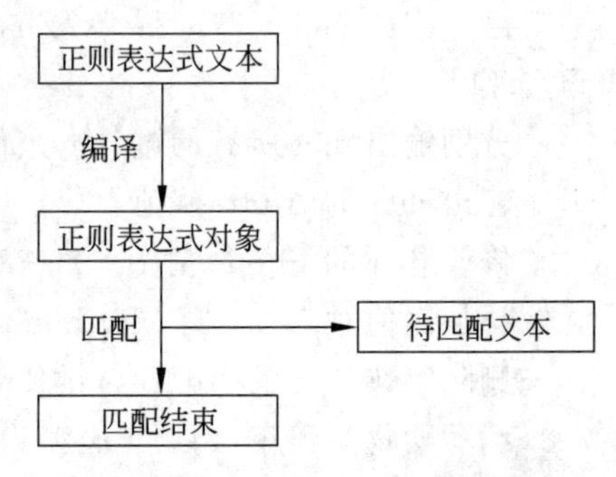

图7.1 正则表达式匹配流程

7.1 正则表达式的语法

正则表达式由普通字符(例如a~z的字母)和一些特殊字符(称为"元字符")组成文本模式。模式是正则表达式最基本的元素,描述在搜索文本时要匹配一个或多个字符串。正则表达式作为一个模式,将某个字符模式与所搜索的字符串进行匹配。元字符是正则表达式中具有特殊含义的字符,用来匹配一个或多个满足某种条件的字符,元字符是构成正则表达式的关键要素。

7.1.1 正则表达式中的字符

1. 非打印字符

非打印字符也可以是正则表达式的组成部分,表示非打印字符的转义序列如表7.1所示。

表7.1 非打印字符

字　　符	描　　述
\cx	匹配由x指明的控制字符,x的值必须为字母
\f	匹配换页符。等价于\x0c和\cL

续表

字　符	描　述
\n	匹配换行符。等价于\x0a 和\cJ
\r	匹配回车符。等价于\x0d 和\cM
\t	匹配制表符。等价于\x09 和\cI
\v	匹配垂直制表符。等价于\x0b 和\cK

2. 特殊字符

特殊字符是指有特殊含义的字符，表示特殊字符的转义序列如表 7.2 所示。

表 7.2　特殊字符

字　符	描　述
$	匹配输入字符串的结尾位置
()	标记子表达式的开始和结束位置
*	匹配前面的子表达式零次或多次
+	匹配前面的子表达式一次或多次
.	匹配除换行符 \n 之外的任何单字符
[	标记一个中括号表达式的开始
?	匹配前面的子表达式零次或一次，或指明一个非贪婪限定符
\	将下一个字符标记为或特殊字符，或原义字符，或向后引用，或八进制转义符
^	匹配输入字符串的开始位置
{	标记限定符表达式的开始
|	指明两项之间的一个选择

3. 表示数量的字符

表示数量的字符用来指定正则表达式的一个给定组件必须要出现多少次才能满足匹配。正则表达式中表示数量的字符如表 7.3 所示。

表 7.3　表示数量的字符

字　符	描　述
*	匹配零次或多次
+	匹配一次或多次
?	匹配零次或一次
{n}	匹配 n 次，n 是非负整数
{n,}	匹配最少 n 次，n 是非负整数
{n,m}	匹配最少 n 次，最多 m 次，m 和 n 均为非负整数，且 n≤m

4. 表示位置的字符

表示位置的字符用来描述字符串或单词的边界，正则表达式中表示位置的字符如表7.4所示。表示位置的字符需要跟在表示类型的字符的后面。

表7.4 表示位置的字符

字符	描述	字符	描述
^	匹配字符串的起始位置	\b	匹配单词边界
$	匹配字符串的结尾位置	\B	匹配非单词边界

5. 表示类型的字符

正则表达式中表示类型的字符如表7.5所示。

表7.5 表示类型的字符

字符	描述
\d	匹配数字字符，相当于[0-9]
\D	匹配非数字字符，相当于[～0-9]
\w	匹配字母、数字和下画线，相当于[a-zA-Z0-9]
\W	匹配非字母、数字和下画线，相当于[～a-zA-Z0-9]
\s	匹配不可见字符，包括空格、制表符和换行符，相当于[\n\f\r\t\v]
\S	匹配可见字符，相当于[～\n\f\r\t\v]

如果类型字符后没有表示数量的元字符，那么只会匹配一个。

注意：\s在Unicode正则表达式会匹配全角空格符。

7.1.2 正则表达式的匹配规则

构造正则表达式的方法和创建数学表达式的方法一样，即用多种元字符与运算符将小的表达式结合起来，创建一个更大的表达式。正则表达式的组件可以是单个的字符、字符集合、字符范围、字符间的选择，或者所有这些组件的任意组合。

利用正则表达式对字符串的匹配通常分为精确匹配和贪婪匹配两种。默认情况下，采用贪婪匹配模式。

1. 精确匹配

在正则表达式中，如果直接给出字符，则为精确匹配。

(1) 字符和数字。使用'\w'可以匹配一个字符或数字，'\d'可以匹配一个数字。例如：

'11\w'可匹配'110'、'119'、'11m'等。

'\d\d\d'可匹配'101'、'029'等。

'\w\d\d'可匹配'a11'、'b02'等。

(2) 任意单个字符。使用'.'可以匹配任意单个字符。例如，'Python.'可以匹配

'Python2'、'Python3'等。

(3) 多个字符。使用'*'可匹配任意0个或多个字符,'+'可以匹配任意一个或多个字符,'?'可以匹配0个或一个字符,'{n}'可以匹配n个字符,'{n－m}'可以匹配n－m个字符。例如,在正则表达式'\d{3}\s+\d{3,8}'中,'\d{3}'表示3位数字,'\s+'匹配至少一个空格,'\d{3,8}'表示3～8位数字,因此该正则表达式可匹配带3位区号并以任意个空格隔开的电话号码。

(4) 字符范围。使用'[]'表示字符的范围,一组[]只能表示一个字符。例如,'[0-9a-zA-Z_]'可以匹配一个数字、小写字母、大写字母或下画线;'T|t'可以匹配'T'或't','[T|t]hread'可以匹配'Thread'或'thread'。

(5) 开头和结尾。使用'^'表示行的开头,'$'表示行的结尾。例如,'^\d'表示必须以数字开头,'$\d'表示必须以数字结尾。

2. 贪婪匹配

贪婪匹配是一种尽可能多地匹配字符的模式。例如:

'[0-9a-zA-Z_]'可以匹配至少一个数字、大(小)写字母、字符或下画线组成的字符串。

'[a-zA-Z_][0-9a-zA-Z_]*'可以匹配由字符或下画线开头,后跟任意多个字符、数字或下画线组成的字符串。

使用'?'可将前面的字符匹配转换为贪婪匹配,尽可能减少重复匹配。例如:

'{m,n}?'表示对前一个字符重复m～n次,并且尽可能少重复。

在匹配字符串'aaaaaaaaaa'时,'a{3,5}'取上限可匹配5个'a','a{3,5}?'取下限可匹配3个'a'。

【例7.1】 匹配数字的正则表达式。

数字:^[0-9]*$。

n位数字:^\d{n}$。

至少n位的数字:^\d{n,}$。

m～n位的数字:^\d{m,n}$。

零和非零开头的数字:^(0|[1-9][0-9]*)$。

非零开头的最多带两位小数的数字:^([1-9][0-9]*)+(.[0-9]{1,2})?$。

带1～2位小数的正数或负数:^(\-)?\d+(\.\d{1,2})?$。

正数、负数和小数:^(\-|\+)?\d+(\.\d+)?$。

有两位小数的正实数:^[0-9]+(.[0-9]{2})?$。

有1～3位小数的正实数:^[0-9]+(.[0-9]{1,3})?$。

非零的正整数:^[1-9]\d*$。

非零的负整数:^\-[1-9][]0-9"*$ 或 ^-[1-9]\d*$。

【例7.2】 匹配字符的正则表达式。

汉字:^[\u4e00-\u9fa5]{0,}$。

英文和数字:^[A-Za-z0-9]+$ 或 ^[A-Za-z0-9]{4,40}$。

长度为 3～20 的所有字符：^.{3,20}$。

由 26 个英文字母组成的字符串：^[A-Za-z]+$。

由 26 个大写英文字母组成的字符串：^[A-Z]+$。

由 26 个小写英文字母组成的字符串：^[a-z]+$。

由数字和 26 个英文字母组成的字符串：^[A-Za-z0-9]+$。

由数字、26 个英文字母或者下画线组成的字符串：^\w+$ 或 ^\w{3,20}$。

由中文、英文、数字和下画线组成的字符串：^[\u4E00-\u9FA5A-Za-z0-9_]+$。

由中文、英文、数字但不包括下画线等符号组成的字符串：^[\u4E00-\u9FA5A-Za-z0-9]+$。

【例 7.3】 匹配特殊需求的正则表达式。

E-mail 地址：^\w+([-+.]\w+)*@\w+([-.]\w+)*\.\w+([-.]\w+)*$。

域名：[a-zA-Z0-9][-a-zA-Z0-9]{0,62}(/.[a-zA-Z0-9][-a-zA-Z0-9]{0,62})+/.?。

Internet 网址：[a-zA-z]+://[^\s]* 或 ^http://([\w-]+\.)+[\w-]+(/[\w-./?%&=]*)?$。

手机号码：^(13[0-9]|14[5|7]|15[0|1|2|3|5|6|7|8|9]|18[0|1|2|3|5|6|7|8|9])\d{8}$。

国内电话号码如(029-88162030、0910-88888555)：\d{3}-\d{8}|\d{4}-\d{7}。

字母开头，允许 5～16 字节，由字母、数字和下画线组成：^[a-zA-Z][a-zA-Z0-9_]{4,15}$。

以字母开头，长度为 6～18，只能包含字母、数字和下画线：^[a-zA-Z]\w{5,17}$。

必须包含大写字母、小写字母、数字，不能使用特殊字符，长度为 8～10：^(?=.*\d)(?=.*[a-z])(?=.*[A-Z]).{8,10}$。

日期格式：^\d{4}-\d{1,2}-\d{1,2}。

一年的 12 个月(01～09 和 10～12)：^(0?[1-9]|1[0-2])$。

一个月的 31 天(01～09 和 10～31)：^((0?[1-9])|((1|2)[0-9])|30|31)$。

XML 文件：^([a-zA-Z]+-?)+[a-zA-Z0-9]+\\.[x|X][m|M][l|L]$。

HTML 标记的正则表达式：<(\S*?)[^>]*>.*?</\1>|<.*? />。

首尾空白字符的正则表达式：^\s*|\s*$或(^\s*)|(\s*$)。

IP 地址：((2[0-4]\d|25[0-5]|[01]?\d\d?)\.){3}(2[0-4]\d|25[0-5]|[01]?\d\d?)。

7.2 re 模块

Python 处理正则表达式的标准库是 re，主要用于字符串匹配和替换。re 模块的主要函数如表 7.6 所示。

表 7.6　re 模块的主要函数

函　　数	功　　能
re.compile(pattern[,flags])	对正则表达式进行预编译,并返回一个 Pattern 对象
re.search(pattern,string[,flags])	从字符串 string 的任意位置匹配 pattern,string 如果包含 pattern 子串,则匹配成功,返回 Match 对象,否则返回 None。注意:如果 string 中存在多个 pattern 子串,只返回第一个
re.match(pattern,string[,flags])	从字符串 string 的起始位置匹配 pattern,string 如果包含 pattern 子串,则匹配成功,返回 Match 对象,否则返回 None
re.findall(pattern,string[,flags])	找到模式 pattern 在 string 中的所有非重叠子串,将这些子串组成一个列表并返回
re.finditer(pattern,string[,flags])	功能与 findall()相同,但返回的是迭代器对象 iterator
re.sub(pattern,replace,string[,count=0,flags])	搜索目标对象中与模式 pattern 匹配的子串 string,使用指定字符串 replace 替换,并返回替换后的对象
re.subn(pattern,replace,string[,count=0,flags])	搜索目标对象中与正则对象匹配的子串,使用指定字符串替换,返回替换后的对象和替换次数
re.split(pattern,string[,maxsplit=0,flags])	用匹配 pattern 的子串分割 string,成功返回匹配对象,匹配对象为列表,maxsplit 用于指定最大分割次数

1. compile()函数

语法格式:

```
re.compile(pattern[,flags])
```

功能:对正则表达式进行编译,返回正则表达式对象。

参数:pattern 为正则表达式,flags 为可选参数,用于指定匹配模式,其取值如表 7.7 所示。

表 7.7　匹配模式

匹配模式	描　　述
re.I	使匹配对大小写不敏感
re.L	使本地化识别匹配
re.M	多行匹配,影响^和 $
re.S	匹配包括换行在内的所有字符
re.U	根据 Unicode 字符集解析字符
re.X	正则表达式可以是多行,忽略空白字符,并可以加入注释

例如：

```
>>>str='I love china!'
>>>pattern='china'
>>>a=re.compile(pattern)        #匹配 str 中的字符'china'
>>>a.findall(str)               #匹配到'china',返回一个列表
['china']
```

re 库有两种使用方法。

(1) 函数式：直接使用，其一般形式为：

```
re.函数名(pattern,string)
```

(2) 对象式：首先使用 compile(pattern)函数将 pattern 转变为正则表达式，然后再使用，其一般形式为：

```
对象.方法名(string)
```

其中，方法名同(1) 中的函数名。

2. search()函数

语法格式：

```
re.search(pattern,string[,flags])
```

功能：从字符串 string 的任意位置匹配 pattern，string 如果包含 pattern 子串，则匹配成功，返回 Match 对象，否则返回 None。例如：

```
>>> import re
>>>str="Good Bye! Good Bye!"
>>>re.search('Bye',str)
<re.Match object; span=(5, 8), match='Bye'>   #返回 Match 对象
```

3. match()函数

语法格式：

```
re.match(pattern,string[,flags])
```

功能：从字符串 string 的起始位置匹配 pattern，string 如果包含 pattern 子串，则匹配成功，返回 Match 对象，否则返回 None。例如：

```
>>> import re
>>>str="Good Bye! Good Bye!"
```

```
>>> re.match('Good',str)
<re.Match object; span=(0, 4), match='Good'>
```

正则表达式re模块、正则表达式的search()函数和match()函数匹配成功后都会返回Match对象，其中包含了匹配的信息，可以使用Match对象提供的可读属性和方法来获取这些信息。

Match对象提供的可读属性如下。

(1) re：匹配时使用的正则表达式模式pattern。

(2) string：匹配时使用的字符串。

(3) pos：字符串中正则表达式开始搜索的索引。

(4) endpos：字符串中正则表达式结束搜索的索引。

(5) lastindex：最后一个被捕获的分组在文本中的索引。如果没有被捕获的分组，将为None。

(6) lastgroup：最后一个被捕获的分组的别名。如果这个分组没有别名或者没有被捕获的分组，将为None。

Match对象提供的方法如表7.8所示。

表7.8　Match对象的方法

方　法	描　述
group([group1,group2,…])	返回一个或多个分组匹配的字符串，没有匹配字符串分组时返回None
groups()	以元组形式返回全部分组匹配的字符串
groupdict()	返回组名作为“键”，每个分组的匹配结果作为“值”的字典
start([group])	返回指定的组匹配的子串在string中的开始位置
end([group])	返回指定的组匹配的子串在string中的结束位置
span([group])	返回指定的组匹配的子串在string中的开始位置和结束位置
extend([group])	使用组的匹配结果来替换模板template中的内容，并返回替换后的字符串

例如：

```
>>>str="12345helloworld12345helloworld"
>>>pattern=r'(\d*)([a-zA-z]*)'
>>> m=re.match
>>> m=re.match(pattern,str)
    >>>m
<re.Match object; span=(0, 15), match='12345helloworld'>
>>>m.string
'12345helloworld12345helloworld'
>>>m.re
```

```
re.compile('(\\d*)([a-zA-z]*)')
>>>m.pos
0
>>>m.endpos
30
>>>m.lastindex
    2
>>>m.lastgroup
    None
>>>m.group(0)
    '12345helloworld'
>>>m.groups()
('12345', 'helloworld')
>>>m.groupdict()
{}
>>>m.start(1)
0
>>>m.end(1)
5
>>>m.start(2)
5
>>>m.end(2)
15
>>>m.span(2)
(5, 15)
```

match()函数与search()函数区别：match()函数从字符串的开始位置进行匹配，如果字符串的开始不符合表达的规则，则匹配失败；search()函数匹配整个字符串，直到找到一个匹配的规则的字符串，如果该字符串中没有符合规则的，则匹配失败。

4. findall()函数

语法格式：

```
re.findall(pattern,string[,flags])
```

功能：返回字符串string中匹配pattern格式的所有子串，以列表形式返回，如果没有找到匹配的，则返回空列表。

例如：

```
>>> import re
>>>str="Good Bye! Good Bye!"     #定义字符串 str
>>>re.findall('Bye',str)         #使用 findall()函数在 str 中匹配字符串'Bye'
['Bye', 'Bye']                   #匹配到两个'Bye',以列表的形式输出
```

【例 7.4】 检测字符串是否由字母或数字组成。

程序如下：

```
import re
str=input("Please input:")              #输入要检测的字符串
p=re.compile('^[a-zA-Z0-9]+$ ')         #正则表达式
a=p.findall(str)                        #使用 findall()函数进行匹配
print(a)                                #输出匹配的结果
```

程序运行结果：

```
请输入字符串:
Python3
['Python3']
```

再次运行程序,结果如下：

```
请输入字符串:
Python3.10
[]
```

5. finditer()函数

语法格式：

```
re.finditer(pattern,string[,flags])
```

功能：返回字符串 string 中匹配 pattern 格式的所有子串,返回的是迭代器对象 iterator,每个元素是一个 Match 对象。

【例 7.5】 finditer()函数的应用。

程序如下：

```
import re
str="Python 2.10;Python 3.10"
p=r'[0-9]'
for i in re.finditer(p,str):
        if i:
           print(i.group(0))
```

程序运行结果：

```
2
1
0
3
1
0
```

6. sub()函数

语法格式：

```
re.sub(pattern,replace,string[,count=0,flags])
```

功能：从左向右将 string 中能匹配到的字符串，替换成 replace，返回替换后的字符串；如果没有匹配，则返回原字符串。

参数：pattern 为正则表达式；replace 为替换的字符串；string 为被查找的原始字符串；count 为可选项，表示匹配后替换的次数，如果忽略不写，则默认值为 0，表示将所有符合模式的结果全部替换；flags 为可选参数，用于指定匹配模式。

【例 7.6】 将输入字符串中的“元”“人民币”“RMB”替换成“￥”。

程序如下：

```
import re
str=input("请输入字符串:\n")
p=r'(元|人民币|RMB)'
a=re.sub(p,'￥',str)
print(a)
```

程序运行结果：

```
请输入字符串:
1元10人民币100RMB1000RMB1000人民币10000元
1￥10￥100￥1000￥1000￥10000￥
```

7. split()函数

语法格式：

```
re.split(pattern,string[,maxsplit=0,flags])
```

功能：用匹配 pattern 的子串分割 string，成功返回匹配对象，匹配对象为列表，maxsplit 用于指定最大分割次数。

例如：

```
>>>str="Python 2.10;Python 3.10"
#以";"作为分隔符进行分割
>>>re.split(r';',str)
['Python 2.10', 'Python 3.10']
#以";"和"."作为分隔符进行分割,两个以上分隔符要放到[]中
>>>re.split(r'[.;]',str)
['Python 2', '10', 'Python 3', '10']
```

7.3　正则表达式应用举例

【例 7.7】 假定某 E-mail 地址由三部分构成：英文字母和数字(1～10 个字符)、@、英文字母或数字(1～10 个字符)、"."、最后以 com 或 cn 结尾。设计正则表达式，输入 E-mail 地址测试字符串，忽略大小写，输出判断是否符合设定的规则。

程序如下：

```
import re

p = re.compile("^[a-zA-Z0-9]{1,10}@[a-zA-Z0-9]{1,10}\.(com|org)$")
str = input("请输入 E-mail 地址：\n")
m = p.match(str)
if m:
    print("%s 符合规则"%str)
else:
    print("%s 不符合规则"%str)
```

程序运行结果：

```
请输入 E-mail 地址：
123@qq.com
123@qq.com 符合规则
```

再次运行程序，结果如下：

```
请输入 E-mail 地址：
wang_xiyou@xupt.edu.cn
wang_xiyou@xupt.edu.cn 不符合规则
```

【例 7.8】 随机产生 10 个长度为 1～25，由字母、数字和"_""#""$""*""@"组成的字符串构成列表，找出列表中符合下列要求的字符串：长度为 5～20，以字母开头，可以包含数字、"*"和"@"。

程序如下：

```
import random
import string
import re
a_list = []

#生成包含大写字母、小写字母、数字和指定符号的字符串
x = string.ascii_letters +string.digits +"_#$*@"

for i in range(10):
```

```
    #生成个数为1~25的字符序列
    y=[random.choice(x) for i in range(random.randint(1,25))]
    #将列表y的多个字符串合并成一个字符串
    m=''.join(y)
    #将合并的字符串添加到列表a_list中
    a_list.append(m)

#输出生成的列表
print("随机生成的字符串构成的列表为:\n",a_list)

#正则表达式
p=r'^[a-zA-Z]{1}[a-zA-Z0-9*@]{4,19}$'
print("满足条件的字符串为:")
for i in a_list:
    if re.findall(p,i):
        print(i)
```

程序的一次运行结果如下：

```
随机生成的字符串构成的列表为:
['O1', 'TA$1$$vDIpI$PK9#YsmFRJN', 'FjmM2aX', '86Av2', 'gyrIcyL', 'ZKrQTpRO',
'0u89*YGow$c*xYH', 'kBNVDpVnv4PiK52C96i@', 'pEd*SZ9Yo', 'ymXFfQ']
满足条件的字符串为:
FjmM2aX
gyrIcyL
ZKrQTpRO
kBNVDpVnv4PiK52C96i@
pEd*SZ9Yo
ymXFfQ
```

【例7.9】 用户账号和密码的登录验证。当登录网站时，经常需要输入用户名、密码等信息，而网站一般对这些信息的长度和格式都有要求，当输入不符合格式的信息时，网站会自动提示输入信息格式有误。给出一个使用正则表达式校验信息格式的示例。

程序代码：

```
import re
name=input("请输入用户名:")
password= input("请输入密码:")
#用户名长度6~20位,由数字、字母、下画线组成,且不能以数字开头,字母不区分大小写
rname = re.compile(r"^[A-Za-z_]{1}[A-Za-z\\d_]{5,19}$")
#密码长度为8~20位,由数字、字母、下画线组成,且包含两种及以上字符,字母区分大小写
rpassword = re. compile(r"^(?![0-9]+$)(?![a-z]+$)(?![A-Z]+$)(?![_]+$)[0-9_
A-Za-z]{7,19}$")
```

```
if rname.match(name) and rpassword.match(password):
    print("匹配成功")
else:
    print("匹配不成功")
```

程序运行结果：

```
请输入用户名:12345
请输入密码:12345
匹配不成功
```

再次运行程序，结果如下：

```
请输入用户名:abcdefg
请输入密码:Abcabc123
匹配成功
```

习　题

1. 输入一段英文，输出这段英文中所有长度为5的单词。

2. 使用正则表达式判断字符串是否全部是小写字符。

3. 假设有一段英文，其中有单独的字母Q误写为q，编写程序进行纠正。

4. 有一段英文文本，其中有单词连续重复了2次，编写程序检查重复的单词并只保留一个。例如，文本内容为“ This is is a book. ”，程序输出为“ This is a book. ”

第 8 章 函数与模块

人们在求解某个复杂问题时，通常采用逐步分解、分而治之的方法，也就是将一个大问题分解成若干个比较容易求解的小问题，然后再分别求解。同样，程序员在设计一个复杂的应用程序时，当编写的程序代码越来越多、越来越复杂时，为了使程序更简洁、可读性更好、更易于维护，将整个程序划分成若干个功能较为单一的程序模块，然后分别实现，最后再把所有的程序模块像搭积木一样装配起来。这种在程序设计中分而治之的策略称为模块化程序设计方法。Python 语言通过函数来实现程序的模块化。利用函数可以化整为零，简化程序设计。

Python 还提供模块的方式来组织程序单元。模块可以看作是一组函数的集合，一个模块可以包含若干个函数。

8.1 函数概述

函数是一组实现某一特定功能的语句集合，是可以重复调用、功能相对独立完整的程序段。可以把函数看成是一个“黑盒子”，只要输入数据就能得到结果，而函数内部究竟是如何工作的，外部程序是不知道的，外部程序所知道的仅限于给函数输入什么数据，以及函数执行后输出什么结果。

1. 使用函数的优点

在编写程序时，使用函数具有明显的优点。

1）实现程序的模块化

当需要处理的问题比较复杂时，把一个大问题划分为若干个小问题，每一个小问题相对独立。不同的小问题，可以分别采用不同的方法加以处理，做到逐步求精。

2）减轻编程、维护的工作量

把程序中常用的一些计算或操作编写成通用的函数，以供随时调用，可以大大减少程序员的编码及维护的工作量。

2. 函数分类

在 Python 中，可以从不同的角度对函数进行分类。

1）从用户的使用角度

从用户的使用角度，函数可分为以下两种。

(1) 标准库函数，也称标准函数。这是由 Python 系统提供的，用户不必定义，只需在程序最前面导入该函数原型所在的模块，就可以在程序中直接调用。在 Python 中，提供了很多库函数，可以方便用户使用。

(2) 用户自定义的函数。由用户按需要、遵循 Python 语言的语法规则自己编写的一段程序，用以实现特定的功能。

2) 从函数参数传送的角度

从函数参数传送的角度，函数可分为以下两种。

(1) 有参函数，即在函数定义时带有参数的函数。在函数定义时的参数称为形式参数(简称形参)，在相应的函数调用时也必须有参数，称为实际参数(简称实参)。在函数调用时，主调函数和被调函数之间通过参数进行数据传递。主调函数可以把实际参数的值传给被调函数的形参。

(2) 无参函数。即在函数定义时没有形参的函数。在调用无参函数时，主调函数并不将数据传送给被调函数。

8.2 函数的定义与调用

8.2.1 函数定义

在 Python 中，函数定义的一般形式为：

```
def 函数名 ([形式参数表]):
    函数体
    [return 表达式]
```

函数定义时要注意：

(1) 使用 def 关键字进行函数的定义，不需要指定返回值的类型。

(2) 函数的参数可以是零个、一个或多个，不需要指定参数类型，多个参数之间用逗号分隔。

(3) 参数括号后面的冒号“:”必不可少。

(4) 函数体相对于 def 关键字必须保持一定的空格缩进。

(5) return 语句是可选的，它可以在函数体内任何地方出现，表示函数调用执行到此结束；如果没有 return 语句，会自动返回 None，如果有 return 语句，但 return 后面没有表达式也会返回 None。

(6) Python 还允许定义函数体为空的函数，其一般形式为：

```
def 函数名():
    pass
```

pass 语句什么都不做，用作占位符，即调用此函数时，什么工作也不做。空函数出现在程序中的主要目的是：在函数定义时，因函数的算法还未确定，或暂时来不及编写、或有待于完善和扩充功能等原因，未给出函数完整的定义。在程序开发过程中，通常先开发主要函数，次要的函数或准备扩充程序功能的函数暂写成空函数，使程序在未完整的情况下能调试部分程序。

【例 8.1】 定义函数，输出“Hello world!”。

程序如下：

```
def printHello():        #不带参数,没有返回值
    print("Hello world!")
```

【例 8.2】 定义函数，求两个数的最大值。

程序如下：

```
def max(a,b):
    if a>b:
        return a
    else:
        return b
```

8.2.2 函数调用

在 Python 中通过函数调用来进行函数的控制转移和相互间数据的传递，并对被调函数进行展开执行。

1. 函数调用的一般形式

函数调用的一般形式为：

```
函数名([实际参数表])
```

函数调用时传递的参数是实参，实参可以是变量、常量或表达式。当实参个数超过一个时，用逗号分隔。对于无参函数，调用时实参表列为空，但括号不能省略。

函数调用的一般过程如下。

(1) 为所有形参分配内存单元，再将主调函数的实参传递给对应的形参。

(2) 转去执行被调用函数，为函数体内的变量分配内存单元，执行函数体内语句。

(3) 遇到 return 语句时，返回主调函数并带回返回值(无返回值的函数例外)，释放形参及被调用函数中各变量所占用的内存单元，返回到主调函数继续执行。若程序中无 return 语句，则执行完被调用函数后回到主调函数。

【例 8.3】 编写函数，求 3 个数中的最大值。

程序如下：

```
def getMax(a,b,c):
    if a>b:
        max=a
```

```
    else:
        max =b
    if(c>max):
        max =c
    return max

a,b,c=eval(input("input a,b,c:"))
n=getMax (a,b,c)
print("max=",n)
```

程序运行结果：

```
input a,b,c:10,43,23
max=43
```

注意：在 Python 中不允许前向引用，即在函数定义之前，不允许调用该函数。例如有如下程序：

```
print(add(1,2))

def add(a,b):
        return a+b
```

程序运行结果：

```
Traceback (most recent call last):
      File "F:/ python /add.py", line 1, in <module>
        print(add(1,2))
NameError: name 'add' is not defined
```

从给出的错误类型可以知道，名字为 add 的函数未进行定义。所以在任何时候调用函数，必须确保其定义在调用之前，否则运行将出错。

8.3 函数的参数及返回值

函数作为一个数据处理的功能部件，是相对独立的。但在一个程序中，各函数要共同完成一个总的任务，所以函数之间，必然存在数据传递。函数间的数据传递包括如下两个方面。

(1) 数据从主调函数传递给被调函数(通过函数的参数实现)。

(2) 数据从被调函数返回到主调函数(通过函数的返回值实现)。

8.3.1 形参和实参

在函数定义的首部，函数名后括号中变量称为形参。形参的个数可以有多个，多个形参之间用逗号隔开。与形参相对应，当一个函数被调用的时候，在被调用处给出对应的参数，这些参数称为实参。

根据实参传递给形参值的不同，通常有值传递和地址传递两种方式。

1. 值传递方式

所谓值传递方式是指在函数调用时，为形参分配存储单元，并将实参的值复制到形参；函数调用结束，形参所占内存单元被释放，值消失。其特点是：形参和实参各占不同的内存单元，函数中对形参值的改变不会改变实参的值。这就是函数参数的单向传递规则。

【例 8.4】 函数参数的值传递方式。

程序如下：

```
def swap(a,b):
    a,b=b,a
    print("a=",a,"b=",b)


x,y=eval(input("input x,y:"))
swap(x,y)
print("x=",x,"y=",y)
```

程序运行结果：

```
input x,y:3,5
a= 5 b= 3
x= 3 y= 5
```

在调用 swap(a,b)时，实参 x 的值传递给形参 a，实参 y 的值传递给形参 b，在函数中通过交换赋值，将 a 和 b 的值进行交换。从程序运行结果可以看出，形参 a 和 b 的值进行了交换，而实参 x 和 y 的值并没有交换。其函数参数值传递调用的过程如图 8.1 所示。

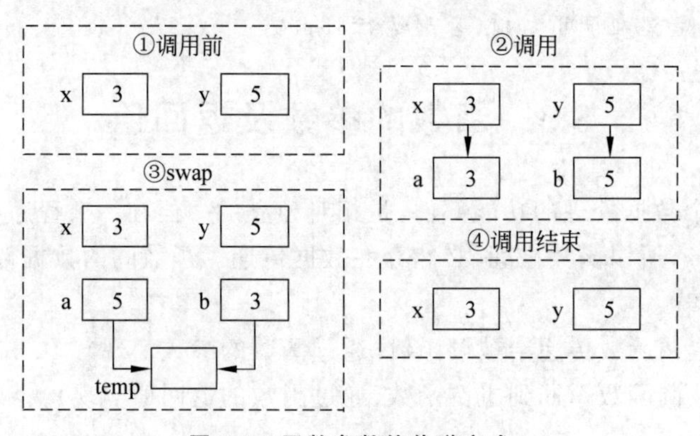

图 8.1　函数参数值传递方式

2. 地址传递方式

所谓地址传递方式是指在函数调用时，将实参数据的存储地址作为参数传递给形参。其特点是：形参和实参占用同样的内存单元，函数中对形参值的改变也会改变实参的值。因此函数参数的地址传递方式可以实现调用函数与被调用函数之间的双向数据传递。

Python 中将列表对象作为函数的参数，则向函数中传递的是列表的引用地址。

【例 8.5】 函数参数的地址传递方式。

程序如下：

```
def swap(a_list):
    a_list[0],a_list[1]=a_list[1],a_list[0]
    print("a_list[0]=",a_list[0],"a_list[1]=",a_list[1])

x_list=[3,5]
swap(x_list)
print("x_list[0]=",x_list[0],"x_list[1]=",x_list[1])
```

程序运行结果：

```
a_list[0]= 5 a_list[1]= 3
x_list[0]= 5 x_list[1]= 3
```

程序第 6 行在调用 swap(a_list)时，将列表对象实参 x_list 的地址传递给形参 a_list，x_list 和 a_list 指向同一个内存单元，第 2 行在 swap()函数中 a_list[0]与 a_list[1]进行数据交换时，也使 x_list[0]与 x_list[1]的值进行了交换。

8.3.2 默认值参数

在 Python 中，为了简化函数的调用，提供了默认值参数机制，可以为函数的参数提供默认值。在函数定义时，直接在函数参数后面使用赋值运算符"="为其设置默认值。在函数调用时，可以不指定具有默认值的参数的值。定义带有默认值的参数的函数一般形式为：

```
def 函数名(非默认参数,参数名=默认值,…):
    函数体
```

函数定义时，形参中非默认参数和默认参数可以并存，但非默认参数之前不能有默认参数。

可以使用函数__defaults__查看函数所有默认值参数的当前值，该函数的返回值为元组类型，元组中的元素依次为每个默认值的参数的当前值。例如，有以下函数定义：

```
def mul(x,y=2,z=3):
    return(x * y * z)
```

使用__defaults__查看mul()函数的默认值参数，语句为：

```
>>>mul.__defaults__
(2, 3)
```

可以看到该函数调用返回值为元组(2,3)。

对mul()函数的调用：

```
mul(5)
30
mul(2,4)
24
mul(2,4,6)
48
```

【例8.6】 默认参数应用举例。

程序如下：

```
def func(x, n = 2):
    f = 1
    for i in range(n):
        f *=x
    return f

print(func(5))          #函数调用时n传入默认参数
print(func(5,3))        #函数调用时x和n均传入非默认参数
```

程序运行结果：

```
25
125
```

在func()函数中有两个参数，其中n是默认参数，其值为2。程序在第7行和第8行两次调用func()函数，第1次调用使用了1个实参5，没有为形参n传值，因此在func()函数执行过程中，使用默认值2作为参数n的值，计算5的2次方；第2次调用使用了2个实参，给形参x传值5，给n传值3，因此在func()函数执行过程中，计算5的3次方。

在定义含有默认参数的函数时，需要注意：

(1) 所有位置参数必须出现在默认参数前，包括函数调用。

例如下面的定义是错误的：

```
def func(a=1,b,c=2):
    return a+b+c
```

这种定义会造成歧义，如果使用调用语句：

```
func(3)
```

进行函数调用，实参3将不确定传递给哪个形参。

(2) 默认参数的值只在定义时被设置计算一次。如果函数修改了对象，默认值就被修改了。

【例8.7】 可变默认参数。

程序如下：

```
def func(x, a_list = []):
    a_list.append(x)
    return a_list

print(func(1))
print(func(2))
print(func(3))
```

程序运行结果：

```
[1]
[1, 2]
[1, 2, 3]
```

从程序运行结果可以看出，第一次调用func()函数时，默认参数a_list被设置为空列表，在函数调用过程中，通过append()方法修改了a_list对象的值；第二次调用时，a_list的默认值是[1]；第三次调用时，a_list的默认值是[1,2]。

对例8.7进行修改，设定默认参数为不可变对象，观察程序的运行结果。

【例8.8】 不可变默认参数。

程序如下：

```
def func(x, a_list = None):
    if a_list==None:
        a_list=[]
    a_list.append(x)
    return a_list

print(func(1))
print(func(2))
print(func(3))
```

程序运行结果：

```
[1]
[2]
[3]
```

从程序运行结果可以看出，a_list 指向的是不可变对象，程序第 3 行对 a_list 的操作会使内存重新分配，对象重新创建。

8.3.3 位置参数和关键字参数

Python 将实参定义为位置参数和关键字参数两种类型。

1. 位置参数

在函数调用时，实参默认采用按照位置顺序传递给形参的方式。之前使用的实参都是位置参数，大多数程序设计语言也都是按照位置参数的方式来传递参数的。

例如，有函数定义为：

```
def func(a,b):
    c=a**b
    return c
```

如果使用 func(2,3)调用语句则函数返回 8，使用 func(3,2)调用语句则函数返回 9。

2. 关键字参数

如果参数较多，使用位置参数定义函数可读性较差。Python 提供了通过“键＝值”的形式，按照名称指定参数。

【例 8.9】 使用关键字参数应用举例。

程序如下：

```
def func(a,b):
    c=a * * b
    return c

print(func(a=2,b=3))          #使用关键字指定函数参数
print(func(b=3,a=2))          #使用关键字指定函数参数
```

程序运行结果：

```
8
8
```

在程序第 5 行和第 6 行使用了关键字参数，两次函数调用参数的顺序进行了调换，参数的值并没有改变。从运行结果可以看出，仅改变参数次序不修改值，运行结果相同。

关键字参数的使用可以让函数更加清晰，容易使用，同时也清除了参数必须按照顺序

进行传递的要求。

8.3.4　可变长参数

一个函数可能在调用时需要使用比定义时更多的参数，这就需要使用可变长参数。Python 支持可变长参数，可变长参数可以是元组或字典类型，使用方法是在变量名前加星号 * 或**，以区分一般参数。

1. 元组

当函数的形参以 * 开头时，表示变长参数被作为一个元组来进行处理。例如：

```
def func( * para_t):
```

在 func()函数中，para_t 被作为一个元组来进行处理，使用 para_t[索引]的方法获取每一个可变长参数。

【例 8.10】 以元组作为可变长参数示例。

程序如下：

```
def func( * para_t):
    print("可变长参数数量为:")
    print(len(para_t))
    print("参数依次为:")
    for x in range(len(para_t)):
        print(para_t[x]);                #访问可变长参数内容

func('a')                                #使用单个参数
func(1,2,3,4)                            #使用多个参数
```

程序运行结果：

```
可变长参数数量为:
1
参数依次为:
a
可变长参数数量为:
4
参数依次为:
1
2
3
4
```

程序第 1 行函数定义时使用 * para_t 接收多个参数，以实现不定长参数调用；程序第 8 行和第 9 行分别使用不同个数的参数调用 func()函数。

2. 字典

当函数的形参以**开头时，表示变长参数被作为一个字典来进行处理。例如：

```
def func(**para_t):
```

可以使用任意多个实参调用func()函数，实参的格式为：

```
键=值
```

其中，字典的键值对分别表示可变参数的参数名和值。

【例8.11】 以字典作为可变长参数示例。

程序如下：

```
def func(**para_t):
      print(para_t)

func(a=1,b=2,c=3)
```

程序运行结果：

```
{'a': 1, 'b': 2, 'c': 3}
```

在调用函数时，也可以不指定可变长参数，此时可变长参数是一个没有元素的元组或字典。

【例8.12】 调用函数时不指定可变长参数。

程序如下：

```
def func(*para_a):
    sum = 0
    for x in para_a:
        sum+= x
    return sum

print(func())
```

程序运行结果：

```
0
```

在程序第7行调用func()函数时，没有指定参数，因此元组para_a没有元素，函数的返回值为0。

在一个函数中，允许同时定义普通参数以及上述两种形式的可变参数。

【例8.13】 使用不同形式的可变长参数示例。

程序如下：

```
def func(para, * para_a, * * para_b):
    print("para:", para)
    for value in para_a:
        print("other para:", value)
    for key in para_b:
        print("dictpara:{0}:{1}".format(key,para_b[key]))

func(1,'a',True, name='Tom',age=12)
```

程序运行结果：

```
para: 1
other para: a
other para: True
dictpara:name: Tom
dictpara:age: 12
```

在该程序第 8 行，函数调用时实参有 5 个，第 1 个对应形参 para，第 2 和第 3 个对应形参 para_a，第 4 和第 5 个对应形参 para_b。

同时，可变长参数可以与默认参数、位置参数同时应用于同一个函数中。

【例 8.14】 可变长参数与默认参数、位置参数同时使用。

程序如下：

```
def func(x, * para, y = 1):      #默认参数要放到最后
    print(x)
    print(para)
    print(y)

func(1,2,3,4,5,6,7,8,9,10,y=100)
```

程序运行结果：

```
1
(2, 3, 4, 5, 6, 7, 8, 9, 10)
100
```

程序运行结果中第一行输出的是 x 的值；第二行输出的是 para 的值，para 以元组形式输出；第三行输出的是 y 的值。

8.3.5 函数的返回值

函数的返回值是指函数被调用、执行完后返回给主调函数的值。一个函数可以有返

回值，也可以没有返回值。

返回语句的一般形式为：

```
return 表达式
```

功能：将表达式的值带回给主调函数。当执行完return语句时，程序的流程就退出被调函数，返回到主调函数的断点处。

(1) 在函数内可以根据需要有多条return语句，但执行到某条return语句，某条return语句就起作用，如例8.2所示。

(2) 如果没有return语句，会自动返回None；如果有return语句，但是return后面没有表达式也返回None。例如：

```
def add(a,b):
    c=a+b


x=add(3,20)
print(x)
```

程序运行结果：

```
x= None
```

【例8.15】 编写函数，判断一个数是否为素数。

分析：所谓素数是指仅能被1和自身整除的大于1的整数。

程序如下：

```
def isprime(n):
    for i in range(2,n):
        if(n%i==0):
            return 0
    return 1

m=int(input("请输入一个整数:"))
flag=isprime(m)
if(flag==1):
    print("%d 是素数"%m)
else:
    print("%d 不是素数"%m)
```

程序运行结果：

```
请输入一个整数: 35
35 不是素数
```

再次运行程序,结果如下:

```
请输入一个整数: 5
5 是素数
```

说明:isprime()函数是根据形参值是否为素数决定返回值,函数体最后将判断的结果由 return 语句返回给主调函数。

(3) 如果需要从函数中返回多个值时,可以使用元组作为返回值,来间接达到返回多个值的作用。

【例 8.16】 求一个数列中的最大值和最小值。

程序如下:

```
def getMaxMin(x):
    max = x[0]
    min = x[0]
    for i in range(0, len(x)):
        if max<x[i]:
            max = x[i]
        if min>x[i]:
            min = x[i]
    return (max,min)

a_list = [-1,28,-15,5, 10 ]            #测试数据为列表类型
x,y = getMaxMin(a_list)
print("a_list=", a_list)
print("最大值=",x, "最小值=", y)

string = "Hello"                       #测试数据为字符串
x,y = getMaxMin(string)
print("string=", string)
print("最大值=",x, "最小值=", y)
```

程序运行结果:

```
a_list= [-1, 28, -15, 5, 10]
最大值= 28 最小值= -15
string= Hello
最大值= o 最小值= H
```

说明:返回语句"return (max,min)"也可以写成"return max,min"。返回的是元组类型的数据,在测试程序中,分别赋给 x 和 y 变量。

8.4　函数的嵌套调用和递归调用

在函数的执行过程中又直接或间接地调用该函数本身，这就是函数的递归调用，Python中允许递归调用。在函数中直接调用函数本身称为直接递归调用。在函数中调用其他函数，其他函数又调用原函数，称为间接递归调用。函数的递归调用如图8.2所示。

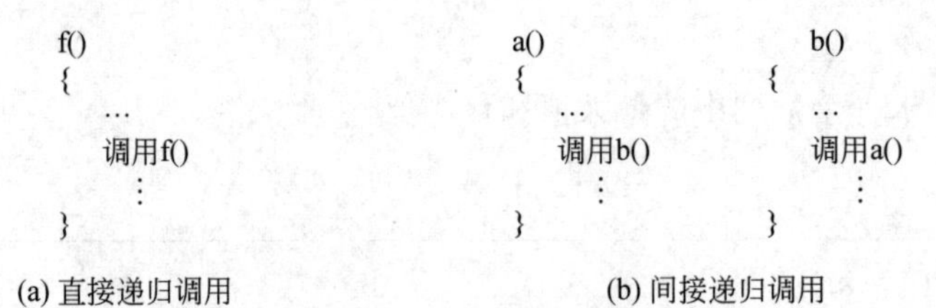

图8.2　函数的递归调用

例如，求n的阶乘：

$$n!=\begin{cases}1, & 当 n=0 时\\ n*(n-1)!, & 当 n>0 时\end{cases}$$

在求解n!中使用了(n−1)!，即要计算出n!，必须先求出(n−1)!，而要知道(n−1)!，必须先求出(n−2)!，以此类推，直到求出0!=1为止。再以此为基础，返回来计算1!,2!,…,(n−1)!,n!。这种算法称为递归算法，递归算法可以将复杂问题化简。显然，通过函数的递归调用可以实现递归算法。

递归算法具有如下两个基本特征。

(1) 递推归纳(递归体)。将问题转化成比原问题规模小的同类问题，归纳出一般递推公式。问题规模往往需要用函数的参数来表示。

(2) 递归终止(递归出口)。当规模小到一定的程度应该结束递归调用，逐层返回。常用条件语句来控制何时结束递归。

【例8.17】 用递归方法求n!。

递推归纳：n!→(n−1)!→(n−2)!→…→2!→1!，得到递推公式n!=n*(n−1)!。

递归终止n=0时，0!=1。

程序如下：

```
def fac(n):
    if n==0:
        f=1
    else:
        f=fac(n-1) * n;
    return f


n=int(input("please input n: "))
```

```
f=fac(n)
print("%d!=%d"%(n,f))
```

程序运行结果：

```
please input n: 4
4!=24
```

计算 4！时 fac()函数的递归调用过程如图 8.3 所示。

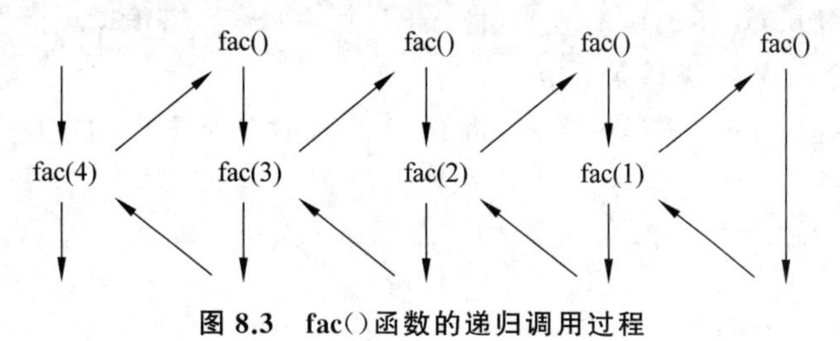

图 8.3　fac()函数的递归调用过程

递归调用的执行分成两个阶段完成：

第一阶段是逐层调用，调用的是函数自身。

第二阶段是逐层返回，返回到调用该层的位置继续执行后续操作。

递归调用是多重嵌套调用的一种特殊情况，每层调用都要用堆栈保护主调层的现场和返回地址。调用的层数一般比较多，递归调用的层数称为递归的深度。

【例 8.18】　汉诺(Hanoi)塔问题。

假设有三个塔座，分别用 A、B、C 表示，在一个塔座(设为 A 塔)上有 64 个盘片，盘片大小不等，按大盘在下、小盘在上的顺序叠放，如图 8.4 所示。现要借助于 B 塔，将这些盘片移到 C 塔去，要求在移动的过程中，每个塔座上的盘片始终保持大盘在下、小盘在上的叠放方式，每次只能移动一个盘片。编程实现移动盘片的过程。

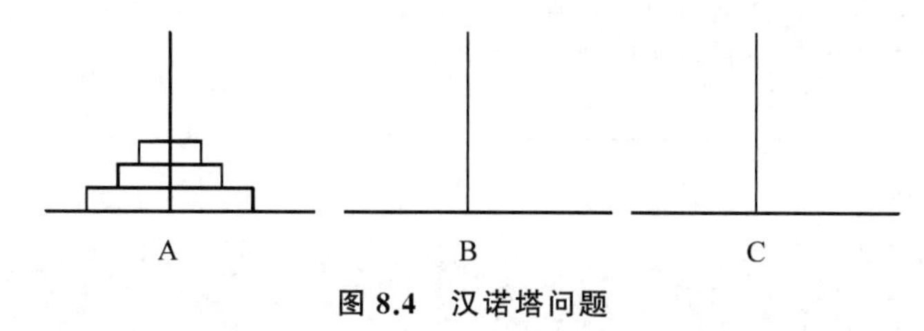

图 8.4　汉诺塔问题

可以设想：只要能将除最下面的一个盘片外，其余的 63 个盘片从 A 塔借助于 C 塔移至 B 塔上，剩下的一片就可以直接移至 C 塔上。再将其余的 63 个盘片从 B 塔借助于 A 塔移至 C 塔上，问题就解决了。这样就把一个 64 个盘片的汉诺塔问题化简为 2 个 63 个盘片的汉诺塔问题，而每个 63 个盘片的汉诺塔问题又按同样的思路，可以化简为 2 个 62 个盘片的汉诺塔问题。继续递推，直到剩一个盘片时，可直接移动，递归结束。

编程实现：假设要将 n 个盘片按规定从 A 塔移至 C 塔，移动步骤可分为以下 3 步完成。

(1) 把 A 塔上的 n－1 个盘片借助 C 塔移动到 B 塔。

(2) 把第 n 个盘片从 A 塔移至 C 塔。

(3) 把 B 塔上的 n－1 个盘片借助 A 塔移至 C 塔。

算法用函数 hanoi(n,x,y,z) 以递归算法实现，hanoi(x,y,z)函数的形参为 n、x、y、z，分别存储盘片数、源塔、借用塔和目的塔。每调用函数一次，可以使盘片数减 1，当递归调用盘片数为 1 时结束递归。算法描述如下。

如果 n 等于 1，则将这一个盘片从 x 塔移至 z 塔，否则有：

(1) 递归调用 hanoi(n－1,x,z,y)，将 n－1 个盘片从 x 塔借助 z 塔移动到 y 塔。

(2) 将 n 号盘片从 x 塔移至 z 塔。

(3) 递归调用 hanoi(n－1,y,x,z)，将 n－1 个盘片从 y 塔借助 x 塔移动到 z 塔。

程序如下：

```
count=0
def hanoi(n,x,y,z):
   global count
   if n==1:
        count+=1
        move(count,x,z)
   else:
        hanoi(n-1,x,z,y);                          #递归调用
        count+=1
        move(count,x,z)
        hanoi(n-1,y,x,z);                          #递归调用

def move(n,x,y):
    print("step %d: Move disk form %c to %c"%(count,x,y))

m=int(input("Input the number of disks:"))
print("The steps to moving %d disks:"%m)
hanoi(m,'A','B','C')
```

程序运行结果：

```
Input the number of disks:3
The steps to moving 3 disks:
step 1: Move disk form A to C
step 2: Move disk form A to B
step 3: Move disk form C to B
step 4: Move disk form A to C
step 5: Move disk form B to A
step 6: Move disk form B to C
step 7: Move disk form A to C
```

n=3 时的函数递归调用过程如图 8.5 所示。

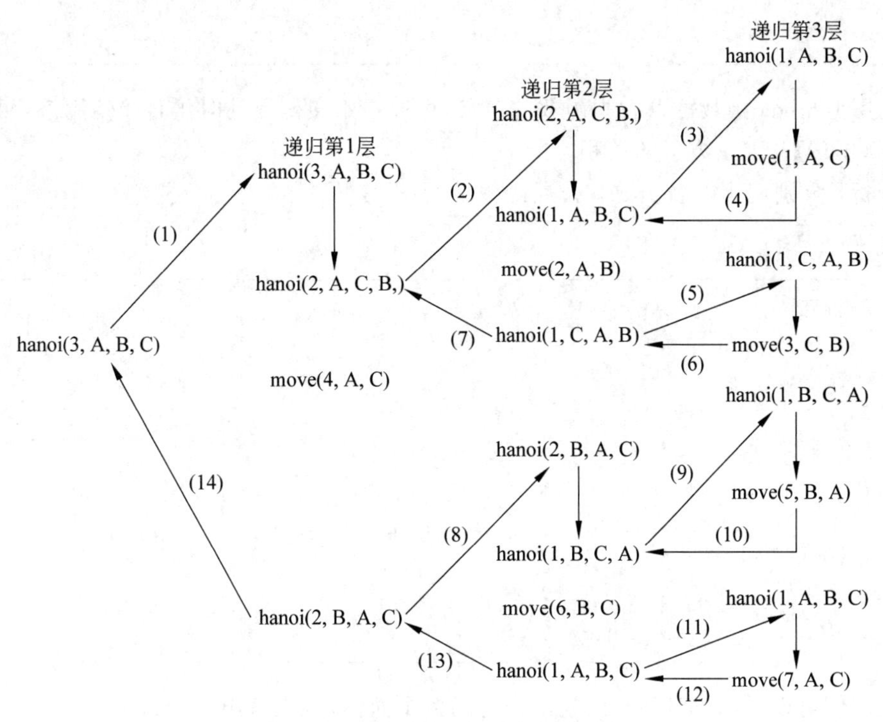

图 8.5 n=3 时的函数递归调用过程

8.5 匿名函数

在 Python 中，不是通过 def 关键字来定义，而是通过 lambda 关键字来定义的函数称为匿名函数，也称为 lambda 函数或表达式函数。lambda 函数的定义格式如下：

```
lambda [参数 1 [,参数 2, 参数 3,…, 参数 n]]:表达式
```

lambda 函数可以接收任意多个参数，参数列表与一般函数的参数列表的语法格式相同，参数之间用逗号隔开，允许参数有默认值。表达式相当于匿名函数的返回值，但只能由一个表达式组成，不能有其他的复杂结构。例如，有以下定义：

```
lambda x, y : x+y
```

该函数有两个参数，分别是 x、y。

lambda 函数是一个函数对象，可将该函数直接赋值给一个变量，这个变量就成了一个函数对象，也就是将函数与变量捆绑到一起了，函数对象名可以作为函数直接调用。例如：

```
f= lambda x, y : x+y
print(f(2,3))
```

使用lambda函数可以省去函数的定义,可以在定义函数的时候直接使用该函数。

【例8.19】 求正方形的面积。

分析：分别使用匿名函数和普通函数求面积。

程序如下：

```
#普通函数
def square(x):
    return x * x

#匿名函数
lambda_square = lambda x:x * x

#函数调用
print(square(10))
print(lambda_square(10))
```

从该例可以看出,lambda函数比普通函数更简洁,且没有声明函数名,上面的代码是用一个变量来接收lambda函数返回的函数对象,并不是lambda函数的名字。

【例8.20】 匿名函数的多种使用形式。

程序如下：

```
#无参数
lambda_a = lambda: "Computer"
print(lambda_a())

#一个参数
lambda_b = lambda n: n * 1001
print(lambda_b(5))

#多个参数
lambda_c = lambda a, b, c, d: a +b +c +d
print(lambda_c(1, 2, 3, 4))

#嵌套条件分支
lambda_d = lambda x,y: x if x>y else y
print(lambda_d(3,5))

#作为函数参数
def func1(a, b, func):
```

```
    print('a =',a)
    print('b =',b)
    print('a * b =',func(a, b))

func1(3, 5, lambda a, b: a * b)

#作为函数的返回值
def func2(a, b):
    return lambda c: a * b * c

return_func = func2(2, 4)
print(return_func(6))
```

程序运行结果：

```
Computer
5005
10
5
a = 3
b = 5
a * b = 15
48
```

可以看到，lambda 的参数可以是 0 个到多个，并且返回的表达式可以是一个复杂的表达式，只要最后是一个值即可。

在例 8.20 中，func1()需要传入一个函数，然后这个函数在 func1()中执行，这时就可以使用 lambda 函数，因为 lambda 就是一个函数对象。

在例 8.20 中，func2()函数返回的是一个匿名函数，当执行该函数时，得到的是 lambda 函数的结果。

注意：其中的 a 和 b 两个参数是 func2()中的参数，但执行返回的函数 return_func()时，已经不在 func2()的作用域内了，而 lambda 函数仍然能使用 a 和 b 参数。说明 lambda 函数会将它的运行环境保存一份，一直保留到它自己执行的时候使用。print()函数与 return_func()函数的参数大小无关。

8.6　变量的作用域

当程序中有多个函数时，所定义的每个变量只能在一定的范围内被访问，这个范围称为变量的作用域。按作用域划分，可以把变量分为局部变量和全局变量。

8.6.1　局部变量

在一个函数或语句块内定义的变量称为局部变量。局部变量的作用域仅限于定义它的函数体或语句块中，任意一个函数都不能访问其他函数中定义的局部变量。因此在不同的函数之间可以定义同名的局部变量，虽然同名但却代表不同的变量，不会发生命名冲突。

例如，有以下程序段：

```
def fun1(a):
   x=a+10
   ……
def fun2(a,b):
   x,y=a,b
   ……
```

说明：

(1) fun1()函数中定义了形参a和局部变量x，fun2()函数中定义了形参a、b和局部变量x、y，这些变量各自在定义它们的函数体中有效，其作用范围都限定在各自的函数中。

(2) 不同函数中定义的变量，即使使用相同的变量名也不会互相干扰。例如fun1()函数和fun2()函数都定义了变量a和x，变量名相同，但作用范围不同。

(3) 形参也是局部变量，例如，fun1()函数中的形参a。

【例8.21】 局部变量应用。

程序如下：

```
def fun(x):
    print("x=",x)
    x=20
    print("changed local x=",x)

x=30
fun(30)
print("main x=",x)
```

程序运行结果：

```
x= 30
changed local x= 20
main x= 30
```

在fun()函数中，第一次输出x的值，x是形参，值由实参传递而来，是30，接着执行赋值语句x=20后，再次输出x的值是20。在主调函数中，x的值为30，当调用fun()函数时，该值不受影响，因此主调函数输出x的值是30。

8.6.2 全局变量

在所有函数之外定义的变量称为全局变量，它可以在多个函数中被使用。例如：

```
m=1                       #定义为全局变量
def fun1(a):
    print(m)              #使用全局变量
    ……
n=1                       #定义 n 为全局变量
def fun2(a,b):
    n=a*b                 #使用局部变量
    ……
```

变量 m 和 n 为全局变量，在 fun1()函数和 fun2()函数可以直接使用。

【例 8.22】 全局变量应用。

程序如下：

```
x = 30
def func():
    global x
    print('x的值是', x)
    x = 20
    print('全局变量 x 的值改为了', x)
func()
print('x的值是', x)
```

程序运行结果：

```
x的值是 30
全局变量 x 的值改为了 20
x的值是 20
```

8.7 模　　块

随着程序规模越来越大，把一个大型文件分成多个小文件就变得很重要了。为了使代码看起来更优美、紧凑、容易修改、适合团体开发，Python 引入了模块的概念。

在 Python 中，可以把程序分成多个文件，这些文件就称为模块。模块就是将一些常用的功能单独放置到一个文件中，方便其他文件来调用。前面编写代码时保存的以.py为扩展名的文件，都是一个个独立的模块。

8.7.1 定义模块

与函数类似，从用户的角度看，模块也分为标准库模块和用户自定义模块。

1. 标准库模块

标准库模块是 Python 自带的函数模块。Python 提供了大量的标准库模块，实现了很多常用的功能。Python标准库提供了文本处理、文件处理、操作系统功能、网络通信、网络协议等功能。

(1) 文本处理：包含文本格式化、正则表达式匹配、文本差异计算与合并、Unicode支持和二进制数据处理等功能。

(2) 文件处理：包含文件基本操作、创建临时文件、文件压缩与归档、操作配置文件等功能。

(3) 操作系统功能：包含线程与进程支持、I/O复用、日期与时间处理、调用系统函数、日志等功能。

(4) 网络通信：包含网络套接字，SSL加密通信、异步网络通信等功能。

(5) 网络协议：支持HTTP、FTP、SMTP、POP、IMAP、NNTP、XMLRPC等多种网络协议，并提供了编写网络服务器的框架。

(6) 其他功能，包括国际化支持、数学运算、Hash、Tkinter等。

另外，Python还提供了大量的第三方模块，使用方式与标准库类似。这些模块的功能覆盖科学计算、Web开发、数据库接口、图形系统多个领域。

2. 用户自定义模块

用户创建一个模块就是创建扩展名为.py的Python程序。例如，在一个module.py的文件中输入def语句，就生成了一个包含属性的模块。

```
def printer(x)
    print(x)
```

当模块导入的时候，Python把内部的模块名映射为外部的文件名。

8.7.2 导入模块

导入模块就是给出一个访问模块所提供的函数、对象和类的方法。模块的导入有如下3种方法。

1. 导入模块

导入模块的一般形式为：

```
import 模块
```

用import语句直接导入模块，就是在当前的名字空间(namespace)创建一个到该模块的引用。这种引用必须使用全称，当使用在被导入模块中定义的函数时，必须包含模块的名字。

【例8.23】 求列表中所有偶数的和。

程序evensum.py如下：

```
def func_sum(a_list):
  s=0
```

```
    for i in range(0,len(a_list)):
            if a_list[i]%2==0:
              s=s+a_list[i]
    return s
```

再写一个文件导入上面的模块：

```
#exp7-12.py
import evensum
a_list=[3,54,65,76,45,34,100,-2]
s=evensum.func_sum(a_list)
print("sum=",s)
```

程序运行结果：

```
sum= 262
```

2. 导入模块中的函数

导入模块中的函数一般形式为：

```
form 模块名 import 函数名
```

这种方法是把函数名直接导入到本地名字空间中，所以它可以直接使用，而不需要加上模块名的限定表示。

例 8.23 中导入模块的文件可改写为：

```
from evensum import func_sum
a_list=[3,54,65,76,45,34,100,-2]
s=func_sum(a_list)
print("sum=",s)
```

3. 导入模块中的所有函数

导入模块中的所有函数的一般形式为：

```
form 模块名 import *
```

与方法 2 中的导入方法一样，一次就导入模块中的所有函数，不需要一一列举函数名。

8.8　函数应用举例

【例 8.24】　采用插入排序法把 10 个数据从小到大排序。

分析：插入排序法的基本操作是每一步都将一个待排数据按其大小插入到已排序的数据中的适当位置，直到全部插入完毕。插入排序法把要排序的数据分成两部分：第一部分包含了这些数据的所有元素，但将最后一个元素除外，而第二部分就只包含最后一个元素(即待插入元素)。在第一部分排序完成后，再将最后一个元素插入到已排序的第一部分中。排序过程如下：

(1) 假设当前需要排序的元素(array[i])，跟已排序的最后一个元素比较(array[i−1])，如果满足条件继续执行后面的程序，否则循环到下一个要排序的元素。

(2) 缓存当前要排序的元素的值，以便找到正确的位置进行插入。

(3) 排序的元素跟已排序的元素比较，比它大的向后移动。

(4) 把要排序的元素，插入到正确的位置。

程序如下：

```
def insert_sort(array):
  for i in range(1, len(array)):
    if array[i -1] > array[i]:
        temp = array[i]              #当前需要排序的元素暂存到 temp 中
        index = i                    #用来记录排序元素需要插入的位置
        while index > 0 and array[index -1] > temp:
            array[index] = array[index -1]
            #把已排序的元素后移一位,留下需要插入的位置
            index -= 1
        array[index] = temp          #把需要排序的元素,插入到指定位置

b=input("请输入一组数据: ")
array=[]
for i in b.split(','):
   array.append(int(i))
print("排序前的数据: ")
print(array)
insert_sort(array)                   #调用 insert_sort()函数
print("排序后的数据: ")
print(array)
```

程序运行结果：

```
请输入一组数据: 100,43,65,101,54,65,4,2017,123,55
排序前的数据:
[100, 43, 65, 101, 54, 65, 4, 2017, 123, 55]
排序后的数据:
[4, 43, 54, 55, 65, 65, 100, 101, 123, 2017]
```

【例 8.25】 用递归的方法求 x^n。

分析：求 x^n 可以使用下面的公式。

$$x^n=\begin{cases}1, & n=0\text{ 时}\\ x*x^{(n-1)}, & n>0\text{ 时}\end{cases}$$

递推归纳：$x^n \rightarrow x^{n-1} \rightarrow x^{n-2} \rightarrow \cdots \rightarrow x^2 \rightarrow x^1$。

递归终止条件：当 $n=0$ 时，$x^0=1$。

程序如下：

```
def xn(x, n):
    if  n==0:
        f=1
    else:
        f=x * xn(x,n-1)
    return f

x,n=eval(input("please input x and n"))
if n<0:
    n=-n
    y=xn(x,n)
    y=1/y
else:
    y=xn(x,n)
print(y)
```

程序运行结果：

```
please input x and n: 3,5
243
```

再次运行程序，结果如下：

```
please input x and n: 3,-5
0.00411522633744856
```

【例 8.26】 计算从公元 1 年 1 月 1 日到 y 年 m 月 d 日的天数(含两端的日期)。例如，从公元 1 年 1 月 1 日到 1 年 2 月 2 日的天数是 31+2=33 天。

分析：要计算从公元 1 年 1 月 1 日到 y 年 m 月 d 日的天数，可以分为三步完成：

(1) 计算从公元 1 年到 y－1 年这些整年的天数，每年是 365 天或 366 天(闰年是 366 天)；

(2) 对于第 y 年，当 m>1 时，先计算 1～ m－1 月整月的天数；

(3) 最后加上零头(第 m 月的 d 天)即可。

程序如下：

```
#判断某年是否为闰年
def  leapYear(y):
    if y<1:
        y=1
    if ((y %400)== 0 or  (y %4)== 0 and (y %100)!=0):
        lp=1
    else:
        lp=0
    return lp

#计算y年m月的天数
def  getLastDay(y,m):
    if y<1:
        y=1
    if m<1:
        m=1
    if m>12:
        m=12
    #每个月的正常天数
    #月份    1  2  3  4  5  6  7  8  9  10  11  12
    monthDay=[31, 28, 31, 30, 31, 30, 31, 31, 30, 31,  30,  31]
    r = monthDay[m-1]
    if m==2:
        r = r +leapYear(y)   #处理闰年的2月天数
    return r

#计算从公元1年1月1日到y年m月d日的天数(含两端的日期)
def calcDays(y,m,d):
    if y<1:
        y=1
    if m<1:
        m=1
    if m>12:
        m=12
    if d<1:
        d=1
    if d>getLastDay(y,m):
        d=getLastDay(y,m)
    cnt = 0
    for i in range(1,y):
        cnt = cnt +365 +leapYear(i)
    for i in range(1,m):
        cnt = cnt +getLastDay(y,i)
```

```
    cnt = cnt +d
    return cnt

y,m,d = eval(input("input year,month,day:"))
days = calcDays(y,m,d)
print("从 1 年 1 月 1 日到",y,"年",m,"月",d,"日 共", days, "天")
```

程序运行结果：

```
input year,month,day:2017,1,1
从 1 年 1 月 1 日到 2017 年 1 月 1 日 共 736330 天
```

习　题

1. 编写一个程序，已知一个圆筒的半径、外径和高，计算该圆筒的体积。

2. 编写一个求水仙花数的函数，求三位数 100～999 的所有水仙花数。

3. 编写一个函数，输出整数 m 的全部素数因子。例如，m＝120，素数因子为 2、2、2、3、5。

4. 编写一个函数，求 10 000 以内的所有完数。所谓完数，是指一个数正好是它的所有约数之和。例如，6 就是一个完数，因为 6 的因子有 1、2、3，并且 6＝1＋2＋3。

5. 如果有两个数，每一个数的所有约数(除它本身以外)的和正好等于对方，则称这两个数为互满数。求出 10 000 以内所有的互满数，显示输出，使用函数实现求一个数和它的所有约数(除它本身)的和。

6. 用递归函数求 $s=\sum_{i=1}^{n} i$ 的值。

第9章 文　件

在前面的章节中使用的原始数据很多都是通过键盘输入的，并将输入的数据放入指定的变量中，若要处理（运算、修改、删除、排序等）这些数据，可以从指定的变量中取出并进行处理。但在数据量大、数据访问频繁以及数据处理结果需要反复查看或使用时，就有必要将程序的运行结果保存下来。为了解决以上问题，在 Python 中引入了文件，将这些待处理的数据存储在指定的文件中，当需要处理文件中的数据时，可以通过文件处理函数，取得文件内的数据并存放到指定的变量中进行处理，数据处理完毕后再将数据存回指定的文件中。有了对文件的处理，数据不但容易维护，而且同一份程序可处理数据格式相同但文件名不同的文件，提高了程序的使用弹性。

文件操作是一种基本的输入输出方式，数据以文件的形式进行存储，操作系统以文件为单位对数据进行管理。本章主要介绍文件的基本概念、文件的操作方法以及文件操作的应用。

9.1 文件的概述

9.1.1 文件的定义与分类

文件是指存放在外部存储介质（可以是磁盘、光盘、磁带等）上的一组相关信息的集合。操作系统是以文件形式对外部介质上的数据进行管理的。当打开一个文件或者创建一个新文件时，一个数据流和一个外部文件（也可能是一个物理设备）相关联。为标识一个文件，每个文件都必须有一个文件名作为访问文件的标志，其一般结构为：

```
主文件名〖.扩展名〗
```

通常情况下应该包括盘符名、路径、主文件名和文件扩展名 4 部分信息。实际上在前面的各章中已经多次使用了文件，例如源程序文件、库文件（头文件）等。程序在内存运行的过程中与外存（外部存储介质）交互主要是通过以下两种方法：

(1) 以文件为单位将数据写到外存中。

(2) 从外存中根据文件名读取文件中的数据。

也就是说，要想读取外部存储介质中的数据，必须先按照文件名找到相应的文件，然后再从文件中读取数据；要想把数据存放到外部存储介质中，首先要在外部介质上创建一个文件，然后再往该文件中写入数据。

可以从不同的角度对文件进行分类，分别如下所述。

(1) 根据文件依附的介质，可分为普通文件和设备文件。

普通文件是指驻留在磁盘或其他外部介质上的一个有序数据集，可以是源文件、目标文件、可执行程序，也可以是一组待输入处理的原始数据，或者是一组输出的结果。对于源文件、目标文件、可执行程序可以称为程序文件，对输入和输出数据则可称为数据文件。

设备文件是指与主机相连的各种外部设备，如显示器、打印机、键盘等。在操作系统中，把外部设备也看作是一个文件来进行管理，把它们的输入和输出等同于对磁盘文件的读和写。

(2) 根据文件的组织形式，可分为顺序读写文件和随机读写文件。

顾名思义，顺序读写文件是指按从头到尾的顺序读出或写入的文件。通常在重写整个文件操作时，使用顺序读写；而要更新文件中某个数据时，不使用顺序读写。顺序读写文件每次读写的数据长度不等，比较节省空间，但查询数据时都必须从第一个记录开始找，比较费时间。

随机读写文件大都使用结构方式来存放数据，即每个记录的长度是相同的，因而通过计算便可直接访问文件中的特定记录，也可以在不破坏其他数据的情况下把数据插入到文件中，是一种跳跃式直接访问方式。

(3) 根据文件的存储形式，可分为文本文件和二进制文件。

文本文件也称为ASCII文件，这种文件在磁盘中存放时每个字符对应一个字节，用于存放对应的ASCII码。

例如，数1124的存储形式为：

ASCII码：	00110001	00110001	00110010	00110100
	↓	↓	↓	↓
十进制码：	1	1	2	4

共占用4个字节。ASCII码文件可在屏幕上按字符显示，例如，源程序文件就是ASCII文件，用DOS命令中的type命令可显示文件的内容。由于是按字符显示，因此能读懂文件内容。

二进制文件是按二进制的编码方式来存放文件的。例如，数字1124的存储形式为：00000100　01100100，只占用两个字节。二进制文件虽然也可在屏幕上显示，但其内容无法读懂。Python系统在处理这些文件时，并不区分类型，都看成是字符流，按字节进行处理。

ASCII码文件和二进制文件的主要区别如下。

(1) 从存储形式上看，二进制文件是按该数据类型在内存中的存储形式来存储的，而文本文件则将该数据类型转换为可在屏幕上显示的形式来存储的。

(2) 从存储空间上看，ASCII存储方式所占的空间比较多，而且所占的空间大小与数值大小有关。

(3) 从读写时间上看，由于ASCII码文件在外存上是以ASCII码存放，而在内存中的数据都是以二进制存放的，所以，当进行文件读写时，要进行转换，造成存取速度较慢。对于二进制文件来说，数据就是按其在内存中的存储形式在外存上存放的，所以不需要进行这样的转换,在存取速度上较快。

(4) 从作用上看,由于ASCII文件可以通过编辑程序,如记事本等,进行创建和修改,也可以通过DOS中的type命令显示出来,因而ASCII码文件通常用于存放输入数据及程序的最终结果。而二进制文件则不能显示出来,所以用于暂存程序的中间结果,供另一段程序读取。

在Python语言中,标准输入设备(键盘)和标准输出设备(显示器)是作为ASCII码文件处理的,它们分别称为标准输入文件和标准输出文件。

9.1.2 文件的操作流程

文件的操作包括对文件本身的基本操作和对文件中的信息的处理。首先,只有通过文件指针,才能调用相应的文件;然后才能对文件中的信息进行操作,进而达到从文件中读数据或向文件中写数据的目的。具体涉及的操作有:创建文件、打开文件、从文件中读数据或向文件中写数据、关闭文件等。一般的操作步骤为:

(1) 建立/打开文件。

(2) 从文件中读取数据或者往文件中写数据。

(3) 关闭文件。

打开文件是进行文件的读或写操作之前的必要步骤。打开文件就是将指定文件与程序联系起来,为下面进行的文件读写工作做好准备。如果不打开文件就无法读写文件中的数据。当为进行写操作而打开一个文件时,如果这个文件存在,则打开它;如果这个文件不存在,则系统会新建这个文件,并打开它。当为进行读操作而打开一个文件时,如果这个文件存在,则系统打开它;如果这个文件不存在,则出错。数据文件可以借助常用的文本编辑程序建立,就如同建立源程序文件一样,当然,也可以是其他程序写操作生成的文件。

从文件中读取数据,就是从指定文件中取出数据,存入程序在内存中的数据区,如变量或序列中。

向文件中写数据,就是将程序中的数据存储到指定的文件中,即文件名所指定的存储区中。

关闭文件就是取消程序与指定的数据文件之间的联系,表示文件操作的结束。

9.2 文件的打开与关闭

9.2.1 打开文件

在对文件进行读写操作之前要先打开文件。所谓打开文件,实际上是创建文件的各种信息,并使文件指针指向该文件,以便进行其他操作。

1. open()函数

Python中使用open()函数来打开文件并返回文件对象,其一般调用格式为:

```
文件对象=open(文件名[,打开方式][,缓冲区])
```

其功能如下。

open()函数的第一个参数是传入的文件名,可以包含盘符、路径和文件名。如果只有文件名,没有带路径的话,那么Python会在当前文件夹中去找到该文件并打开。

第二个参数“打开方式”是可选参数,表示打开文件后的操作方式,文件打开方式使用具有特定含义的符号表示,如表9.1所示。

表9.1 文件的打开方式

文件使用方式	含　义
rt	只读打开一个文本文件,只允许读数据
wt	只写打开或建立一个文本文件,只允许写数据
at	追加打开一个文本文件,并在文件末尾写数据
rb	只读打开一个二进制文件,只允许读数据
wb	只写打开或创建一个二进制文件,只允许写数据
ab	追加打开一个二进制文件,并在文件末尾写数据
rt+	读写打开一个文本文件,允许读和写
wt+	读写打开或建立一个文本文件,允许读和写
at+	读写打开一个文本文件,允许读,或在文件末尾追加数据
rb+	读写打开一个二进制文件,允许读和写
wb+	读写打开或建立一个二进制文件,允许读和写
ab+	读写打开一个二进制文件,允许读,或在文件末尾追加数据

第三个参数“缓冲区”也是可选参数,表示文件操作是否使用缓冲存储方式,取值有0、1、-1和大于1四种。如果缓冲区参数被设置为0,则表示缓冲区关闭(只适用于二进制模式),不使用缓冲区;如果缓冲区参数被设置为1,则表示使用缓冲存储(只适用于文本模式);如果缓冲区参数被设置为-1,则表示使用缓冲存储,并且使用系统默认缓冲区的大小;如果缓冲区参数被设置为大于1的整数,则表示使用缓冲存储,并且该参数指定了缓冲区的大小。

假设有一个名为somefile.txt的文本文件,保存在c:\text下,那么可以这样打开文件:

```
>>>x = open('c:\\text\\somefile.txt','r',buffering=1024)
```

注意:文件打开成功,没有任何提示。

对于文件打开方式有以下几点说明。

(1) 文件打开方式由r、w、a、t、b、+等6个字符拼成,各字符的含义是:

r(read)：读；

w(write)：写；

a(append)：追加；

t(text)：文本文件，可省略不写；

b(binary)：二进制文件；

+：读和写。

(2) 用r方式打开一个文件时，该文件必须已经存在，且只能从该文件读出。

(3) 用w方式打开的文件只能向该文件写入。若打开的文件不存在，则以指定的文件名建立该文件，若打开的文件已经存在，则将该文件删去，重建一个新文件。

(4) 若要向一个已存在的文件中追加新的信息，只能用a方式打开文件。若此时该文件不存在，则会新建一个文件。

使用open()函数成功打开一个文件之后，会返回一个文件对象，得到这个文件对象，就可以读取或修改该文件了。

2. 文件对象属性

文件一旦被打开，就可以通过文件对象的属性得到该文件的有关信息，常用的文件对象属性如表9.2所示。

表9.2　文件对象属性

属　性　名	含　　义
name	返回文件的名称
mode	返回文件的打开方式
closed	如果文件被关闭返回True，否则返回False

文件属性的引用方法为：

```
文件对象名.属性名
```

例如：

```
>>> fp=open("e:\\qq.txt","r")
>>> fp.name
'e:\\qq.txt'
>>> fp.mode
'r'
>>> fp.closed
False
```

3. 文件对象方法

打开文件并取得文件对象之后，就可以利用文件对象方法对文件进行读取或修改等操作。表9.3列举了常用的一些文件对象方法。

表 9.3 文件对象方法

方 法 名	文件对象含义
close()	关闭文件,并将属性 closed 设置为 True
read(count)	从文件对象中读取至多 count 字节,如果没有指定 count,则读取从当前文件指针直至文件末尾
readline(count)	从文件中读取一行内容
readlines(sizehint)	读取文件的所有行(直到结束符 EOF),也就是整个文件的内容,把文件每一行作为列表的成员,并返回这个列表
write(string)	将字符串 string 写入到文件
writelines(seq)	将字符串序列 seq 写入到文件,seq 是一个返回字符串的可迭代对象
seek(offset,whence)	把文件指针移动到相对于 whence 的 offset 位置,whence 为 0 表示文件开始处,为 1 表示当前位置,为 2 表示文件末尾
next()	返回文件的下一行,并将文件操作标记移到下一行
tell()	返回当前文件指针位置(相对文件起始处)
flush()	清空文件对象,并将缓存中的内容写入磁盘(如果有)

9.2.2 关闭文件

当一个文件使用结束时,就应该关闭它,以防止其被误操作而造成文件信息的破坏和文件信息的丢失。关闭文件就是断开文件对象与文件之间的关联,此后不能再继续通过该文件对象对该文件进行读/写操作。Python 使用 close()函数关闭文件。close()函数的一般形式为:

```
文件对象名.close()
```

9.3 文件的读写

9.3.1 文本文件的读写

1. 文本文件的读取

Python 对文件的读取是通过调用文件对象方法来实现的,文件对象提供了 3 种读取方法:read()、readline()和 readlines()。

(1) read()方法。read()方法的一般形式为:

```
文件对象.read()
```

其功能是读取从当前位置直到文件末尾的内容。该方法通常将读取的文件内容存放到一个字符串变量中。

假如有一个文本文件 file1.txt,其内容如下:

```
There were bears everywhere.
They were going to Switzerland.
```

采用 read()方法读该文件内容,结果如下:

```
>>> fp = open("e:\\file1.txt", "r")     #以只读的方式打开 file1.txt 文件
>>> string1= fp.read()
>>> print("Read Line: %s" %(string1))
Read Line: There were bears everywhere.
They were going to Switzerland.
```

read()方法也可以带有参数,一般形式为:

```
文件对象.read([size])
```

其功能是从文件当前位置开始读取 size 字节,返回结果是一个字符串。如果 size 大于文件从当前位置开始到末尾的字节数,则读取到文件结束为止。例如:

```
>>> fp = open("e:\\file1.txt", "r")          #以只读的方式打开 file1.txt 文件
>>> string2= fp.read(10)                     #读取 10 字节
>>> print("Read Line: %s" %(string2))
Read Line: There were
```

(2) readline()方法。readline()方法的一般形式为:

```
文件对象.readline()
```

其功能是读取从当前位置到行末的所有字符,包括行结束符,即每次读取一行,当前位置移到下一行。如果当前处于文件末尾,则返回空串。例如:

```
>>> fp = open("e:\\file1.txt", "r")
>>> string3=fp.readline()
>>> print("Read Line: %s" %(string3))
Read Line: There were bears everywhere.
```

(3) readlines()方法。readlines()方法的一般形式为:

```
文件对象.readlines()
```

其功能是读取从当前位置到文件末尾的所有行,并将这些行保存在一个列表变量中,每行作为一个元素。如果当前文件处于文件末尾,则返回空列表。例如:

```
>>> fp = open("e:\\file1.txt", "r")
>>> string4=fp.readlines()
>>> print("Read Line: %s" %(string4))
Read Line: ['There were bears everywhere.\n', 'They were going to Switzerland.']
>>> string5=fp.readlines()        #再次读取文件,返回空列表
>>> print("Read Line: %s" %(string5))
Read Line: []
```

2. 文本文件的写入

文本文件的写入通常使用 write()方法,有时也使用 writelines()方法。

(1) write()方法。write()方法的一般形式为:

```
文件对象.write(字符串)
```

其功能是在文件当前位置写入字符串,并返回写入的字符个数。例如:

```
>>>fp.open("e:\\file1.txt", "w")   #以写方式打开 file1.txt 文件
>>>fp.write("Python")              #将字符串"Python"写入 file1.txt 文件
6
>>> fp.write("Python programming")
18
>>> fp.close()
```

(2) writelines()方法。writelines()方法的一般形式为:

```
文件对象.writelines(字符串元素的列表)
```

其功能是在文件的当前位置处依次写入列表中的所有元素。例如:

```
>>>fp.open("e:\\file1.txt", "w")
>>>fp.writelines(["Python","Python programming"])
```

【例 9.1】 把一个包含两列内容的文件 input.txt,分成两个文件 col1.txt 和 col2.txt,每个文件包含一列内容。input.txt 文件内容如图 9.1 所示。

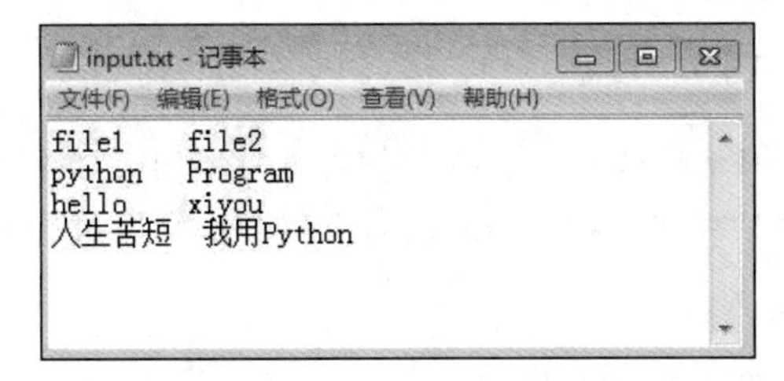

图 9.1 input.txt 文件

程序如下：

```
def split_file(filename):           #把文件分成两列
    col1 = []
    col2 = []
    fd = open(filename)             #打开文件
    text = fd.read()                #读入文件的内容
    lines = text.splitlines()       #把读入的内容分行
    for line in lines:
        part = line.split(None, 1)
        col1.append(part[0])
        col2.append(part[1])

    return col1, col2

def write_list(filename, alist):    #把文字列表内容写入文件
    fd = open(filename, 'w')
    for line in alist:
        fd.write(line + '\n')

filename = 'input.txt'
col1, col2 = split_file(filename)
write_list('col1.txt', col1)
write_list('col2.txt', col2)
```

程序运行结果如图 9.2 所示。

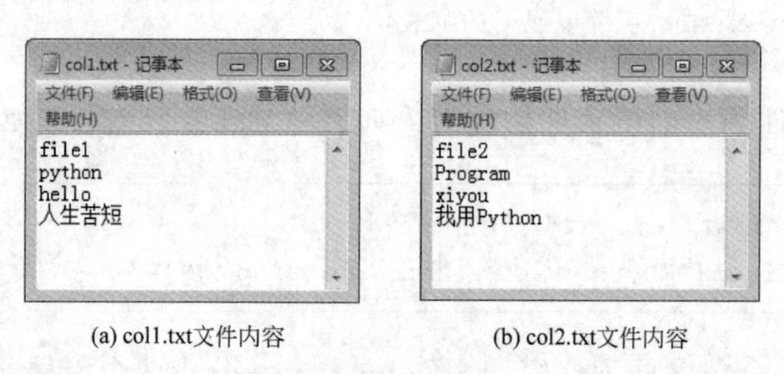

(a) col1.txt文件内容　　(b) col2.txt文件内容

图 9.2　例 9.1 运行结果

9.3.2　二进制文件的读写

前面介绍的 read()和 write()方法，读写的都是字符串，对于其他类型数据则需要转换。Python 中 struct 模块中的 pack()和 unpack()方法可以进行转换。

1. 二进制文件的写入

Python 中二进制文件的写入有两种方法：一种是通过 struct 模块的 pack()方法把数字和 bool 值转换成字符串，然后用 write()方法写入二进制文件中；另一种是用 pickle

模块的 dump()方法直接把对象转换为字符串并存入文件中。

(1) pack()方法。pack()方法的一般形式为：

```
pack(格式串,数据对象表)
```

其功能是将数字转换为二进制的字符串。格式串中的格式字符及对应的 Python 类型如表 9.4 所示。

表 9.4 格式字符及对应的 Python 类型

格式字符	C 语言类型	Python 类型	字节数
c	char	string of length 1	1
b	signed char	integer	1
B	unsigned char	integer	1
?	_Bool	bool	1
h	short	integer	2
H	unsigned short	integer	2
i	int	integer	4
I	unsigned int	integer or long	4
l	long	integer	4
L	unsigned long	long	4
q	long long	long	8
Q	unsigned long long	long	8
f	float	float	4
d	double	float	8
s	char[]	string	1
p	char[]	string	1
P	void *	long	与操作系统的位数有关

pack()方法使用如下：

```
>>> import struct
>>> x=100
>>> y=struct.pack('i',x)          #将 x 转换成二进制字符串
>>> y                             #输出转换后的字符串 y
b'd\x00\x00\x00'
>>> len(y)                        #计算 y 的长度
4
```

此时，y 是一个 4 字节的字符串。如果要将 y 写入文件，可以这样实现：

```
>>> fp=open("e:\\file2.txt","wb")
>>> fp.write(y)
4
>>> fp.close()
```

【例 9.2】 将一个整数、一个浮点数和一个布尔型对象存入一个二进制文件中。

分析：整数、浮点数和布尔型对象都不能直接写入二进制文件，需要使用 pack()方法将它们转换成字符串再写入二进制文件中。

程序如下：

```
import struct
i=12345
f=2017.2017
b=False
string=struct.pack('if? ',i,f,b)        #将整数 i、浮点数 f 和布尔对象 b 依次转换为
                                        #字符串
fp=open("e:\\string1.txt","wb")         #打开文件
fp.write(string)                        #将字符串 string 写入文件
fp.close()                              #关闭文件
```

运行时在 E 盘下创建 string1.txt 文件，运行结束后，打开 string.txt 文件，其内容如图 9.3 所示。

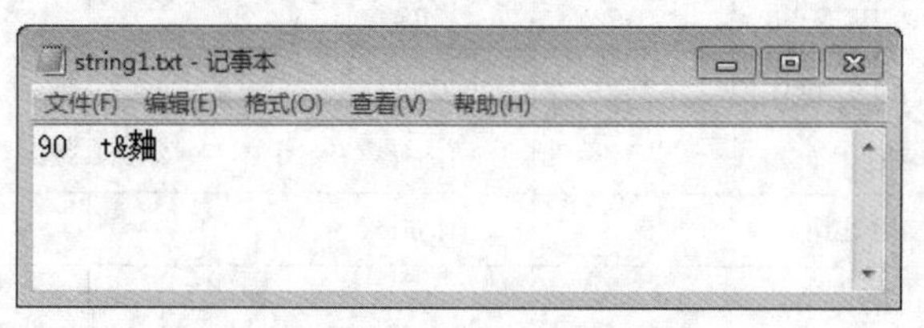

图 9.3 string1.txt 文件的内容显示

(2) dump()方法。dump()方法的一般形式为：

```
dump(数据,文件对象)
```

其功能是将数据对象转换成字符串，然后再保存到文件中。其用法如下：

```
>>> import pickle
>>> x=100
>>> fp=open("e:\\file3.txt","wb")
>>> pickle.dump(x,fp)                  #把整数 x 转换成字符串并写入文件中
>>> fp.close()
```

【例 9.3】 用 dump()方法实现例 9.2。

程序如下：

```
import pickle
i=12345
f=2017.2017
b=False
fp=open("e:\\string2.txt","wb")
pickle.dump(i,fp)
pickle.dump(f,fp)
pickle.dump(b,fp)
fp.close()
```

2. 二进制文件的读取

读取二进制文件的内容应根据写入时的方法而采取相应的方法进行。使用 pack()方法写入文件的内容应该使用 read()方法读出，然后通过 unpack()方法来还原数据；使用 dump()方法写入文件的内容应使用 pickle 模块的 load()方法来还原数据。

(1) unpack()方法。unpack()方法的一般形式为：

```
unpack(格式串,字符串表)
```

其功能与 pack()正好相反，将“字符串表”转换成“格式串”(如表 9.1 所示)指定的数据类型，该方法返回一个元组。例如：

```
>>> import struct
>>> fp=open("e:\\file2.txt","rb")      #以只读方式打开 file.txt 文件
>>> y=fp.read()
>>> x=struct.unpack('i',y)
>>> x
(100,)
```

【例 9.4】 读取例 9.2 写入的 string1.txt 文件内容。

分析：string1.txt 中存放的是字符串，需要先使用 read()方法读取每个数据的字符串形式，然后进行还原。

程序如下：

```
import struct
fp=open("e:\\string1.txt","rb")
string=fp.read()
a_tuple=struct.unpack('if? ',string)
print("a_tuple=",a_tuple)
i=a_tuple[0]
```

```
f=a_tuple[1]
b=a_tuple[2]
print("i=%d,f=%f"%(i,f))
print("b=",b)
fp.close()
```

程序运行结果：

```
a_tuple= (12345, 2017.20166015625, False)
i=12345,f=2017.201660
b= False
```

（2）load()方法。load()方法的一般形式为：

```
load(文件对象)
```

其功能是从二进制文件中读取字符串，并将字符串转换为 Python 的数据对象。该方法返回还原后的字符串。例如：

```
>>> import pickle
>>> fp=open("e:\\file3.txt","rb")
>>> x=pickle.load(fp)
>>> fp.close()
>>> x              #输出读出的数据
100
```

【例 9.5】 读取例 9.3 写入的 string2.txt 文件内容。

分析：在例 9.3 中，往 string2.txt 文件中写入了一个整型、一个浮点型、一个布尔型数据，每次读取之后需要判断是否读到文件末尾。

程序如下：

```
import pickle
fp=open("e:\\string2.txt","rb")
while True:
  n=pickle.load(fp)
  if(fp):
      print(n)
  else:
      break
fp.close()
```

程序运行结果：

```
12345
2017.2017
True
```

9.4 文件的定位

在实际问题中常要求只读写文件中某一段指定的内容。为了解决这个问题，可以移动文件内部的位置指针到需要读写的位置，再进行读写，这种读写称为随机读写。实现文件随机读写的关键是要按要求移动位置指针，这个过程称为文件的定位。Python 为文件的定位提供了以下几种方法。

1. tell()方法

tell()方法的一般形式为：

```
文件对象.tell()
```

其功能是获取文件的当前指针位置，即相对于文件开始位置的字节数。例如：

```
>>> fp=open("e:\\file1.txt","r")
>>> fp.tell()          #文件打开之后指针位于文件的开始处，即位于第一个字符
0
>>> fp.read(10)        #从当前位置起读取 10 字节内容
>>> fp.tell()          #返回读取 10 字节内容之后的文件位置
10
```

2. seek()方法

seek()方法的一般形式为：

```
文件对象.seek(offset,whence)
```

其功能把文件指针移动到相对于 whence 的 offset 位置。其中，offset 表示要移动的字节数，移动时以 offset 为基准，offset 为正数表示往文件末尾方向移动，为负数表示往文件开头方向移动；whence 指定移动的基准位置，如果设置为 0 表示以文件开始处作为基准点，设置为 1 表示以当前位置为基准点，设置为 2 表示以文件末尾作为基准点。例如：

```
>>> fp=open("e:\\file1.txt","rb")   #以二进制方式打开文件
>>> fp.read()                       #读取整个文件内容，文件指针移动到文件末尾
b'PythonPython programming'
>>> fp.read()                       #再次读取文件内容，返回空串
b''
```

```
>>> fp.seek(0, 0)           #以文件开始作为基准点,往文件末尾方向移动 0 字节
0
>>> fp.read()               #文件指针移动之后再次读取
b'PythonPython programming'
>>> fp.seek(6,0)            #以文件开始作为基准点,往文件末尾方向移动 6 字节
6
>>> fp.read()               #文件指针移动之后再次读取
b'Python programming'
>>> fp.seek(-11,2)          #以文件末尾作为基准点,往文件头方向移动 11 字节
13
>>> fp.read()               #文件指针移动之后再次读取
b'programming'
```

【例 9.6】 编写程序,获取文件指针位置及文件长度。

程序如下：

```
filename=input("请输入文件名:")
fp=open(filename,"r")       #以只读方式打开文件
curpos=fp.tell()            #获取文件当前指针位置
print("the begin of %s is %d"%(filename,curpos))
fp.seek(0,2)                #以文件末尾作为基准点,往文件头方向移动 0 字节,即文件指
                            #针移动到文件尾部
length=fp.tell()
print("the end begin of %s is %d"%(filename,length))
```

9.5 与文件相关的模块

Python 模块是一个 Python 文件,以 .py 结尾,包含了 Python 对象定义和 Python 语句模块可以定义的函数、类和变量,模块里也可以包含可执行的代码。Python 中对文件、目录的操作需要用到 os 模块和 os.path 模块。

9.5.1 os 模块

Python 内置的 os 模块提供了访问操作系统服务功能,例如文件重命名、文件删除、目录创建、目录删除等。要使用 os 模块,需要先导入该模块,然后调用相关的方法。

表 9.5 列举了 os 模块中关于目录/文件操作的常用函数及其功能。

表 9.5 os 模块中关于目录/文件操作的常用函数

函数名	函数功能
getcwd()	显示当前的工作目录
chdir(newdir)	改变当前工作目录

续表

函　数　名	函数功能
listdir(path)	列出指定目录下所有的文件和目录
mkdir(path)	创建单级目录
makedirs(path)	递归地创建多级目录
rmdir(path)	删除单级目录
removedirs(path)	递归地删除多级空目录，从子目录到父目录逐层删除，遇到目录非空则抛出异常
rename(old,new)	将文件或目录 old 重命名为 new
remove(path)	删除文件
stat(file)	获取文件 file 的所有属性
chmod(file)	修改文件权限
system(command)	执行操作系统命令
exec()或 execvp()	启动新进程
osspawnv()	在后台执行程序
exit()	终止当前进程

下面介绍 os 模块中主要函数的使用方法。

1. getcwd()函数

功能：显示当前的工作目录。例如：

```
>>> os.getcwd()
'C:\\Users\\User\\AppData\\Local\\Programs\\Python\\Python35-32'
```

2. chdir(newdir)函数

功能：改变当前的工作目录。例如：

```
>>> os.chdir("e:\\")
>>> os.getcwd()
'e:\\'
```

3. listdir(path)函数

功能：列出指定目录下所有的文件和目录，参数 path 用于指定列举的目录。例如：

```
>>> os.listdir("c:\\")
['$360Section', '$Recycle.Bin', '1.dat', '360SANDBOX', 'Documents and
Settings', 'hiberfil.sys', 'Intel', 'kjcg8', 'LibAntiPrtSc_ERROR.log',
'LibAntiPrtSc_INFORMATION.log', 'MSOCache', 'pagefile.sys', 'PerfLogs',
'Program Files', 'Program Files (x86)', 'ProgramData', 'Python27', 'Recovery',
'System Volume Information', 'Users', 'Windows']
```

4. mkdir(path)函数

功能：创建单级目录，如果要创建的目录存在，则抛出 FileExistsError 异常(有关异常处理将在第 10 章介绍)。例如：

```
>>> os.mkdir("Python")
>>> os.mkdir("Python")
Traceback (most recent call last):
  File "<pyshell#7>", line 1, in <module>
    os.mkdir("Python")
FileExistsError: [WinError 183] 当文件已存在时,无法创建该文件。: 'Python'
makedirs(path)
```

5. makedirs(path)函数

功能：递归地创建多级目录，如果目录存在则抛出异常。例如：

```
>>> os.makedirs(r"e:\\aa\\bb\\cc")
```

创建目录结果如图 9.4 所示。

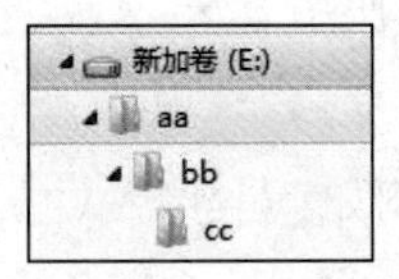

图 9.4　makedirs()函数运行结果

6. rmdir(path)函数

功能：删除单级目录，如果指定目录非空，则抛出 PermissionError 异常。例如：

```
>>> os.rmdir("e:\\Python")    #删除目录"e:\\Python"
>>> os.rmdir("e:\\Python")    #再次删除目录"e:\\Python",该目录已不存在,抛出异常
Traceback (most recent call last):
  File "<pyshell#10>", line 1, in <module>
    os.rmdir("e:\\Python")
FileNotFoundError: [WinError 2] 系统找不到指定的文件。: 'e:\\Python'
>>> os.rmdir("e:\\")
Traceback (most recent call last):
  File "<pyshell#11>", line 1, in <module>
    os.rmdir("e:\\")
PermissionError: [WinError 32] 另一个程序正在使用此文件,进程无法访问。: 'e:\\'
```

7. removedirs(path)函数

功能：递归地删除多级空目录，从子目录到父目录逐层删除，遇到目录非空则抛出异常。例如：

```
>>> os.chdir("e:\\")
>>> os.getcwd()
'e:\\'
>>> os.removedirs(r"aa\bb\cc")
```

8. rename(old,new)函数

功能：将文件或目录 old 重命名为 new。例如：

```
>>>os.rename("a.txt","b,txt")      #将文件 a.txt 重命名为 b.txt
```

9. remove(path)函数

功能：删除文件。如果文件不存在，则抛出异常。例如：

```
>>> os.remove("b.txt")               #删除 b.txt 文件
>>> os.remove("b.txt")
Traceback (most recent call last):
  File "<pyshell#13>", line 1, in <module>
    os.remove("b.txt")
FileNotFoundError: [WinError 2] 系统找不到指定的文件: 'b.txt'
```

10. stat(file)函数

功能：获取文件 file 的所有属性。例如：

```
>>> os.stat("string1.txt")
os.stat_result(st_mode=33206, st_ino=281474976749938, st_dev=2391163256, st_
nlink=1, st_uid=0, st_gid=0, st_size=9, st_atime=1491662692, st_mtime=
1491662692, st_ctime=1491662692)
```

9.5.2　os.path 模块

Python 中的 os.path 模块主要用于针对路径的操作。

表 9.6 列举了 os.path 模块中常用的函数及其功能。

表 9.6　os.path 模块中常用的函数及其功能

函　数　名	函 数 功 能
split(path)	分离文件名与路径
splitext(path)	分离文件名与扩展名，返回(f_path,f_name)元组
abspath(path)	获得文件的绝对路径
dirname(path)	去掉文件名，只返回目录路径

续表

函 数 名	函 数 功 能
getsize(file)	获得指定文件的大小,返回值以字节为单位
getatime(file)	返回指定文件的最近访问时间
getctime(file)	返回指定文件的创建时间
getmtime(file)	返回指定文件最新的修改时间
basename(path)	去掉目录路径,只返回路径中的文件名
exists(path)	判断文件或者目录是否存在
islink(path)	判断路径是否为链接
isfile(path)	判断指定路径是否存在且是一个文件
isdir(path)	判断指定路径是否存在且是一个目录
isabs(path)	判断指定路径是否存在且是一个绝对路径
walk(path)	搜索目录下的所有文件

下面介绍 os.path 模块中主要函数的使用方法。

1. split(path)函数

功能：分离文件名与路径。如果 path 中是一个目录和文件名,则输出路径和文件名全部是路径;如果 path 中是一个目录名,则输出路径和空文件名。例如：

```
>>> os.path.split('e:\\program\\soft\\python\\')
('e:\\program\\soft\\python', '')
>>> os.path.split('e:\\program\\soft\\python')
('e:\\program\\soft', 'python')
```

2. splitext(path)函数

功能：分离文件名与扩展名,返回(f_path,f_name)元组。

```
>>> os.path.splitext('e:\\program\\soft\\python\\prime.py')
('e:\\program\\soft\\python\\prime', '.py')
```

3. abspath(path)函数

功能：获得文件的绝对路径。

```
>>> os.path.abspath('prime.py')
'C:\\Users\\User\\AppData\\Local\\Programs\\Python\\Python35-32\\prime.py'
```

4. getsize(file)函数

功能：获得指定文件的大小,返回值以字节为单位。例如：

```
>>> os.chdir(r"e:\\")
>>> os.path.getsize('e:\\string1.txt')
9
```

5. getatime(file)函数

功能：返回指定文件的最近访问时间，返回值是浮点型秒数，可以使用 time 模块的 gmtime()或 localtime()函数换算。例如：

```
>>> os.path.getatime('e:\\string1.txt')
1491662692.6680775
>>> import time
>>> time.localtime(os.path.getatime('e:\\string1.txt'))
time.struct_time(tm_year=2017, tm_mon=4, tm_mday=8, tm_hour=22, tm_min=44,
tm_sec=52, tm_wday=5, tm_yday=98, tm_isdst=0)
```

6. exists(path)函数

功能：判断文件或者目录是否存在，返回值为 True 或 False。例如：

```
>>> os.path.exists("prime.py")
True
```

9.6 文件应用举例

【例 9.7】 有两个磁盘文件 string1.txt 和 string2.txt，分别存有一行字母，读取这两个文件中的信息并合并，然后再写到一个新的磁盘文件 string.txt 中。

程序如下：

```
fp=open("e:\\string1.txt","rt")
print("读取到文件 string1 的内容为:")
string1=fp.read()
print(string1)
fp.close()
fp=open("e:\\string2.txt","rt");
print("读取到文件 string1 的内容为:")
string2=fp.read()
print(string2)
fp.close()

string=string1+string2
```

```
print("合并后字符串内容为:\n",string)

fp=open("e:\\string.txt","wt");
fp.write(string)    #将字符串 string 的内容写到 fp 所指的文件中
print("已将该内容写入文件 string.txt 中!");
fp.close()
```

【例 9.8】 输入文件名，生成文件，生成随机数写入该文件，再读取文件内容。

程序如下：

```
import random
filename=input("请输入文件名:")
line=""
fp=open(filename,"w")          #以写方式打开文件
for i in range(100):
   line+='编号:'+str(random.random())+'\n'
   fp.write(line)              #将字符串 line 写入文件
fp.close()
fp=open(filename,"r")          #再次以读方式打开文件
lines=fp.read()
for s in lines.split('\n'):    #读取文件并按行输出
  print(s)
fp.close()
```

【例 9.9】 将文件夹下所有图片名称加上'_Python'。

程序如下：

```
import re
import os
import time

def change_name(path):
    global i
    if not os.path.isdir(path) and not os.path.isfile(path):
        return False
    if os.path.isfile(path):
        file_path = os.path.split(path)            #分割出目录与文件
        lists = file_path[1].split('.')            #分割出文件与文件扩展名
        file_ext = lists[-1]
        img_ext = ['bmp','jpeg','gif','psd','png','jpg']
        if file_ext in img_ext:
            os.rename(path,file_path[0]+'/'+lists[0]+'_Python.'+file_ext)
```

```
            i+=1
        elif os.path.isdir(path):
            for x in os.listdir(path):
                change_name(os.path.join(path,x))

#测试代码
img_dir = "f:\\qwer"
img_dir = img_dir.replace('\\','/')
start = time.time()
i = 0
change_name(img_dir)
c = time.time() -start
print('程序运行耗时:%0.2f'%(c))
print('总共处理了 %s 张图片'%(i))
```

习　　题

1. 编写一个比较两个文件内容是否相同的程序,若相同,显示“compare ok”,否则,显示“not equal”。

2. 从键盘上输入一行字符,将其中的大写字母全部转换为小写字母,然后输出到一个磁盘文件中保存。

3. 创建一个文本文件,然后将文件中的内容读出,并将大写字母转换为小写字母,然后重新写回文件。

4. 将字符串“Python Program”写入文件,查看文件的字节数。

5. 编写程序,将包含学生成绩的字典保存为二进制文件,然后再从文件中读取并显示内容。

6. 递归地显示当前目录下的所有目录和文件。

第10章 异常处理

异常(exception)是程序运行过程中发生的事件,这种事件会中断程序指令的正常执行流程,是一种常见的运行错误。例如,进行除法运算时除数为0,访问序列时下标越界,要打开的文件不存在,网络异常等。如果这些事件得不到正确的处理,将会导致程序终止运行。而合理地使用异常处理结果可以使得程序更加健壮,具有更好的容错性,不会因为用户的错误输入或其他运行时原因而造成程序终止运行,也可以使用异常处理结构为用户提供更加友好的提示。

10.1 异　　常

异常代表了应用程序的某种反常状态,通常这种应用程序中出现的异常会产生某些类型的错误。程序中的错误通常分为3种。

(1) 语法错误,是指程序中含有不符合语法规定的语句,例如关键字或符号书写错误(如将列表元素引用写成a(2)等),使用了未定义的变量,括号不配对等。含有语法错误的程序是不能通过编译的,因此程序将不能运行。

(2) 逻辑错误,是指程序中没有语法错误,可以通过编译、链接生成可执行程序,但程序运行的结果与预期不相符的错误。例如整型变量的取值超出了有效的取值范围,列表元素引用时下标越界,在复合语句中没有进行正确的缩进和对齐等。由于含有逻辑错误的程序仍然可以运行,因此这是一种较难发现、较难调试的程序错误,在程序设计和调试时应予特别注意。

(3) 系统错误,是指程序没有语法错误和逻辑错误,但程序的正常运行依赖于某些外部条件的存在,如果这些外部条件缺失,则程序将不能运行。例如,折半查找法是要求在已排序的数组上进行的,但实际的数据并没有进行排序;程序中需要打开一个已经存在的文件,但这个文件由于其他原因丢失等。

即使语句没有语法错误,在运行程序时也可能发生错误。运行时检测到的错误称为例外,这种错误不一定是致命的。多数例外不能被程序处理,而只是会产生错误信息。例如:

```
>>> 10 * (3/0)                          #除数为 0
Traceback (most recent call last):
  File "<pyshell#0>", line 1, in <module>
    10 * (3/0)
```

```
ZeroDivisionError: division by zero
>>> 5+'5'
Traceback (most recent call last):
  File "<pyshell#3>", line 1, in <module>
    5+'5'
TypeError: unsupported operand type(s) for +: 'int' and 'str'
>>> a=add(b)
Traceback (most recent call last):
  File "<pyshell#4>", line 1, in <module>
    a=add(b)
NameError: name 'add' is not defined
```

错误信息的最后一行显示错误的类型，其余部分是错误的细节，其解释依赖于异常类型。异常有不同的类型，作为错误信息的一部分显示，上例中错误的类型有 ZeroDivisionError、TypeError 和 NameError。Python 标准异常如表 10.1 所示。

表 10.1 Python 标准异常

异常名称	描述
BaseException	所有异常的基类
SystemExit	解释器请求退出
GeneratorExit	生成器发生异常来通知退出
KeyboardInterrupt	用户中断执行(通常是输入 Ctrl+C)
Exception	常规错误的基类
StopIteration	迭代器没有更多的值
StandardError	所有内建标准异常的基类
ArithmeticError	所有数值计算错误的基类
FloatingPointError	浮点计算错误
OverflowError	数值运算超出最大限制
ZeroDivisionError	除(或取模)零 (所有数据类型)
AssertionError	断言语句失败
AttributeError	对象没有这个属性
EnvironmentError	操作系统错误的基类
IOError	输入输出操作失败
OSError	操作系统错误
WindowsError	系统调用失败
VMSError	发生 VMS 特定错误时引发
EOFError	没有内建输入，到达 EOF 标记
ImportError	导入模块/对象失败
LookupError	无效数据查询的基类

续表

异常名称	描　述
IndexError	序列中没有此索引
KeyError	映射中没有这个键
MemoryError	内存溢出错误
BufferError	无法执行缓冲区相关操作时的错误
NameError	未声明/初始化对象(没有属性)
UnboundLocalError	访问未初始化的本地变量
ReferenceError	弱引用试图访问已被垃圾回收了的对象
RuntimeError	一般的运行时错误
NotImplementedError	尚未实现的方法
SyntaxError	Python 语法错误
IndentationError	缩进错误
TabError	Tab 键和空格混用
SystemError	一般的解释器系统错误
TypeError	对类型无效的操作
ValueError	传入无效的参数
UnicodeError	Unicode 相关的错误
UnicodeDecodeError	Unicode 解码时的错误
UnicodeEncodeError	Unicode 编码时错误
UnicodeTranslateError	Unicode 转换时错误
Warning	警告的基类
DeprecationWarning	关于被弃用的特征的警告
OverflowWarning	旧的关于自动提升为长整型的警告
PendingDeprecationWarning	关于特性将会被废弃的警告
RuntimeWarning	可疑的运行时行为的警告
SyntaxWarning	可疑的语法警告
UserWarning	用户代码生成的警告
FutureWarning	关于构造将来语义会有改变的警告
ImportWarning	导入模块时出现问题的警告
UnicodeWarning	Unicode 文本中问题的警告
BytesWarning	可疑字节的警告

在 Python 中,各种异常错误都是类,所有的错误类型都继承自 BaseException。常见异常类型的继承关系如图 10.1 所示。

```
BaseException
+--SystemExit
+--KeyboardInterrupt
+--GeneratorExit
+--Exception
      +--StopIteration
      +--StandardError
      |    +--BufferError
      |    +--ArithmeticError
      |    |    +--FloatingPointError
      |    |    +--OverflowError
      |    |    +--ZeroDivisionError
      |    +--AssertionError
      |    +--AttributeError
      |    +--EnvironmentError
      |    |    +--IOError
      |    |    +--OSError
      |    |         +--WindowsError (Windows)
      |    |         +--VMSError (VMS)
      |    +--EOFError
      |    +--ImportError
      |    +--LookupError
      |    |    +--IndexError
      |    |    +--KeyError
      |    +--MemoryError
      |    +--NameError
      |    |    +--UnboundLocalError
      |    +--ReferenceError
      |    +--RuntimeError
      |    |    +--NotImplementedError
      |    +--SyntaxError
      |    |    +--IndentationError
      |    |         +--TabError
      |    +--SystemError
      |    +--TypeError
      |    +--ValueError
      |         +--UnicodeError
      |              +--UnicodeDecodeError
      |              +--UnicodeEncodeError
      |              +--UnicodeTranslateError
      +--Warning
           +--DeprecationWarning
           +--PendingDeprecationWarning
           +--RuntimeWarning
           +--SyntaxWarning
           +--UserWarning
           +--FutureWarning
       +--ImportWarning
       +--UnicodeWarning
       +--BytesWarning
```

图 10.1　常见异常类型的继承关系

10.2 Python 中异常处理结构

在 Python 中可以使用 try…except 语句捕捉异常。try…except 语句用来检测 try 语句块中的错误，从而让 except 语句捕获异常信息并处理。

10.2.1 简单形式的 try…except 语句

简单形式的 try…except 语句一般形式为：

```
try:
    语句块
except:
    异常处理语句块
```

其处理过程是：执行 try 中的语句块，如果执行正常，在语句块执行结束后转向 try…except 语句之后的下一条语句；如果引发异常，则转向异常处理语句块，执行结束后转向 try…except 语句之后的下一条语句。

【例 10.1】 猜数字游戏。

分析：随机产生一个整数，再从键盘输入整数，如果输入的数字大于随机产生的整数，则输出“guess bigger”，继续输入；如果输入的数字小于随机产生的整数，则输出“guess smaller”，继续输入；如果输入的数字等于随机产生的整数，则输出“You guess correct.Game over!”，程序运行结束。在输入的过程中，如果输入的不是整数，则引发异常，处理异常。

程序如下：

```
import random
num=random.randint(1,10)
while True:
  try:
    guess=int(input("Enter 1~10:"))
  except:
    print("Input error,Please Enter number 1~10:")
    continue
  if guess>num:
     print("guess bigger")
  elif guess<num:
     print("guess smaller")
  else:
     print("You guess correct.Game over!")
     break
```

程序运行结果：

```
Enter 1~10:5
guess bigger
Enter 1~10:2
guess bigger
Enter 1~10:1
You guess correct.Game over!
```

在以上的运行中，输入的都是整数，因此没有引发异常，如果输入其他类型的输入，则会引发异常。发生异常的程序运行结果如下：

```
Enter 1~10:1
guess smaller
Enter 1~10:'a'
Input error,Please Enter number 1~10:
Enter 1~10:2.0
Input error,Please Enter number 1~10:
Enter 1~10:5
guess bigger
Enter 1~10:4
You guess correct.Game over!
```

在以上 try…except 语句的一般形式中，except 之后也可以用于处理指定特定错误类型的异常。

【例 10.2】 除数为 0 的异常处理。

程序如下：

```
numbers=[0.33,2.5,0,100]
for x in numbers:
    print(x)
    try:
        print(1.0/x)
    except ZeroDivisionError:
        print("除数不能为零")
```

程序运行结果：

```
0.33
3.0303030303030303
2.5
0.4
0
```

```
除数不能为零
100
0.01
```

在该例中,try语句执行过程如下:

(1) 执行try子句(在try和except之间的语句),该例中try子句是print(1.0/x)。

(2) 如果没有发生例外,则跳过except子句,try语句运行完毕。

(3) 如果在try子句中发生了异常,同时异常匹配except后指定的异常名,则跳过try子句剩下的部分,执行except子句,然后继续执行try语句后面的程序。

(4) 如果在try子句中发生了异常但是异常和except后指定的异常名不匹配,则此异常被传给外层的try语句。如果没有找到匹配的处理程序,则此异常被称为是未处理异常,程序停止执行,显示错误信息。

10.2.2 带有多个except子句的try语句

在实际开发过程中,同一段代码可能会抛出多个异常,需要针对不同的异常类型进行相应的处理。为了支持多个异常处理,Python提供了带有多个except子句的异常处理结构,类似于多路分支选择结构。其一般形式为:

```
try:
    语句块
except 异常类型 1:
    异常处理语句块 1
except 异常类型 2:
    异常处理语句块 2
……
except 异常类型 n:
    异常处理语句块 n
except:
    异常处理语句块
else:
    语句块
```

其处理过程是:执行try中的语句块,如果执行正常,在语句块执行结束后转向try…except语句之后的下一条语句;如果引发异常,则系统依次检查各个except子句,将所发生的异常与except子句之后的异常类型进行匹配,如果找到相匹配的错误类型,则执行相应的异常处理语句块,如果找不到,则执行最后一个except子句中的默认异常处理语句块。如果执行try语句块时没有发生异常,Python系统则执行else子句后的语句块。异常处理结束后转向try…except语句之后的下一条语句。

注意: 上面表示形式中的最后一个except子句和else子句都是可选的。

【例10.3】 带有多个except子句的异常处理。

程序如下：

```
try:
  x=input("请输入被除数:")
  y=input("请输入除数:")
  a=int(x)/float(y) * z
except ZeroDivisionError:
   print("除数不能为零")
except NameError:
   print("变量不存在")
else:
   print(x,"/",y,"=",z)
```

程序运行结果：

```
请输入被除数：3
请输入除数：4
变量不存在
```

再次运行程序，结果如下：

```
请输入被除数：3
请输入除数：0
除数不能为零
```

【例 10.4】 字符串输出。

程序如下：

```
a_list=["apple","pear","banana","peach"]
while True:
    n=int(input("请输入要输出的字符串的序号:"))
    try:
       print(a_list[n])
    except:
       print("列表元素的下标越界或格式不正确")
    else:
       break
```

程序运行结果：

```
请输入要输出的字符串的序号：1
Pear
```

再次运行程序，结果如下：

```
请输入要输出的字符串的序号：5
列表元素的下标越界或格式不正确
请输入要输出的字符串的序号：3
peach
```

在该例中，如果 try 中的代码没有抛出任何异常，则执行 else 块中的代码 break，也就是循环结束。

可以使用一个 except 子句捕获多个异常，将多个异常类型写在括号里并用逗号隔开，形成一个元组，并且共用同一段异常处理语句块。

10.2.3 try…except…finally 语句结构

try…except…finally 语句的一般形式为：

```
try:
   语句块：
except:
   异常处理语句块
finally:
   语句块
```

其处理过程是：执行 try 中的语句块，如果执行正常，在 try 语句块执行结束后执行 finally 语句块，然后再转向 try…except 语句之后的下一条语句；如果引发异常，则转向 except 异常处理语句块，该语句块执行结束后执行 finally 语句块。也就是，无论是否检测到异常，都会执行 finally 代码，因此一般会把一些清理的工作，例如关闭文件或者释放资源等，写在 finally 语句块中。

【例 10.5】 文件读取异常处理。

程序如下：

```
try:
    fp=open("test.txt","r")
    ss=fp.read()
    print("Read the contents:",ss)
except IOError:
    print("IOError")
finally:
    print("close file!")
    fp.close()
```

如果在当前目录下不存在 test.txt 文件，则程序运行结果如下：

```
IOError
close file!
```

由于文件不存在，执行 try 语句时产生异常，执行 except 中的异常语句处理块，最后再执行 finally 语句块。

如果在当前目录下创建 test.txt 文件，并将字符串"abcdefg"写入文件中，则程序运行结果如下：

```
Read the contents: abcdefg
close file!
```

此时执行 try 语句块时没有产生异常，该 try 语句块执行完成后执行 finally 语句块。

10.3 自定义异常

Python 中允许自定义异常，用于描述 Python 中没有涉及的异常情况。Python 中的异常是类，要自定义异常，就必须首先创建其中一个异常类（如图 10.1 所示）的子类，通过继承，将异常类的所有基本特点保留下来。新创建的异常类将提供方法，为用户生成的类提供独有的错误。

定义自己的异常类一般以直接或间接的方式继承自 Exception 类，初始化时同时使用 Exception 类的__init__方法。引发自己定义的异常使用 raise exceptiontype(arg...)，直接生成该异常类的一个实例并抛出该异常。在捕获异常时使用 except exceptiontype as var 的语法获取异常实例 var，从而可以在后续的处理中访问该异常实例的属性。

下面是用户自定义的与 RuntimeError 相关的异常实例，该实例创建了一个类，基类为 RuntimeError，用于在异常触发时输出更多的信息。在 try 语句块中，在用户自定义的异常后执行 except 块语句，变量 e 用于创建 Networkerror 类的实例。

```
class Networkerror(RuntimeError):
    def __init__(self,arg):
        self.args=arg
try:
    raise Networkerror("myexception")
except Networkerror as e:
    print(e.args)
```

程序运行结果：

```
('m', 'y', 'e', 'x', 'c', 'e', 'p', 't', 'i', 'o', 'n')
```

10.4 断言与上下文管理

断言与上下文管理是两种特殊的异常处理方式，在形式上比 try 语句要简单一些，能够满足简单的异常处理，也可以与标准的异常处理结构 try 语句结合使用。

10.4.1 断言

断言的作用是帮助调试程序,以保证程序的正确性。

Python使用assert语句来声明断言,其一般形式为:

```
assert expression[,reason]
```

其处理过程为:该语句有1个或2个参数,第2个参数为可选项。第1个参数expression是一个逻辑值,执行时首先判断表达式expression的值,如果该值为True,则什么都不做;如果该值为False,则断言不通过,抛出异常。第2个参数是对错误的描述,即断言失败时输出的信息。

【例10.6】 判断素数的断言处理。

程序如下:

```
from math import sqrt
def isPrime(n):
    assert n >= 2
    for i in range(2, int(sqrt(n))+1):
        if n %i == 0:
            return False
    return True
while True:
    n=int(input("请输入一个整数:"))
    flag=isPrime(n)
    if flag==True:
        print("%d是素数"%n)
    else:
        print("%d不是素数"%n)
```

程序运行结果:

```
请输入一个整数:23
23是素数
请输入一个整数:32
32不是素数
请输入一个整数:1
Traceback (most recent call last):
  File "F:/python/ isPrime.py", line 11, in <module>
    flag=isPrime(n)
  File " F:/python/ isPrime.py.py", line 3, in isPrime
    assert n>= 2
AssertionError
```

在上例中，assert异常被捕获，但没有对应的处理语句，因此它使程序终止并产生回溯。

说明：

(1) assert语句用来声明某个条件为真的，当assert语句为假时，会引发AssertionError错误。例如：

```
>>> assert 1==1
>>> assert 1>1
Traceback (most recent call last):
  File "<pyshell#2>", line 1, in <module>
    assert 1>1
AssertionError
```

(2) assert语句与异常处理try经常结合使用。

【例10.7】 AssertionError异常处理。

程序如下：

```
for i in range(3):
  str=input("entry string:")
  try:
    assert len(str) == 5
    print("string:%s"%str)
  except AssertionError:
    print("Assertion Error")
```

程序运行结果：

```
entry string:hello
string:hello
entry string:assert
Assertion Error
entry string:error
string:error
```

10.4.2 上下文管理

使用with语句实现上下文管理功能，用于规定某个对象的使用范围。使用with自动关闭资源，可以在代码块执行完毕后还原进入该代码块时的现场，不论何种原因跳出with块，是否发生异常，总能保证文件被正确关闭，资源被正确释放。with语句常用于文件操作、网络通信等之类的场合。

with语句一般形式为：

```
with context_expression [as var]:
    with 语句块
```

【例 10.8】 with 语句应用。

```
with open('test.txt') as f:
   for line in f:
         print(line,end=' ')
```

在上面的例子中，当文件处理完成时，会自动关闭文件。

习　题

1. 程序中的错误通常有哪几种？

2. Python 异常处理结构有哪些？

3. 语句 try…except 和 try…finally 有什么不同？

4. 编写程序，输入 3 个数字。用输入的第一个数字除以第二个数字，得到的结果与第二个数字相加。使用异常处理检查可能出现的错误 IOError、ValueError 和 ZeroDivisionError。

第 11 章 面向对象程序设计

Python 采用面向对象程序设计(Object Oriented Programming,OOP)思想,是真正面向对象的高级动态编程语言,支持面向对象的基本功能。本章系统地介绍面向对象程序设计的基本概念和 Python 面向对象程序设计的基本方法,包括类、对象、继承、多态以及对基类对象的覆盖或重写。通过本章的学习,使读者能够进一步熟悉 Python 面向对象程序设计。

11.1 面向对象程序设计概述

面向对象程序设计是一种计算机编程架构,主要是针对大型软件设计而提出的。面向对象程序设计是软件工程、结构化程序设计、数据抽象、信息隐藏、知识表示及并行处理等多种理论的积累和发展,使得软件设计更加灵活,更好地支持代码复用和设计复用,使代码更具有可读性和可扩展性。

11.1.1 面向对象的基本概念

面向对象方法是一种集问题分析方法、软件设计方法和人类思维方式于一体的,贯穿软件系统分析、设计和实现的整个过程的程序设计方法。面向对象方法的基本思想是:对问题空间进行自然分割,以更接近人类思维的方式创建问题域模型,以便对客观实体进行结构模拟和行为模拟,使设计的软件尽可能直接地描述现实世界,并限制软件的复杂性,降低软件开发费用,从而构造出模块化的、可重用的、维护方便的软件。在面向对象方法中,对象作为描述信息实体的统一概念,把属性和服务融为一体,通过对象、类、消息、封装、继承、多态等概念和机制构造软件系统,为软件重用和方便维护提供强有力的支持。

1. 对象

现实世界中客观存在的事物称为对象(object)。在现实世界中,对象有两大类:①人们身边存在的一切事物,如一个人、一本书、一座大楼、一棵树等;②人们身边发生的一切事件,如一场篮球比赛、一次到图书馆的借书过程、一场演出等。不同的对象有不同的特征和功能。例如,一个人有姓名、性别、年龄、身高、体重等特征,也具有说话、行走等功能。

现实世界是由一个个这样的对象相互之间有机联系组成的。

如果把现实世界中的对象进行计算机数字化转换,则这样的对象具有如下特征:

(1) 有一个名称用来唯一标识对象;

（2）用一组状态用来描述其特征；

（3）用一组操作用来实现其功能。

2. 类

类(class)是对一组具有相同属性和相同操作对象的抽象。一个类就是对一组相似对象的共同描述，它整体地代表一组对象。类封装了对描述某些现实世界对象的内容和行为所需的数据和操作的抽象，它给出了属于该类的全部对象的抽象定义，包括类的属性、操作和其他性质。对象只是符合某个类定义的一个实体，属于某个类的一个具体对象称为该类的一个实例(instance)。

可以把类看作某些对象的模板(template)，抽象地描述了属于该类的全部对象共有的属性和操作。类与对象(实例)的关系是抽象与具体的关系，类是多个对象(实例)的综合抽象，对象(实例)是类的个体实物。例如，在学生信息管理系统中，学生是一个类，它是一个特殊的群体。学生类的属性有学号、姓名、性别、年龄等，可能定义了入学注册、选课等操作。张三是一名学生，是一个具体的对象，也就是学生类的一个实例。

一个类的构造至少应包括以下方面：

（1）类的名称；

（2）属性结构，包括所用的类型、实例变量及操作的定义；

（3）与其他类的关系，如继承关系等；

（4）外部操作类的实例的操作界面。

3. 消息

消息(message)是指在对象之间交互时所传送的通信信息。面向对象的封装机制使对象各自独立，各司其职。消息是对象之间交互和协同工作的手段，它激发接收对象产生某种服务操作，通过操作的执行来完成相应的服务行为。当一条消息发送给某个对象时，其中包含有要求接收对象去执行某种服务的信息。接收到消息的对象经过解释，然后予以响应。这种通信机制称为消息传递。发送消息的对象不需要知道接收消息的对象如何对消息予以响应。

通常一条消息由以下三部分组成：

（1）接收消息的对象；

（2）消息名；

（3）零个或多个参数。

4. 封装

在面向对象方法中，对象的属性和方法的实现代码被封装在对象的内部。一个对象就像是一个黑盒子，表示对象状态的属性和服务的实现代码被封装在黑盒子中，从外面无法看见，更不能修改。对象向外界提供访问的接口，外界只能通过对象的接口来访问该对象。外界通过对象的接口访问对象称为向该对象发送消息。对象具有的这种封装特性称为封装性(encapsulation)。类是对象封装的工具，对象是封装的实现。

封装对信息隐蔽的作用反映了事物的相对独立性，使用户只关心它对外所提供的接口，即它能做什么，而不注意它的内部细节，即怎么提供这些方法。封装的结果是使对象以外的部分不能随意存取对象的内部属性，从而有效避免了外部错误对它的影响，大大减少了差错和排错的难度。另外，当对象内部进行修改时，由于它只通过少量的服务接口对外提供服务，因此同样减小了内部修改对外部的影响。

5. 继承

继承(inheritance)是面向对象程序设计的一个重要特性，它允许在已有类的基础上创建新类，新类可以从一个或多个已有类中继承函数和数据，而且可以重新定义或增加新的数据和函数，从而新类不但可以共享原有类的属性，同时也具有新的特性，这样就形成了类的层次或等级。

通过继承，可以让一个类继承另一个类的全部属性。被继承的类称为基类或者父类，而继承的类(或者说是派生出来的新类)称为派生类或者子类。

对于一个派生类，如果只有一个基类，称为单继承；如果同时有多个基类，称为多重继承。单继承可以看作多重继承的一个最简单特例，而多重继承可以看作多个单继承的组合。

类的继承具有传递性，即如果类 C 是类 B 的子类，类 B 是类 A 的子类，则类 C 不仅继承类 B 的所有属性和方法，还继承类 A 的所有属性和方法。因此，一个类实际上继承了它所在类层次以上层的全部父类的属性和方法。这样，属于该类的对象不仅具有自己的属性和方法，还具有该类所有父类的属性和方法。

6. 多态

多态(polymorphism)一词来源于希腊语，从字面上理解，poly(表示多的意思)和 morphos(意为形态)即为 many forms，是指同一种事物具有多种形态。在自然语言中，多态是“一词多义”，是指相同的动词作用到不同类型的对象上。例如，驾驶摩托车、驾驶汽车、驾驶飞机、驾驶轮船、驾驶火车等这些行为都具有相同的动作——驾驶，由于各自作用的对象不同，具体的驾驶动作也不同，但却都表达了同样的一种含义——驾驶交通工具。试想，如果用不同的动词来表达驾驶这一含义，那将会在使用中产生很多麻烦。

简单地说，多态是指类中具有相似功能的不同函数使用同一名称，从而使得可以用相同的调用方式达到调用具有不同功能的同名函数的效果。在面向对象程序设计语言中，多态是指不同对象接收到相同的消息时产生不同的响应动作，即对应相同的函数名，却执行不同的函数体，从而用同样的接口去访问功能不同的函数，实现“一个接口，多种方法”。

11.1.2 从面向过程到面向对象

面向过程(Object Oriented，OO)的程序设计是一种自上而下的设计方法，Niklaus Wirth 提出了计算机系统中一个重要的公式：

程序＝数据结构＋算法

该公式体现了面向过程程序设计的核心思想，即数据与算法。在面向过程的程序设计方法中，将数据与数据处理过程分开，对程序按照功能分解成一个个较小的子函数，即是通过逐步分解，将问题拆分为一个个较小的功能模块。面向过程的程序设计是以函数为中心，用函数作为划分程序的基本单位，数据在其中起着从属的作用。

面向过程程序设计易于理解和掌握,但在处理一些较为复杂的问题时会存在许多问题。面向过程程序设计一般既有定义数据的元素,也有定义操作的元素,即将数据与操作分离,这样不易于维护程序。除此之外,还存在代码复用率低、可扩展性差等缺点。

面向对象程序设计是一种自下而上的程序设计方法,将数据与数据处理当作一个整体,即一个对象。相较于面向过程程序设计方法,面向对象程序设计有以下优点。

(1) 将数据抽象化,可在外部接口不改变的前提下改变内部实现,避免或减少对外部的干扰。

(2) 通过继承可大幅度减少冗余代码,降低代码出错率,提高代码利用率与软件可维护性。

(3) 将对象按照同一属性和行为划分为不同的类,可将软件系统分解为若干相互独立的部分,便于控制软件复杂度。

(4) 以对象为核心,开发人员可从静态(属性)和动态(方法)两方面考虑问题,更好地设计实现系统。

Python采用面向对象的程序设计思想,是面向对象的高级动态编程语言,完全支持面向过程的基本功能,包括封装、继承、多态以及对基类方法的覆盖和重写。相较于其他编程语言,Python中对象的概念更加广泛,不仅仅是某个类的实例化,也可以是任何内容。例如,字典、元组等内置数据类型也同时具有与类完全相似的语法和用法。创建类时用变量形式表示的对象属性称为数据成员或成员属性,用函数形式表示的对象行为称为成员函数或成员方法,成员属性和成员方法统称为类的成员。

11.2 类与对象

11.2.1 类的定义

类和对象是计算机系统中重要的两个概念,类是客观事物的抽象,对象是类的实例化。Python使用class关键字来定义类,定义类的一般方法为:

```
class 类名:
    类的内部实现
```

class关键字后跟空格,空格之后是类的名称,类名称后面必须有冒号,然后换行,以缩进控制Python逻辑关系,最后定义类的内部实现。

类名的首字母一般需要大写,当然也可以按照个人习惯命令,但需要注意整个系统的设计与实现风格保持一致。

【例11.1】 类的定义。

程序如下:

```
class Cat:
    def describe (self):
        print ('This is a cat')
```

上例中,Cat 类只有一个方法 describe()。类方法中至少需要一个参数 self,self 表示实例化对象本身。

注意:类的所有实例方法必须有一个参数为 self,self 代表将来要创建的对象本身,并且必须是第一个形参。在类的实例方法中访问实例属性需要以 self 作为前缀,在外部通过类名调用对象方法同样需要以 self 作为参数传值,而在外部通过对象名调用对象方法时不需要传递该参数。

在实际应用中,在类中定义实例方法时,第一个参数并不一定名为 self,开发人员可以自行定义。

【例 11.2】 类的定义。

程序如下:

```
class Dog:
    def __init__(this, d):
        this.value = d
    def show(this):
        print(this.value)
d = Dog (23)
d.show()
```

程序运行结果:

```
23
```

11.2.2 对象的创建和使用

类是抽象的,创建类之后,要使用类定义的功能,必须将其实例化,即创建类的对象。一般形式为:

```
对象名=类名(参数列表)
```

创建对象后,可通过"对象名. 成员"的方式访问其中的数据成员或成员方法。

【例 11.3】 对例 11.1 中定义的类进行对象的创建与使用。

程序如下:

```
cat = Cat()                 #创建对象
cat.describe()              #调用成员方法
```

程序运行结果:

```
This is a cat
```

Python 提供一种内置函数 isinstance()来判断一个对象是否是已知类的实例,其语法如下：

```
isinstance(object, classinfo)
```

其中，第一个参数（object）为对象，第二个参数（classinfo）为类名，返回值为布尔型（True 或 False）。

【例 11.4】 内置函数 isinstance()应用。

```
>>isinstance(cat, Cat)
True
>>isinstance(cat, str)
False
```

11.3 属性与方法

11.3.1 实例属性

在 Python 中，属性包括实例属性和类属性两种。实例属性一般是在构造函数__init__()中定义的，定义和使用时必须以 self 为前缀。

Python 类的构造函数__init__用来初始化属性，在创建对象是自动执行。构造函数属于对象，每个对象都有属于自己的构造函数。若开发人员未编写构造函数，Python 将提供一个默认的构造函数。

【例 11.5】 实例属性。

```
class cat:
    def __init__(self, s):
        self.name = s                #定义实例属性
```

与构造函数相对应的即析构函数，Python 的析构函数是__del__()，用来释放对象所占用的空间资源，在 Python 回收对象空间资源之前自动执行。同样，析构函数属于对象，对象都会有自己的析构函数，若开发人员未定义析构函数，则 Python 将提供一个默认的析构函数。

注意：__init__两旁的"__"是两个下画线，中间没有空格。

11.3.2 类属性

类属性属于类，是在类中所有方法之外定义的数据成员，可通过类名或对象名访问。

【例 11.6】 类属性定义与使用。

程序如下：

```
class Cat:
```

```
    size = 'small'                          #定义类属性
    def __init__(self, s):
        self.name = s                       #定义实例属性
cat1 = Cat('mi')
cat2 = Cat('mao')
print(cat1.name, Cat.size)
```

程序运行结果：

```
mi   small
```

在类的方法中可以调用类本身方法，也可访问类属性及实例属性，值得注意的是，Python 可以动态地为类和对象增加成员，这与其他面向对象语言不同，也是 Python 动态类型的重要特点。

【例 11.7】 动态增加成员。

```
Cat.size = 'big'                            #修改类属性
Cat.price = 1000                            #增加类属性
Cat.name = 'maomi'                          #修改实例属性
```

Python 成员有私有成员和公有成员，若属性名以两个下画线"__"(中间无空格)开头，则该属性为私有属性。私有属性在类的外部不能直接访问，需通过调用对象的公有成员方法或 Python 提供的特殊方式来访问，Python 为访问私有成员所提供的特殊方式用于测试和调试程序，一般不建议使用，该方法如下：

```
对象名._类名+私有成员
```

公有属性是公开使用的，既可以在类的内部使用，也可以在类的外部程序中使用。

【例 11.8】 公有成员和私有成员。

程序如下：

```
class Animal:
    def __init__(self):
        self.name = 'cat'                   #定义公有成员
        self.__color = 'white'              #定义私有成员
    def setValue(self, n2, c2):
        self.name = n2                      #类的内部使用公有成员
        self.color = c2                     #类的内部访问私有成员
a = Animal()                                #创建对象
print(a.name)                               #外部访问公有成员
print(a._Animal__color)                     #外部特殊方式访问私有成员
```

程序运行结果：

```
cat
white
```

注意：Python 中不存在严格意义上的私有成员。

11.3.3 对象方法

类中定义的方法可大致分为三类：私有方法、公有方法和静态方法。私有方法和公有方法属于对象，每个对象都有自己的公有方法和私有方法，这两类方法可访问属于类和对象的成员。公有方法通过对象名直接调用，私有方法以两个下画线“__”(无空格)开始，不能通过对象名直接访问，只能在属于对象的方法中调用或在外部通过 Python 提供的特殊方法调用。静态方法可通过类名和对象名调用，但不能直接访问属于对象的成员，只能访问属于类的成员。

【例 11.9】 公有方法、私有方法和静态方法的定义和调用。

程序如下：

```
class Animal:
    specie = 'cat'
    def __init__(self):
        self.__name = 'mao'                    #定义和设置私有成员
        self.__color = 'black'
    def __outPutName(self):                    #定义私有函数
        print(self.__name)
    def __outPutColor(self):                   #定义私有函数
        print(self.__color)
    def outPut(self):                          #定义公有函数
        self.__outPutName()                    #调用私有方法
        outPutColor()
    @staticmethod                              #定义静态方法
    def getSpecie():
        return Animal.specie                   #调用类属性
    @staticmethod
    def setSpecie(s):
        Animal.specie = s
#主程序
cat = Animal()
cat.outPut()                                   #调用公有方法
print(Animal.getSpecie())                      #调用静态方法
Animal.setSpecie('dog')                        #调用静态方法
print(Animal.getSpecie())
```

程序运行结果：

```
mao
black
cat
dog
```

11.4　继承和多态

11.4.1　继承

在面向对象程序设计中，当定义一个类时，可通过从已有类继承来实现，新定义的类称为子类或派生类，而被继承的类称为基类、父类或超类。继承的方式如下：

```
class <父类名>(object):
    <父类内部实现>
class <子类名>(<父类名>):
    <子类内部实现>
```

其中，基类必须继承自 object，否则派生类将无法使用 super()等函数。

派生类可以继承父类的公有成员，但不能继承父类的私有成员。派生类可通过内置函数 super()调用基类方法，或通过以下方式调用：

```
基类名.方法名()
```

【例 11.10】 继承的实现。

程序如下：

```
class Animal(object):                    #定义基类
    size = 'small'
    def    __init__(self):               #基类构造函数
        self.color = 'white'
        print('superClass: init of animal')
    def outPut(self):                    #基类公有函数
        print(self.size)
class Dog(Animal):                       #子类 Dog,继承自 Animal 类
    def __init__(self):                  #子类构造函数
        self.name = 'dog'
        print('subClass: init of dog')
    def run(self):                       #子类方法
        print(Dog.size, self.color, self.name)
        Animal.outPut(self)              #通过父类名调用父类构造函数(方法一)
```

```
class Cat(Animal):                          #子类 Cat,继承自 Animal 类
    def __init__(self):                     #子类构造函数
        self.name = 'cat'
        print('subClass: init of cat')
    def run(self):                          #子类方法
        print(Cat.size, self.color, self.name)
        super(Cat, self).__init__()         #调用父类构造函数(方式二)
        super().outPut()                    #调用父类构造函数(方式三)
#主程序
a = Animal()
a.outPut()
dog = Dog()
dog.size = 'mid'
dog.color = 'black'
dog.run()
cat = Cat()
cat.name = 'maomi'
cat.run()
```

程序运行结果：

```
superClass: init of animal
small
subClass: init of dog
small black dog
mid
subClass: init of cat
superClass: init of animal
small white maomi
small
```

11.4.2 多重继承

Python 支持多重继承，若父类中有相同的方法名，子类在调用过程中并没有指定父类，则子类从左向右按照一定的访问序列逐一访问父类函数，保证每个父类函数仅被调用一次。

【例 11.11】 多重继承应用。

程序如下：

```
class A(object):                                #父类 A
    def __init__(self):
        print('start A')
        print('end A')
```

```
    def fun1(self):                          #父类函数
        print('a_fun1')
class B(A):                                  #类 B 继承于父类 A
    def __init__(self):
        print('start B')
        super(B, self).__init__()
        print('end B')
    def fun2(self):
        print('b_fun2')
class C(A):                                  #类 C 继承于父类 A
    def __init__(self):
        print('start C')
        super(C, self).__init__()
        print('end C')
    def fun1(self):                          #重写父类函数
        print('c_fun1')
class D(B, C):                               #类 D 同时继承自类 B 和类 C
    def __init__(self):
        print('start D')
        super(D, self).__init__()
        print('end D')
#主程序
d = D()
d.fun1()
```

程序运行结果：

```
start D
start B
start C
start A
end A
end C
end B
end D
c_fun1
```

说明：

（1）多重继承访问顺序按照 C3 算法生成 MRO 访问序列，上例中，MRO 序列为{D,B,C,A}，类 D 中没有 fun1()函数，则按照序列访问父类，首先访问类 B，没有 fun1()函数，然后访问类 C，存在该函数，则调用父类 C 的 fun1()函数。

（2）Python 提供关键字 pass，类似于空语句，可在类、函数定义和选择结构等程序中使用。

（3）Python 提供两种访问父类函数的方法，super()函数调用和父类名调用，在多重继承程序设计中，需注意这两种方式不可混合使用，否则有可能会导致访问序列紊乱。

11.4.3 多态

多态是指不同对象对同一消息做出不同反应，即“一个接口，不同实现”。按照实现方式，多态可分为编译时多态和运行时多态。编译时多态是指程序在运行前，可根据函数参数不同确定所需调用的函数；运行时多态是指函数名和函数参数均一致，在程序运行前并不能确定调用的函数。Python 的多态与其他语言不同，Python 变量属于弱类型，定义变量可以不指明变量类型，并且 Python 语言是一种解释型语言，不需要预编译。因此 Python 语言仅存在运行时多态，程序运行时根据参数类型来确定所调用的函数。

【例 11.12】 多态的应用。

程序如下：

```
class A(object):
    def run(self):
        print('this is A')
class B(A):
    def run(self):
        print('this is B')
class C(A):
    def run(self):
        print('this is C')
#主程序
b = B()
b.run()
c = C()
c.run()
```

程序运行结果：

```
this is B
this is C
```

有了继承才能有多态，在调用实例方法时，可以不考虑该方法属于哪个类，将其当作父类对象处理。

11.5 面向对象程序设计举例

【例 11.13】 已知序列 a，求解所有元素之和与所有元素之积。

程序如下：

```
class ListArr:
    def __init__(self):
```

```
        self.sum = 0
        self.pro = 1
    def add(self, l):
        for item in l:
            self.sum += item
    def product(self, l):
        for item in l:
            self.pro *= item
a = [1,2,3,4]
l = ListArr()
l.add(a)
l.product(a)
print(l.sum)
print(l.pro)
```

程序输出结果：

```
10
24
```

在该例中对 ListArr 类进行操作，首先实例化 ListArr 对象，构建对象时初始化该对象实例属性 sum 和 pro。ListArr 类包含两个方法，即求和函数 add()和求积函数 product()。实例化 ListArr 类的同时，由构建函数初始化类的 sum 属性和 pro 属性，通过调用 add()函数求列表每个元素之和，调用 product()函数求列表每个元素之积。

【例 11.14】 随机产生 10 个数的列表，对该列表进行选择排序。

程序如下：

```
import random
class OrderList:
    def __init__(self):
        self.arr = []
        self.num = 0
    def getList(self):
        for i in range(10):
            self.arr.append(random.randint(1,100))
            self.num += 1
    def selectSort(self):
        for i in range(0, self.num-1):
            for j in range(i+1, self.num):
                if self.arr[i]>self.arr[j]:
                    self.arr[i],self.arr[j] = self.arr[j],self.arr[i]
lst = OrderList()
```

```
lst.getList()
print("before:",lst.arr)
lst.selectSort()
print("after:",lst.arr)
```

程序运行结果：

```
before: [99, 61, 44, 68, 35, 87, 60, 73, 3, 8]
after: [3, 8, 35, 44, 60, 61, 68, 73, 87, 99]
```

在该例中，OrderList 类中定义了 getList()方法，在实例化对象后，对该类的 arr 属性进行赋值操作，随机产生 10 个数作为 arr 列表的元素，调用 selectSort()函数对列表进行选择排序。选择排序的思想是在未排序的序列中找到最小元素，存放到序列起始位置，再从剩下未排序序列选择最小元素，存放到已排序序列末尾，以此类推，直到所有元素均排序完毕。

【例 11.15】 创建一个学校成员类，登记成员名称，统计总人数。教师类与学生类分别继承自学校成员类，登记教师所带班级与学生成绩，每创建一个对象学校总人数加 1，删除一个对象则减 1。

程序如下：

```
class SchoolMember:
    #总人数,这个是类的变量
    sum_member = 0

    #__init__构造函数在类的对象被创建时执行
    def __init__(self, name):
        self.name = name
        SchoolMember.sum_member += 1
        print("学校新加入一个成员: %s" %self.name)
        print("学校共有%d人" %SchoolMember.sum_member)

    #自我介绍
    def say_hello(self):
        print("大家好,我叫%s" %self.name)

    #__del__方法在对象不使用的时候运行
    def __del__(self):
        SchoolMember.sum_member -= 1
        print("%s离开了,学校还有%d人" %(self.name, SchoolMember.sum_member))

#教师类继承自学校成员类
class Teacher(SchoolMember):
```

```
    def __init__(self, name, grade):
        SchoolMember.__init__(self, name)
        self.grade = grade

    def say_hello(self):
        SchoolMember.say_hello(self)
        print("我是老师,我带的班级是%s 班" %self.grade)

    def __del__(self):
        SchoolMember.__del__(self)
#学生类
class Student(SchoolMember):
    def __init__(self, name, mark):
        SchoolMember.__init__(self, name)
        self.mark = mark

    def say_hello(self):
        SchoolMember.say_hello(self)
        print("我是学生,我的成绩是%d" %self.mark)
    def __del__(self):
        SchoolMember.__del__(self)

t = Teacher("Andrea", "1502")
t.say_hello()
s = Student("Cindy", 77)
s.say_hello()
```

程序运行结果：

```
学校新加入一个成员：Andrea
学校共有 1 人
大家好,我叫 Andrea
我是老师,我带的班级是 1502 班
学校新加入一个成员：Cindy
学校共有 2 人
大家好,我叫 Cindy
我是学生,我的成绩是 77
Andrea 离开了,学校还有 1 人
Cindy 离开了,学校还有 0 人
```

本例程序中定义了一个父类 SchoolMember，其类成员包括 member 和 name 属性与 say_hello()方法。在对象创建时，调用__init__()构造函数；在对象使用结束时，调用__del__()函数。Teacher 类与 Student 类继承自 SchoolMember 类，可直接使用父类的

member、name公有属性和say_hello()公有方法。另外,Teacher类定义了子类属性grade,Student类定义了子类属性mark。

习　　题

1. 设计一个类Flower,创建两个对象属性与两个方法,创建Flower两个实例化对象并使用之。

2. 创建一个Fruit类作为基类,包括若干属性及方法,创建两个子类Apple和Pear分别继承自Fruit类,并在子类中分别创建新的属性与方法,实例化对象并使用之。

3. 设计一个三维向量类,并实现向量的加法和减法运算,以及向量与标量的乘法和除法运算。

第12章 Python标准库

Python 的强大之处在于拥有非常丰富和强大函数库，Python 的函数库分为标准库、第三方库和自定义库 3 种。标准库又称为内置函数库，是 Python 环境默认支持的函数库，随着 Python 开发环境安装时默认自带的库，第三方库在使用之前需要单独进行安装。

本章主要介绍常用的 Python 标准库。

12.1 random 库

在程序设计中，会遇到需要随机数的情况，Python 的 random 库提供了产生随机数的函数。

真正意义上的随机数（或者随机事件）在某次产生过程中是按照实验过程中表现的分布概率随机产生的，其结果是不可预测、不可见的。而计算机的随机函数是按照一定算法模拟产生的，其结果是确定的，是可见的。可以认为，这个可预见的结果其出现的概率是 100%。因此用计算机随机函数所产生的“随机数”并不随机，是伪随机数。

计算机的伪随机数是由随机种子根据一定的计算方法计算出来的数值。因此，只要计算方法一定，随机种子一定，那么产生的随机数就是固定的。只要用户或第三方不设置随机种子，那么在默认情况下随机种子来自系统时钟。

random 库属于 Python 的标准库，使用之前需要导入库：

```
import random
```

12.1.1 random 库常用方法

random 库提供了产生随机数以及随机字符的多种方法。表 12.1～表 12.4 分别是 random 库提供的基本函数、针对整数的函数、针对序列类结构的函数和真值分布的函数。

表 12.1 random 的基本函数

函数	含义
seed(a)	初始化伪随机数生成器
getstate()	返回一个当前生成器的内部状态的对象

续表

函　　数	含　　义
setstate(state)	传入一个先前利用getstate()函数获得的状态对象,使得生成器恢复到这个状态
getrandbits(k)	返回一个不大于k位的Python整数(十进制),比如k=10,则结果为0～2^{10}的整数

表 12.2　针对整数的函数

函　　数	含　　义
randint(a,b)	返回一个大于等于a且小于等于b的随机整数
randrange([start,]stop[,step])	从指定范围start～stop内,按指定步长step递增的集合中,获取一个随机整数

表 12.3　针对序列类结构的函数

函　　数	含　　义
choice(seq)	从非空序列seq中随机选取一个元素。如果seq为空则弹出IndexError异常
choices(population,weights=None,*,cum_weights=None,k=1)	Python 3.6版本新增。从population集群中随机抽取k个元素。weights是相对权重列表,cum_weights是累计权重,两个参数不能同时存在
shuffle(x[,random])	随机打乱序列x内元素的排列顺序,只能针对可变的序列
sample(population,k)	从population样本或集合中随机抽取k个不重复的元素形成新的序列。常用于不重复的随机抽样,返回的是一个新的序列,不会破坏原有序列。从一个整数区间随机抽取一定数量的整数。如果k大于population的长度,则弹出ValueError异常

表 12.4　真值分布的函数

函　　数	含　　义
random()	返回一个介于左闭右开[0.0,1.0)区间的浮点数
uniform(a,b)	返回一个a～b的浮点数。如果a>b,则是b～a的浮点数。这里的a和b都有可能出现在结果中
triangular(low,high,mode)	返回一个大于等于low且小于等于high的三角形分布的随机数。参数mode指明众数出现位置
betavariate(alpha,beta)	β分布。返回的结果为0～1
expovariate(lambd)	指数分布
gammavariate(alpha,beta)	伽马分布
gauss(mu,sigma)	高斯分布
normalvariate(mu,sigma)	正态分布

1. random()函数

功能：返回一个介于左闭右开[0.0,1.0)区间的浮点数。

例如：

```
>>> import random
>>> random.random()
0.8050901378898727
```

注意：该语句每次运行的结果不同，但都为0～1。

2. seed(a)函数

功能：初始化伪随机数生成器，给随机数对象一个种子值，用于产生随机序列。

其中，参数a是随机数种子值，对于同一个种子值的输入，之后产生的随机数序列也一样。通常是把时间秒数等变化值作为种子值，达到每次运行产生的随机系列都不一样。如果未提供a或者a=None，则使用系统时间作为种子。

【例12.1】 random()函数应用。

程序如下：

```
from numpy import *
num = 0
while(num<5):
    random.seed(5)
    print(random.random())
    num += 1
```

程序运行结果：

```
0.22199317109
0.22199317109
0.22199317109
0.22199317109
0.22199317109
```

从程序运行结可以看到，每次运行的结果都是一样的。

【例12.2】 修改例12.1，seed()函数只执行一次。

程序如下：

```
from numpy import *
num = 0
random.seed(5)
while(num<5):
    print(random.random())
    num += 1
```

程序运行结果：

```
0.22199317109
0.870732306177
0.206719155339
0.918610907938
0.488411188795
```

该程序产生的随机数每次都不一样。

对比例 12.1 和例 12.2 程序代码及运行结果，可以看出：在同一个程序中，random.seed(x)只能一次有效。

seed()函数使用时要注意：

- 如果使用相同的 seed()函数值，则每次生成的随机数都相同。
- 如果不设置函数的参数，则使用当前系统时间作为种子，此时每次生成的随机数因时间差异而不同。
- 设置的 seed()函数值仅一次有效。

3. randint(a,b)函数

功能：返回一个大于等于 a 且小于等于 b 的随机整数。

其中，参数 a 是下限，b 是上限。

例如：

```
>>> random.randint(3,10)
4
>>> random.randint(3,10)
7
```

4. randrange([start,]end[,step])函数

功能：从指定范围 start～end 内，按指定步长 step 递增的集合中，获取一个随机整数。

其中，start 是下限，end 是上限，step 是步长。

例如：

```
>>> random.randrange(1,10,2)
3
>>> random.randrange(1,10,2)
9
```

注意：以上例子中 random.randrange(1,10,2)的结果相当于从列表[1,3,5,7,9]中获取一个随机数。

5. choice(seq)函数

功能：从非空序列 seq 中随机选取一个元素。如果 seq 为空则弹出 IndexError

异常。

其中,参数 seq 表示序列对象,序列包括列表、元组和字符串等。

例如:

```
>>> random.choice([1, 2, 3, 5, 9])
5
>>>random.choice('A String')
A
```

6. shuffle(x[,random])函数

功能:随机打乱序列 x 内元素的排列顺序,返回随机排序后的序列。注意,该方法只能针对可变的序列。

【例 12.3】 使用 shuffle()函数实现模拟洗牌程序。

程序如下:

```
import random
list = [20, 16, 10, 5]
random.shuffle(list)
print("随机排序列表: ",list)
random.shuffle(list)
print("随机排序列表: ",list)
```

程序运行结果:

```
随机排序列表:[16, 20, 10, 5]
随机排序列表:[10, 16, 20, 5]
```

7. sample(population,k)函数

功能:从 population 样本或集合中随机抽取 k 个不重复的元素形成新的序列。

该函数一般用于不重复的随机抽样,返回的是一个新的序列,不会破坏原有序列。从一个整数区间随机抽取一定数量的整数,如果 k 大于 population 的长度,则弹出 ValueError 异常。

例如:

```
>>> random.sample([10, 20, 30, 40, 50], k=4)
[30, 40, 50, 20]
>>> random.sample([10, 20, 30, 40, 50], k=4)
[20, 50, 10, 40]
>>> random.sample([10, 20, 30, 40, 50], k=4)
[20, 40, 30, 50]
```

注意：sample()函数不会改变原有的序列，但 shuffle()函数会直接改变原有序列。

8. uniform(a,b)函数

功能：返回一个 a～b 的浮点数。

其中，参数 a 是下限，b 是上限。

例如：

```
>>> import random
>>> random.uniform(10,20)
13.516894180425453
```

12.1.2 随机数应用举例

【例 12.4】 创建一个字符列表，这个列表中的内容从前到后依次包含小写字母、大写字母和数字。输入随机数的种子 x，生成 n 个密码，每个密码包含 m 个字符，这 m 个字符从字符列表中随机抽取。

分析：题目中要求的包含小写字母、大写字母和数字的字符列表，可以使用列表的 append()函数来创建。接着使用循环语句从列表中随机抽取 n 个包含有 m 个字符的列表，使用双重循环，外循环控制密码个数，内循环控制密码包含的字符个数。

程序如下：

```
import random
a_list = []

for i in range(97,123):
    a_list.append(chr(i))
for i in range(65,91):
    a_list.append(chr(i))
for i in range(48,58):
    a_list.append(chr(i))

length=len(a_list)

x = int(input("请输入随机数种子 x: "))
n = int(input("请输入生成密码的个数 n: "))
m = int(input("请输入每个密码的字符数 m: "))

random.seed(x)
for i in range(n):
    for j in range(m):
       print(a_list[random.randint(0,length)],end="")
    print()
```

程序运行结果：

```
请输入随机数种子 x: 20
请输入生成密码的个数 n: 5
请输入每个密码的字符数 m: 10
5URYX45jqR
025g3uK5kb
AAegiuE8LC
Anmu06RvvB
fOHZ1FzfnK
```

【例 12.5】 用户从键盘输入两个整数，第一个数是要猜的数 n(n<10)，第二个数作为随机种子，随机生成一个 1～10 的整数，如果该数不等于 n，则再次生成随机数，如此循环，直至猜中数 n，输出“N times to got it”，其中 N 为猜测的次数。

程序如下：

```
from random import *
n=int(input("请输入 n 的值(1~10): "))
m=int(input("请输入 m 的值: "))
count=1
seed(m)
b=int(randint(1,10))
while True:
    if b==n:
        break
    count=count+1
    b=int(randint(1,10))
print("{} times to got it".format(count))
```

程序运行结果：

```
请输入 n 的值(1~10): 8
请输入 m 的值: 5
6 times to got it
```

12.2 turtle 库

turtle 库是 Python 语言绘制图像的函数库，又被称为海龟绘图，与各种三维软件都有着良好的结合。

turtle 库绘制图像基本框架：一只小乌龟，在一个横轴为 x、纵轴为 y 的坐标系原点(0,0)位置开始，根据一组函数指令的控制，在这个平面坐标系中移动，其爬行轨迹形成了绘制的图形。小海龟的爬行行为有“前进”“后退”“旋转”等，在爬行过程中，方向有“前进方向”“后退方向”“左侧方向”“右侧方向”等。绘图开始时，小海龟位于画布正中央坐标系原点(0,0)位置，行进方向是水平向右。

turtle 库是 Python 提供的标准库，使用之前需要导入库：

```
import turtle
```

12.2.1 设置画布

画布(canvas)是 turtle 展开用于绘图的区域，默认大小是 400×300 像素，可以设置它的大小和初始位置。

设置画布大小可以使用以下两个库函数之一。

1. turtle.screensize(canvwidth,canvheight,bg)函数

其中，canvwidth 表示设置的画布宽度(单位为像素)，canvheight 表示设置的画布高度(单位为像素)，bg 表示设置的画布背景颜色。

例如：

```
#设置画布大小为(800,600),背景色为蓝色
>>>turtle.screensize(800,600, "blue")
#设置画布为默认大小(400, 300) ,背景色为白色
>>>turtle.screensize()
```

2. turtle.setup(width,height,startx,starty)函数

其中，width 表示画布宽度，如果值是整数，表示像素值；如果值是小数，表示画布宽度与计算机屏幕的比例。height 表示画布高度，如果值是整数，表示像素值；如果值是小数，表示画布高度与计算机屏幕的比例。startx 表示画布左侧与屏幕左侧的像素距离，如果值是 None，画布位于屏幕水平中央。starty 表示画布顶部与屏幕顶部的像素距离，如果值是 None，画布位于屏幕垂直中央。

例如：

```
>>>turtle.setup(width=0.6,height=0.6)
>>>turtle.setup(width=800,height=800, startx=100, starty=100)
```

12.2.2 画笔及其绘图函数

turtle 中的画笔即小海龟。

在画布上，默认有一个坐标原点为画布中心的坐标轴，坐标原点上有一只面朝 x 轴正方向小乌龟。turtle 绘图中，就是使用位置方向描述小乌龟(画笔)的状态。

控制小海龟绘图有很多函数，这些函数可以划分为如下 4 种。

- 画笔运动函数。

- 画笔控制函数。
- 全局控制函数。
- 其他函数。

1. 画笔运动函数

常见的画笔运动函数如表12.5所示。

表12.5 画笔运动函数

函　　数	功　　能
turtle.home()	将turtle移动到原点(0,0)
turtle.forward(distance)	向当前画笔方向移动distance像素长度
turtle.backward(distance)	向当前画笔相反方向移动distance像素长度
turtle.right(degree)	顺时针移动degree
turtle.left(degree)	逆时针移动degree
turtle.pendown()	移动时绘制图形,缺省时也为绘制
turtle.penup()	移动时不绘制图形,提起笔,另起一个地方绘制时使用
turtle.goto(x,y)	将画笔移动到坐标为(x,y)的位置
turtle.speed(speed)	画笔绘制的速度speed取值为[0,10]的整数,数字越大绘制速度越快
turtle.setheading(angle)	改变画笔绘制方向
turtle.circle(radius,extent,steps)	绘制一个指定半径、弧度范围、阶数(正多边形)的弧形
turtle.dot(diameter,color)	绘制一个指定直径和颜色的圆

(1) turtle.setheading(angle):该函数的作用是按angle角度逆时针改变海龟的行进方向。其中angle为绝对度数。例如:

```
>>> turtle.setheading(30)
```

(2) turtle.circle(radius,extent,steps):该函数的作用是以给定半径画弧形或正多边形。其中,radius表示半径,当值为正数时,表示圆心在画笔的左边画圆;当值为负数时,表示圆心在画笔的右边画圆。

extent表示绘制弧形的角度,当不设置该参数或参数值设置为None时,表示画整个圆形。

steps表示阶数,绘制半径为radius的圆的内切正多边形,多边形边数为steps。

例如:

```
>>> turtle.circle(50)                    #绘制半径为50的圆
>>>turtle.circle(50,180)                 #绘制半径为50的半圆
>>> turtle.circle(50,steps=4)            #在半径为50的圆内绘制内切正四边形
```

2. 画笔控制函数

画笔控制函数如表 12.6 所示。

表 12.6 画笔控制函数

函数	功能
turtle.pensize(width)	设置绘制图形时画笔的宽度
turtle.pencolor(color)	设置画笔颜色,color 为颜色字符串或 RGB 值
turtle.fillcolor(colorstring)	设置绘制图形的填充颜色
turtle.color(color1,color2)	同时设置 pencolor=color1,fillcolor=color2
turtle.filling()	返回当前是否在填充状态
turtle.begin_fill()	准备开始填充图形
turtle.end_fill()	填充完成
turtle.hideturtle()	隐藏画笔的箭头形状
turtle.showturtle()	显示画笔的箭头形状

turtle.pencolor()函数:该函数的作用为设置画笔颜色。有如下两种调用方式。

(1) turtle.pencolor():没有参数传入时,返回当前画笔颜色。

(2) turtle.pencolor(color):参数 color 为颜色字符串或者 RGB 值。颜色字符串如 red、blue、grey 等;RGB 值是颜色对应的 RGB 数值,色彩取值范围为 0~255 的整数。

很多 RGB 颜色有固定的英文名称,这些英文名称可以作为颜色字符串,也可以采用三元组(r,g,b)形式表示颜色。几种常见的 RGB 颜色如表 12.7 所示。

表 12.7 部分常见的 RGB 颜色值

英文名称	RGB 整数值	中文名称
white	255,255,255	白色
black	0,0,0	黑色
red	255,0,0	红色
green	0,255,0	绿色
blue	0,0,255	蓝色
yellow	255,255,0	黄色
magenta	255,0,255	洋红
cyan	0,255,255	青色
grey	192,192,192	灰色
purple	160,32,240	紫色
gold	255, 215, 0	金色
pink	255,192, 203	粉红色
brown	165, 42, 42	棕色

例如：

```
>>> turtle.pencolor()                    #返回当前画笔颜色
'black'
>>>turtle.pencolor("grey")               #使用颜色字符串 grey 设置画笔颜色
>>>turtle.pencolor((255,0,0))            #以 RGB 值设置画笔颜色为红色
```

3. 全局控制函数

全局控制函数如表 12.8 所示。

表 12.8　全局控制函数

函　　数	功　　能
turtle.clear()	清空 turtle 窗口，但 turtle 的位置和状态不会改变
turtle.reset()	清空窗口，重置 turtle 状态为起始状态
turtle.undo()	撤销上一个 turtle 动作
turtle.isvisible()	返回当前 turtle 是否可见
turtle.stamp()	复制当前图形
turtle.write(s,font)	写文本信息

turtle.write(s,font)函数：该函数的作用是给画布写文本信息。其中，s 为文本信息的内容。font 表示字体参数，为可选项，分别为字体名称、大小和类型，基本形式为：

```
font=("font_name",font_size,"font_type")
```

例如：

```
>>>turtle.write("hello")        #在画笔当前位置输出文本信息"hello"
>>>turtle.write("hello",font = ("Times", 24, "bold"))
```

4. 其他函数

除以上 3 种之外，turtle 库还提供了其他一些函数，如表 12.9 所示。

表 12.9　其他函数

函　　数	功　　能
turtle.mainloop() turtle.done()	启动事件循环，调用 Tkinter 的 mainloop()函数。必须是乌龟图形程序中的最后一个语句
turtle.mode(mode)	设置乌龟模式(standard、logo(向北或向上)或 world())并执行重置。如果没有给出模式，则返回当前模式
turtle.delay(delay)	设置或返回以毫秒为单位的绘图延迟

续表

函　数	功　能
turtle.begin_poly()	开始记录多边形的顶点。当前的乌龟位置是多边形的第一个顶点
turtle.end_poly()	停止记录多边形的顶点。当前的乌龟位置是多边形的最后一个顶点，将与第一个顶点相连
turtle.get_poly()	返回最后记录的多边形

turtle.mode(mode)函数：该函数的作用是设置乌龟运动的模式并执行重置。其中，参数 mode 表示要设置的模式，有三种选项：standard、logo 和 world。

- standard 模式的 turtle 方向为向右，运动方向为逆时针。
- logo 模式的 turtle 方向为向左，运动方向为顺时针。
- world 为自定义模式。

mode 也可以缺省，如果没有给出模式，则返回当前模式。例如：

```
>>> turtle.mode("logo")        #设置 turtle 方向为向左,运动方向为顺时针
```

12.2.3 turtle 库应用举例

【例 12.6】 绘制正六边形，如图 12.1 所示。

分析：正六边形可以看作是从起点出发，每画一条边，小乌龟逆时针旋转 60°，再画一条边，再旋转，如此反复 6 次，就可以完成正六边形的绘制，小乌龟最终回到起点。

程序如下：

```
import turtle
t = turtle.Pen()
t.pencolor("blue")
for i in range(6):
    t.forward(100)
    t.left(60)
```

【例 12.7】 使用 turtle 中的函数，绘制如图 12.2 所示的五角星。

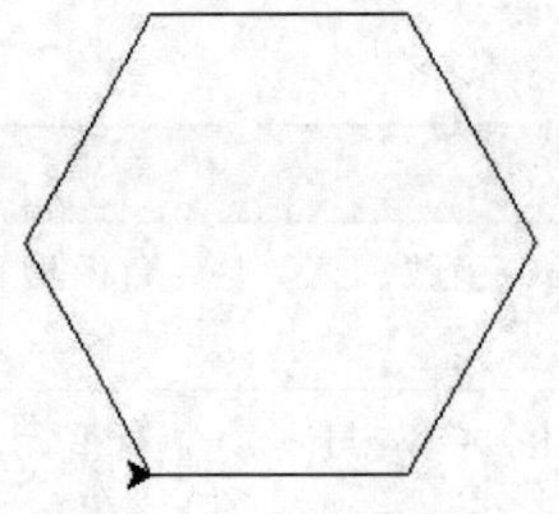

图 12.1　正六边形

图 12.2　五角星

分析：该图形首先进行五角星的绘制，在绘制五角星时需要选择画笔的宽度和颜色，五角星绘制算法与例 12.6 中六边形绘制相似，然后再对五角星进行填充，设置填充颜色为红色，最后再在画布上输出文本信息“五角星”。

程序如下：

```
import turtle

turtle.pensize(5)
turtle.pencolor("yellow")
turtle.fillcolor("red")

turtle.begin_fill()

for i in range(5):
    turtle.forward(200)
    turtle.right(144)
turtle.end_fill()

turtle.penup()
turtle.goto(-150,-120)
turtle.color("violet")
turtle.write("五角星", font=('Arial', 40, 'normal'))
```

12.3 time 库

Python 中提供了多个用于对日期和时间进行操作的内置库：time 库、datetime 库和 calendar 库。其中 time 库是通过调用 C 标准库实现的，其提供的大部分接口与 C 标准库 time.h 基本一致。这里主要介绍 time 库。

time 库是 Python 提供的标准库，使用之前需要导入库：

```
import time
```

12.3.1 time 库概述

Python 中表示时间表示方法有：①时间戳，即从 1975 年 1 月 1 日 00:00:00 到现在的秒数；②格式化后的时间字符串；③时间 struct_time 元组。

时间 struct_time 元组中元素主要有：

- tm_year：年。
- tm_mon：月。
- tm_mday：日。
- tm_hour：时。

- tm_min：分。
- tm_sec：秒。
- tm_wday：星期几，范围是 0～6，0 表示周日。
- tm_yday：一年中的第几天，范围是 1～366。
- tm_isdst：是否是夏令时。

12.3.2 time 库常用函数

time 库的函数可分为如下 3 类。

(1) 时间获取函数：time()、ctime()、gmtime()、localtime()、mktime()。

(2) 时间格式化函数：strftime()、strptime()。

(3) 程序计时函数：sleep()、perf_counter()。

1. 时间获取函数

时间获取函数如表 12.10 所示。

表 12.10 时间获取函数

函　数	功　能
time.time()	获取当前时间戳，1970 纪元后经过的浮点秒数
time.ctime()	获取当前时间，返回字符串
time.gmtime()	返回指定时间戳对应的 utc 时间的 struct_time 对象格式
time.localtime()	返回以指定时间戳对应的本地时间的 struct_time 对象
time.mktime(t)	返回用秒数来表示时间的浮点数

(1) time.time() 函数。

功能：获取当前时间戳，返回值为浮点数，表示从 1970 年 1 月 1 日 0 点 0 分开始，到当前时间，一共经历了多少秒。

例如：

```
>>> import time
>>> time.time()
1533554029.3566148
```

(2) time.ctime()函数。

功能：把一个时间戳(按秒计算的浮点数)转化为 time.asctime()的形式，以字符串形式返回。如果参数缺省或者参数值为 None 时，将会默认以 time.time()返回值为参数。

例如：

```
>>> time.ctime()
'Mon Aug  6 19:13:56 2018'
```

```
>>> time.ctime(1533554029.3566148)
'Mon Aug  6 19:13:49 2018'
```

（3）time.gmtime()函数。

功能：返回指定时间戳对应的 utc 时间的 struct_time 对象格式。

例如：

```
>>> time.gmtime()
time.struct_time(tm_year=2018, tm_mon=10, tm_mday=6, tm_hour=11, tm_min=18,
tm_sec=21, tm_wday=5, tm_yday=279, tm_isdst=0
```

（4）time.localtime()函数。

功能：返回以指定时间戳对应的本地时间的 struct_time 对象格式，可以通过下标，也可以通过“.属性名”的方式来引用内部属性。

例如：

```
>>> time.localtime(1533554029.3566148)
time.struct_time(tm_year=2018, tm_mon=8, tm_mday=6, tm_hour=19, tm_min=13,
tm_sec=49, tm_wday=0, tm_yday=218, tm_isdst=0)
```

（5）time.mktime(t)函数。

功能：执行与 gmtime()和 localtime()函数相反的操作，返回用秒数来表示时间的浮点数。

其中，参数 t 是 struct_time 对象，如果给定参数 t 的值不是一个合法的时间，将触发 OverflowError 或 ValueError 异常。

例如：

```
>>> t=(2018,8,36,17,25,35,1,48,58)
>>> time.mktime(t)
1536139535.0
```

2. 时间格式化函数

时间格式化函数如表 12.11 所示。

表 12.11　时间格式化函数

函　　数	功　　能
time.strftime(tpl,tst[,t])	将 struct_time 对象实例转换成字符串
time.strptime(str,tpl)	将时间字符串转换为 struct_time 时间对象
time.asctime([t])	将一个 tuple 或 struct_time 形式的时间转换为一个 24 字符的时间字符串

（1）time.strftime(tpl,ts)函数。

功能：将 struct_time 对象实例转换成字符串。

其中，参数 tpl 是格式化模板字符串，用来定义输出效果，Python 中主要的时间日期格式化控制符如表 12.12 所示；ts 是计算机内部时间类型变量。

表 12.12　时间日期格式化控制符

格式化字符串	日期/时间说明	取值范围
%Y	四位数年份	0000～9999
%y	两位数年份	00～99
%m	月份	01～12
%B	月份名称	January～December
%b	月份名称缩写	Jan～Dec
%d	日期	01～31
%A	星期	Monday～Sunday
%a	星期缩写	Mon～Sun
%H	小时(24 小时制)	00～23
%h	小时(12 小时制)	01～12
%p	上/下午	AM,PM
%M	分钟	00～59
%S	秒	00～59

例如：

```
>>> time.strftime("%b %d %Y %H:%M:%S", time.gmtime())
'Oct 06 2018 12:30:38'
>>> time.strftime("%B %d %Y %p %h:%M:%S", time.gmtime())
'October 06 2018 PM Oct:33:52'
```

（2）time.strptime(str,tpl) 函数。

功能：将时间字符串转换为 struct_time 时间对象。其中，参数 str 是字符串形式的时间值；tpl 是格式化模板字符串，用来定义输入效果。

例如：

```
>>> time.strptime("30 Nov 17", "%d %b %y")
time.struct_time(tm_year=2017, tm_mon=11, tm_mday=30, tm_hour=0, tm_min=0,
tm_sec=0, tm_wday=3, tm_yday=334, tm_isdst=-1)
>>> time.strptime("Oct 06 2018 12:30:38", "%b %d %Y %H:%M:%S")
time.struct_time(tm_year=2018, tm_mon=10, tm_mday=6, tm_hour=12, tm_min=30,
tm_sec=38, tm_wday=5, tm_yday=279, tm_isdst=-1)
```

(3) time.asctime([t])函数。

功能：将一个 tuple 或 struct_time 形式的时间（该时间可以通过 gmtime()和 localtime()方法获取）转换为时间字符串。如果参数 t 未提供，则取 localtime()的返回值作为参数。

例如：

```
>>> t=time.localtime()
>>> time.asctime(t)
'Sat Oct  6 20:43:48 2018'
```

3. 程序计时函数

程序计时函数如表 12.13 所示。

表 12.13　程序计时函数

函　　数	功　　能
time.sleep(s)	暂停给定秒数后执行程序
time.perf_counter()	返回计时器的精准时间（系统的运行时间），单位为秒

(1) time.sleep(s)函数。

功能：暂停给定秒数后执行程序，该函数没有返回值。

其中，参数 s 是休眠的时间，单位是秒，可以是浮点数。

例如：

```
>>>time.sleep(5)            #暂停 5 秒
```

(2) time.perf_counter()函数。

功能：返回 CPU 计时器的精准时间（系统的运行时间），单位为秒。

例如：

```
>>> time.perf_counter()
6486.087528257
```

12.3.3　time 库应用举例

【例 12.8】　获取当前时间，然后再格式化当前时间为 struct_time 对象输出，暂停两秒再获取当前时间，最后再格式化当前时间输出。

分析：获取当前时间要用到 time 库中 time()函数，格式化指定时间为 struct_time 对象可以使用 localtime()函数。

程序如下：

```
import time

t=time.time()
print("now time is:{}".format(t))
m=time.localtime(t)
print("now time is:{}".format(m))
time.sleep(2)
t=time.time()
n=time.localtime(t)
print("now time is:{}".format(n))
```

程序运行结果：

```
now time is:1538832395.295959
now time is:time.struct_time(tm_year=2018, tm_mon=10, tm_mday=6, tm_hour=21,
tm_min=26, tm_sec=35, tm_wday=5, tm_yday=279, tm_isdst=0)
now time is:time.struct_time(tm_year=2018, tm_mon=10, tm_mday=6, tm_hour=21,
tm_min=26, tm_sec=37, tm_wday=5, tm_yday=279, tm_isdst=0)
```

从运行结果格式化输出的 tm_sec 可以看出，两次获取时间相差 2 秒。

习　题

1. 编写程序，随机生成 2 个 100 以内的正整数，然后提示用户输入这两个整数的和，如果输入的答案正确，程序提示用户计算正确，否则提示计算错误。

2. 编写程序，生成一个包含 100 个随机整数的列表，然后删除其中所有奇数。

3. 仿照例 12.6，绘制一个蜂窝状正六边形，如图 12.3 所示。

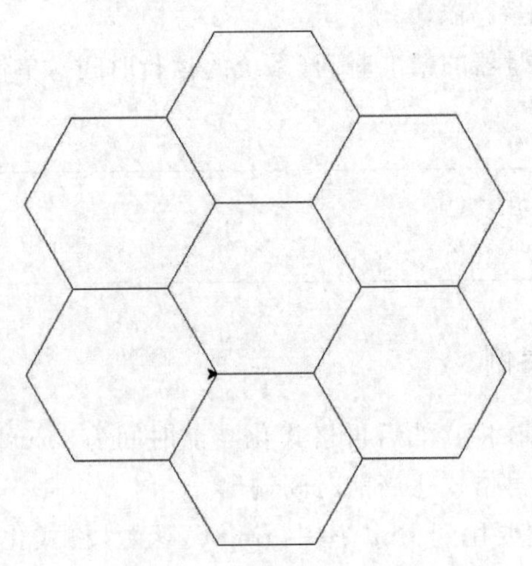

图 12.3　蜂窝状正六边形

4. 绘制奥运五环，如图 12.4 所示，其中五种颜色分别为蓝色、黑色、红色、黄色、绿色。注意根据实际效果调整圆形的大小和位置。

图 12.4 奥运五环

5. 使用 time 库输出 5 种不同格式的日期。

第 13 章 Python 第三方库

除了内建的标准库外，Python 还提供了非常丰富的第三方库，这些功能强大的第三方库是 Python 语言不断发展的保证。

常用的 Python 第三方库及其用途如表 13.1 所示。

表 13.1　Python 常用第三方库

分　类	名　称	用　途
Web 框架	Django	开源 web 开发框架，遵循 MVC 设计
	Karrigell	简单的 Web 框架，自身包含了 Web 服务
	web.py	小巧灵活的 Web 框架
	CherryPy	基于 Python 的 Web 应用程序开发框架
	Pylons	基于 Python 的高效、可靠的 Web 开发框架
	Zope	开源的 Web 应用服务器
	TurboGears	基于 Python 的 MVC 风格的 Web 应用程序框架
	Twisted	流行的网络编程库，大型 Web 框架
	Quixote	Web 开发框架
科学计算	Matplotlib	使用 Python 实现的类 MATLAB 的第三方库，用来绘制数学二维图形
	SciPy	基于 Python 的 MATLAB 实现，旨在实现 MATLAB 的所有功能
	NumPy	基于 Python 的科学计算第三方库，提供了矩阵数据类型、矢量处理、线性代数、傅里叶变换等数值
GUI	PyGTK	基于 Python 的 GUI 程序开发 GTK＋库
	PyQt	用于 Python 的 QT 开发库
	WxPython	Python 下的 GUI 编程框架，与 MFC 的架构相似
数据库	PyMySQL	用于连接 MySQL 服务器
	PyMongo	NoSQL 数据库，用于操作 MongoDB 数据库
其他	BeautifulSoup	基于 Python 的 HTML/XML 解析器，简单易用
	requests	对 HTTP 协议进行封装的库
	Pillow	基于 Python 的图像处理库，功能强大，对图形文件的格式支持广泛

续表

分 类	名 称	用 途
其他	PyInstaller	打包 Python 源程序
	Py2exe	将 Python 脚本转换为 Windows 上可以独立运行的可执行程序
	Pygame	基于 Python 的多媒体开发和游戏软件开发模块
	jieba	中文分词
	pefile	Windows PE 文件解析器

本章介绍 Python 第三方库的安装方法、PyInstller 及 jieba 库的使用。

13.1 Python 第三方库的安装

第三方库需要单独安装才能使用，Python 第三方库的安装有方式三种，分别是在线安装、离线安装和解压安装。

13.1.1 在线安装

在线安装方式使用 pip 工具进行安装，pip 是 Python 的包管理工具，主要用于第三方库的安装与维护，pip 安装方法见 1.3.1 节。

(1) 安装第三方库。在 Windows 环境中打开命令窗口，在命令窗口输入以下命令：

```
pip install 第三方库名称
```

例如：

```
pip install requests
```

注意：这种方式安装时会自动下载第三方库，安装完成后并不会删除，如需删除需要到默认下载路径下手动删除。

例如，Windows 10 的默认下载路径是：C:\Users\(你的用户名)\AppData\Local\pip\cache。

(2) 卸载第三方库。

```
pip uninstall 第三方库名称
```

(3) 查看列出已安装的软件包。

```
pip list
```

(4) 查找需要更新的软件包。

```
pip list -outdated
```

(5) 更新第三方库。

```
pip install --upgrade 第三方库名称
```

(6) 查看第三方库的详细信息。

```
pip show 第三方库名称
```

(7) 搜索软件包。

```
pip search 查询关键字
```

(8) 下载第三方库的安装包。

```
pip download 第三方库名称
```

注意:*该方式只下载第三方库的安装包,并不会安装第三方库。*

13.1.2 离线安装

pip 是 Python 第三方库的主要安装方式,但目前仍有一些第三方库无法使用 pip 工具进行安装。此时,需要使用 Python 第三方库支持离线安装。

离线安装首先需要下载安装包。第三方库安装包下载地址如下:http://www.lfd.uci.edu/~gohlke/pythonlibs/。

在该页面找到下载所需库的.whl 文件,下载该文件到一个目录下,从控制台进入该目录,输入下列命令安装该文件:

```
pip install  ***.whl
```

13.1.3 解压安装

离线安装前下载的.whl 文件是 Python 库的打包格式,相当于 Python 库的安装文件。.whl 文件本质上是压缩格式文件,可以通过修改扩展名进行解压安装。

在解压安装时,将文件的.whl 后缀名改为 zip,然后使用解压缩工具进行解压,解压之后一般都会得到两个文件夹,将与第三方库同名的文件夹拷贝到 Python 安装目录下的 Lib 文件夹中,就安装好了第三方库。

13.2 PyInstller 库

PyInstller 是一个十分有用的第三方库,能够在 Windows、Linux、Mac OS 等操作系统下将 Python 源程序打包,通过对源文件打包,Python 程序可以在没有安装 Python 的环境中运行，也可以作为一个独立文件方便传递和管理。

PyInstller 是第三方库，使用之前需要先安装，在命令行输入以下命令进行安装：

```
pip install pyinstller
```

假设有一个 Python 源文件命名为 python_test.py，存放在 E 盘根目录下，在命令行输入以下命令：

```
pyinstaller E:\python_test.py
```

执行完成后，源文件所在目录将会生成 dist 和 build 两个文件夹。其中，build 文件夹是 PyInstaller 存储临时文件的目录，可以安全删除。最终的打包程序在 dist 文件夹中的 python_test 文件夹下，该目录中其他文件是可执行文件 python_test.exe 的动态链接库。

也可以给 pyinstaller 命令添加-F 参数，表示对 Python 源文件生成一个独立的可执行文件。例如：

```
pyinstaller -F E:\python_test.py
```

执行该命令后，在 dist 目录中生成了 python_test.exe 文件，没有包含任何依赖库。

pyinstaller 命令的常用参数如表 13.2 所示，使用该命令时可根据功能需求选择参数。

表 13.2 pyinstaller 命令的常用参数

参数	功能
-h	查看帮助
-F	生成单个可执行文件
-D	打包多个文件
-p	添加 Python 文件使用的第三方库路径
-i	指定打包程序使用的图标
-c	使用控制台子系统执行(默认只对 Windows 操作系统有效)
-w	使用 Windows 子系统执行，当程序启动的时候不会打开命令行(只对 Windows 操作系统有效)
-clean	清理打包过程中产生的临时文件

使用 PyInstller 库时需要注意：

(1) 文件路径中不能出现空格和英文句号(.)。

(2) 源文件必须是 UTF-8 编码格式。

13.3 jieba库

jieba是一款优秀的Python第三方中文分词库，jieba分词依靠中文词库确定汉字之间的关联概率，将汉字间概率大的组成词组，形成分词结果，除了中文词库中的分词，用户还可以添加自定义的词组。

由于jieba是第三方库，因此必须在本地安装后才可以使用，在命令行下输入以下命令进行安装。

```
pip install jieba
```

13.3.1 jieba库分词模式

jieba支持三种分词模式：精确模式、全模式和搜索引擎模式。这三种模式的特点如下。

(1) 精确模式：把文本精确的切分开，不存在冗余单词，适合于文本分析。

(2) 全模式：把文本中所有可以成词的词语都扫描出来，有冗余，速度非常快，但是不能解决歧义。

(3) 搜索引擎模式：在精确模式基础上，对长词再次切分，提高召回率，适合用于搜索引擎分词。

jieba库的常用函数如表13.3所示。

表13.3 jieba库的常用函数

函数	描述
jieba.cut(s)	精确模式，返回一个可迭代的数据类型
jieba.cut(s,cut_all=True)	全模式，输出文本s中所有可能单词
jieba.cut_for_search(s)	搜索引擎模式，适合搜索引擎建立索引的分词结果
jieba.lcut(s)	精确模式，返回一个列表类型
jieba.lcut(s,cut_all=True)	全模式，返回一个列表类型
jieba.lcut_for_search(s)	搜索引擎模式，返回一个列表类型
jieba.Tokenizer(dictionary=DEFAULT_DICT)	新建自定义分词器，可用于同时使用不同词典
jieba.add_word(w)	向分词词典中增加新词w

例如，使用jieba库的常用函数对字符串“强大的面向对象的程序设计语言”进行分词，结果如下。

```
>>> str="强大的面向对象的程序设计语言"
>>> jieba.lcut(str)
['强大', '的', '面向对象', '的', '程序设计', '语言']
```

```
>>> jieba.lcut(str,cut_all=True)
['强大', '的', '面向', '面向对象', '对象', '的', '程序', '程序设计', '设计', '语言']
>>> jieba.lcut_for_search(str)
['强大', '的', '面向', '对象', '面向对象', '的', '程序', '设计', '程序设计', '语言']
```

13.3.2 jieba库应用举例

【例13.1】 使用jieba库对小说《平凡的世界》进行分词，统计该小说中出现次数最多的15个词语。

分析：首先获取小说的文本文件，保存为平凡的世界.txt。然后将该文件中的信息读出，使用jieba库将这些信息进行分词。接着对分词进行计数，计数时会使用到字典类型，将词语作为字典的键，出现次数为键所对应的值。最后将字典内容输出。

程序如下：

```
#coding: utf-8
import jieba

txt = open("平凡的世界.txt", "rb").read()
words = jieba.lcut(txt)              #使用精确模式对文本进行分词
counts = {}                          #通过键值对的形式存储词语及其出现的次数

for word in words:
    if len(word) == 1:               #单个词语不计算在内
        continue
    else:
        counts[word] = counts.get(word, 0) +1
                                     #遍历所有词语,每出现一次其对应的值加1

tems = list(counts.items())
tems.sort(key=lambda x: x[1], reverse=True)
                                     #根据词语出现的次数进行从大到小排序

print("{0:<5}{1:>5}".format("词语", "次数"))
for i in range(15):
    word, count = items[i]
    print("{0:<5}{1:>5}".format(word, count))
```

程序运行结果：

```
词语    次数
一个    1928
他们    1912
自己    1666
现在    1429
```

```
已经    1347
什么    1293
这个    1134
没有    1081
少平     933
这样     831
知道     823
两个     755
时候     741
就是     666
少安     631
```

习　题

1. 修改例13.1，对小说《平凡的世界》中人物出场进行统计，输出出场前10名的人名及次数。

2. 将习题1编写的Python程序使用PyInstall库进行打包，生成可执行文件。

第 14 章 图形用户界面设计

14.1 图形用户界面的选择与安装

图形用户界面(Graphical User Interface,GUI)是用户和程序交互的媒介,向用户提供了一种图形化的人机交互方式,为程序提供一组界面组件。GUI 应用程序向用户呈现出一套直观、新颖又极易使用的操作界面,使人机交互变得更简单、更直接。应用程序越复杂,对 GUI 的要求越高。GUI 有助于用户掌握新程序,降低使用开销,提高用户程序使用效率。

常用的 GUI 工具有 Tkinter、wxPython、Jython、IronPython 等。其中,Jython 针对 Java 语言提出;IronPython 针对.NET 用户,支持标准的 Python 模块;wxPython 针对 C++ 用户;TKinter 则是针对 Python 语言的 GUI 库。下面简单介绍 Tkinter 的安装。

1. 安装 Tkinter

Tkinter 是一款流行的跨平台 GUI 工具包,是 Python 标准的 GUI 库,Python 自带的 IDLE 就是用它编写的。Tkinter 是 Tk GUI 系统的 Python 界面。Tkinter 是 Python 自带的,不需安装,是 Python 创建 GUI 最常用工具,只提供了非常基本的功能,而未提供"工具栏""可停靠式窗口"及"状态栏"等控件,但可以通过其他方法创建这些控件。在 Windows、Linux、UNIX、Macintosh 等操作系统下均能使用 Tkinter。其官方下载地址为:http://www.python.org/topics/thinter。下载完成后,结合网站提供的演示程序和开发文档进行配置后即可使用。

2. 安装 wxPython

wxPython 为非默认安装包,需自行下载安装稳定版本 wxPython 2.8。下载地址为:http://wxpython.org/download.php。下载后双击其文件名,按默认参数安装后即可使用。

14.2 图形用户界面程序设计基本问题

GUI 程序的基础是其根窗体(root window),各 GUI 元素均放在根窗体上。若将 GUI 视为一棵树,根窗体就是树根,树的分支均来自树根。先引入 tkinter 模块,再实例化 tkinter 模块的 Tk 类,如 root=Tk()。这里不需要在类名 Tk 前面加上模块名 tkinter,可以直接访问 tkinter 模块中的任何部分,就可以创建一个根窗体,而每个

Tkinter 程序只能有一个根窗体，可通过这个根窗体的一些方法对其进行修整。

GUI 元素被称为控件，Label 是较小的控件，但它是一种很重要的控件，表示的是不可编辑的文本或图标，用于标记 GUI 中的各部分和其他控件。不同于其他诸多控件，Label 具有不可交互的特性。Tkinter 工具包中有 tkinter 模块，通过实例化该模块中的类的对象，就能创建出 GUI 元素。表 14.1 给出部分 GUI 核心窗口控件类及其说明。

表 14.1 部分 GUI 元素简介

控 件 类	说 明
Frame	承载其他 GUI 元素
Label	显示不可编辑的文本或图标
Button	用户单独按钮时执行一个动作
Entry	接收并显示一行文本
Text	接收并显示多行文本
Checkbutton	允许用户选择或反选一个选项
Radiobutton	允许用户从多个选项中选取一个
Menu	与顶层窗口相关的选项
Scrollbar	滚动其他控件的滚动条
Canvas	图形绘图区：直线、圆、照片、文字等
Dialog	通用对话框的标记

Tk 到 Tkinter 的映射如表 14.2 所示。

表 14.2 Tk 到 Tkinter 的映射

操 作	Tcl/Tk	Python/Tkinter
Creation	frame.panel	panel=Frame()
Masters	button.panel.quit	quit=Button(panel)
Options	Button.panel.go-fg- black	go=Button(panel,fg='black')
Configure	.panel.go config-bg red	Go.config(bg='red') go[bg]='red'
Actions	.popup invoke	Popup.invoke()
Packing	Pack.panel -side left -fill x	Panel.pack(side=LEFT,fill=X)

【例 14.1】 "Hello World!"程序窗口。

程序如下：

```
#coding=GBK
from tkinter import *
root=Tk()
Label(root,text='Hello World!').pack()
root.mainloop()
```

程序运行结果如图14.1所示。

框架(Frame)是一个用来承载其他控件(如Label)的控件,通常称为窗体。通常一个框架包含一个单一的窗体,更多子窗体被放置在这个窗体中,框架的唯一子窗体的尺寸自动随其父框架尺寸的改变而改变。在创建控件时,必须将其容器传给它的构造器,新框架就被放到root窗体里,而grid()是所有控件都有的方法,它关联了一个布局控制器,来安排控件的布局。

图14.1　输出"Hello World!"

通过实例化Label类的一个对象,创建一个Label控件,如lbl=Label(root,text= "I'm a label!"),将root传给Label对象的构造器,则root所引用的那个框架就成了这个Label控件的容器。通过设置控件可供设置的选项来设置控件的外观,通过调用lbl对象的grid()方法,如lbl.grid()确保该标签是可见的。

通常,一个应用程序包含导入必须的包、创建框架类、创建主程序3个基本步骤,而主程序通常满足创建应用程序对象、创建框架类对象、显示框架、创建事件循环4个功能,通过调用根窗体的事件循环以启动GUI,如调用root.mainloop()就会打开窗口并等待处理将要发生的事件。而应用程序的实现基于应用程序对象和顶级窗体两个必要对象,任何应用程序都需要实例化一个对象并至少有一个顶级窗体。应用程序至少有一个frame对象的子类,frame对象可以通过style参数来创建组合样式,每个frame对象都有一个ID,ID由应用程序生成或由应用程序显式赋值。

大多数GUI应用程序都遵循标准的创建流程:先创建用于表示程序中窗口的一个类或者多个类,其中之一为主窗口;再针对每个窗口类,创建此窗口需要用到的变量,创建控件,调整控件布局并指定一些方法用于响应各种事件。GUI应用程序分为对话框式程序和主窗口式程序。前者是既没有菜单又没有工具栏的窗口,用户一般通过窗口中的按钮及下拉列表框等控件与之交互;后者则有中心区域,区域上方通常有菜单与工具栏,下方有状态栏,而且还可能带有可停靠式窗口。

14.3　常用控件

14.3.1　按钮

1. 创建按钮

按钮(Button)控件可以通过用户激活而执行某个动作,通过实例化Button类的一个对象,创建出一个Button控件。例如:

```
#在框架中创建一个按钮
bttn1=Button(app,text="yes!")
bttn1.grid()
```

此按钮的容器是之前创建的框架,即这个按钮被放置在该框架上。而创建控件后,可以使用该对象的 configure()方法对控件的任何选项进行设置,还可以用 configure()方法修改已经设置好的相关选项。

2. 命令按钮

一般使用命令按钮响应用户的鼠标单击操作。在 wxPython 中将控件直接放置在框架上,默认不能让具体的窗体内容与其他工具栏和状态栏分开。为了将其分开,在框架上放置控件时,以 Tab 键遍历窗体实例中的元素,一般会创建与框架大小相同的窗体用来容纳框架中的全部内容。

如先在框架上放置窗体,在其上放置关闭按钮,在程序运行时单击该按钮,窗体关闭且应用程序退出。其中窗体可以不用定义位置和大小。在 wxPython 中,若创建只有一个子窗体的框架,窗体将会自动调整大小填满该框架的客户区域;关闭按钮是窗体的元素,默认在窗体右上角,默认大小是按钮标签长度,具体大小和位置需指定;子窗体按钮的大小不随窗体大小的变化而变化,但实现较复杂的布局时可以通过 Size 对象来管理子窗体。

14.3.2 文本控件

在 GUI 编程中,通常需要让用户输入一些文本或向用户显示一些文本,可以通过文本控件来实现。这样就可以通过读取文本控件中的内容或在文本控件中插入文本来向用户提供相应的反馈信息。

本节主要以 wxPython 包中的方法为例介绍文本控件。

1. 静态文本框

不影响鼠标操作,用户不能更改显示的文本称为静态文本框。一般使用静态文本框显示提示性信息。在屏幕上只显示纯文本是所有可视化用户界面最基本的任务。wxPython 中用 wx.StaticText 类实现静态文本,它能设置文本对齐方式、字体和颜色,多行文本通过带换行符\n 的字符串实现。wx.StaticText 默认从 wx.Window 父类继承方法,其构造函数格式如下:

```
wx.StaticText(parent,id,label,pos,size,style,name)
```

其中,parent 是父窗体控件;id 是标识符,具有唯一性;label 是要显示在控件中的文本;pos 是一个 Python 元组,是窗体控件的位置;size 是 wx.size,是窗体控件的大小;style 是样式标记;name 是对象的名字,帮助用户查找对象。表 14.3 给出专用于 wx.StaticText 的样式。

表 14.3 wx.StaticText 的专用样式

样 式	说 明
wx.ALIGN_CENTER	文本在静态文本框的中心
wx.ALIGN_LEFT	文本在静态文本框中左对齐,默认样式
wx.ALIGN_RIGHT	文本在静态文本框中右对齐

wxPython 的默认大小是恰好包容文本的大小，所以当创建一个非默认样式的单行静态文本时，需要显式设置控件大小。

2. 文本框

在可视化编程中，程序需要用文本框来接收用户从键盘输入的信息，一般通过它来接收用户的输入以及显示计算结果。wx.TextCtrl 类用于 wxPython 文本域窗体控件，分为单行文本框和多行文本框，常用于输出信息，也能作为密码输入控件。wx.TextCtrl 类的构造函数格式如下：

```
wx.TextCtrl(parent,id,value,pos,size,style,validator,name)
```

其中，参数 parenr、id、pos、size、style 和 name 与 wx.StaticText 构造函数的参数相同；value 是显示在该控件中的初始文本；validator 用于数据过滤以保证只能输入要接收的数据。

单行文本控件的专用样式如表 14.4 所示，类似于其他样式标记，它们能通过“|”符号组合使用。

表 14.4 单行文本控件的专用样式

样　式	说　明
wx.TE_CENTER	控件中文本居中
wx.TE_LEFT	控件中文本左对齐，默认样式
wx.TE_RIGHT	控件中文本右对齐
wx.TE_NOHIDESEL	文本始终高亮显示，仅适用 Windows 系统
wx.TE_PASSWORD	隐藏输入文本，以星号显示
wx.TE_PROCESS_ENTER	使用此样式，用户在控件内单击回车键时，触发一个文本输入事件
wx.TE_READONLY	文本控件为只读，其中文本不能修改

在 Tkinter 中，使用单行文本框(Etry)和多行文本框(Text)来接收用户从键盘输入的信息。Text 中的参数 width 和 height 用于设置多行文本框的尺寸。参数 wrap 决定文本换行方式，取值有 WORD、CHAR、NONE 等，值为 WORD 时，遇到文本框的右边缘，整个单词自动换行；值为 CHAR 时，遇到文本框的右边缘，只将下一个字符放到下一行；值为 NONE 时，不能自动换行，即只能在文本框的第一行输入。

14.3.3 菜单栏、工具栏、状态栏

框架中有明确的关于菜单栏、工具栏和状态栏管理的机制。一般通过菜单栏和工具栏在实现复杂的程序，通过状态栏显示系统的一些提示信息。

【例 14.2】 菜单栏、工具栏和状态栏的添加和事件响应。

程序如下：

```
import wx
class Frame7(wx.Frame):
    def __init__(self,superior):
        wx.Frame.__init__(self,superior,-1,'Menubars',size=(400,300))
        panel=wx.Panel(self)
        #创建状态栏,它是 wx.StatusBar 类的实例
        self.statusBar=self.CreateStatusBar()
        #创建工具栏,它是 wx.ToolBar 类的实例
        toolbar=self.CreateToolBar()
        #将工具添至工具栏,使用的是 AddSimpleTool()
        toolbar.AddSimpleTool(11,wx.Image('open.png',
        wx.BITMAP_TYPE_PNG).ConvertToBitmap(),"Open",
              "Click it to Open a file.")
        #准备显示工具栏,Realize()方法告诉工具栏这些工具的位置
        toolbar.Realize()
        #为 open 工具栏添加一个事件处理函数,响应选择某工具栏或菜单等事件
        #提供将事件处理函数绑定到程序主对象 self
        #与之相配的工具栏的 ID 事件处理方法的名称
        wx.EVT_TOOL(self,11,self.OnToolOpen) menuBar=wx.MenuBar()
                                                #创建菜单栏
        menu1=wx.Menu()                         #创建名为 menu1 的菜单栏
        #在 menu1 下添加几个子菜单、分隔条
        #参数分别为 ID,选项文本,鼠标位于其上时显示在状态栏上的文本
        menu1.Append(101,"&New","Create a New File")
        menu1.Append(102,"&Open"," ")
        menu1.Append(103,"&Close"," ")
        menu1.AppendSeparator()
        menu1.Append(104,"Close All","Close All Opened File")
        menu1.Append(105,"Exit"," ")
        menuBar.Append(menu1,"&File")           #将 menu1 添至菜单栏显示为 File

        menu2=wx.Menu()                         #创建名为 menu2 的菜单
        menuBar.Append(menu2,"&Edit")           #将 menu1 添加到菜单栏上
        self.SetMenuBar(menuBar)                #在框架上附上菜单栏
        #为 Exit 菜单项添加一个事件处理函数
        wx.EVT_MENU(self,105,self.OnMenuExit)
      #响应工具栏的操作,需要方法定义于其中的那个对象和产生的事件两个参数
    def OnToolOpen(self,event):
        self.statusBar.SetStatusText('You open a file!')
    def OnMenuExit(self,event):                 #响应菜单栏 Exit 的操作
        self.Close(True)
    def OnCloseMe(self,event):
        self.Close(True)
```

```
    def OnCloseWindow(self,event):
        self.Destory()
    if name == 'main':
        app = wx.App()
        frame = Frame7(None)
        frame.Show()
    app.MainLoop()
```

程序运行结果如图 14.2 所示。

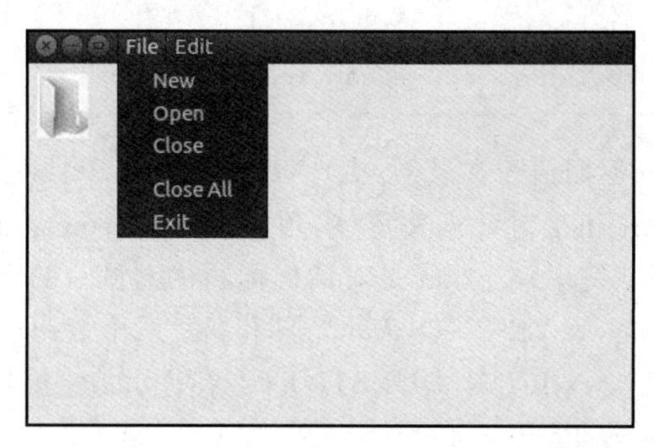

图 14.2　打开 File 菜单并且选中 New 子菜单

14.3.4　对话框

一般来说，用户在进行设置时，会弹出一些信息对话框，让用户进行一些操作，如弹出警告对话框。wxPython 支持消息对话框、文本输入对话框、单选对话框、文件选择器、进度对话框、打印设置和字体选择器等多种预定义对话框。当要简单、快速地得到来自用户的信息时，可以为用户显示一个标准的对话框体，对于很多任务都有标准的对话框，包括警告框、简单的文本输入框和列表选择等。

Tkinter 在 tkinter.messagebox 中有全套的对话框，通过 tkinter.messagebox 中的 showinfo()、showwarning()、showerror()函数来弹出一个警告，它们的功能基本类似，只是对话框符号不同而已。而其他对话框可以在颜色选择器 tkinter.colorchooser 和文件选择器 tkinter.filedialog 包里找到，这里不做赘述。

对话框按模态分为如下 4 种。

(1) 全局模态(Global Modal)：它会阻塞整个操作系统的用户界面，使用户只能与本窗口交互，而不能操作其他应用程序。有两种用法：一个是作为操作系统启动时的登录对话框；另一个是从加了密码的屏幕保护程序中跳出时所显示的解锁框。

(2) 应用程序级模态(Application Modal)：它会阻止用户操作程序中的其他窗口，但用户仍然可以切换至系统的其他应用程序。

(3) 窗口级模态(Window Modal)：类似于应用程序级模态，但它并不能完全阻止用户操作应用程序里的其他对话框，而是只能阻止用户操作位于同一窗口体系里的其他对话框。

(4) 非模态/无模态(Modeless)：非模态对话框既不会阻塞本应用程序中的对话框也不会阻塞其他应用程序中的对话框。它编写起来比模态对话框更困难。

对于控件、布局及事件绑定，模态对话框和非模态对话框无区别。前者会把用户输入的内容赋值给相关变量，后者则通常会调用应用程序的方法或修改应用程序数据，以便响应硬件操作。

1. 消息对话框

简单的消息提示框 wx.MessageDialog 参数如下：

```
wx.MessageDialog(parent,message,caption,style,pos)
```

wx.MessageDialog 返回值为常量 wx.ID_YES、wx.ID_NO、wx.ID_CANCEL 和 wx.ID_OK 之一。其中，parent 是对话框父窗体，顶级为 None；message 是显示在对话框中的提示信息，为一系列字符串；caption 是对话框标题栏上显示的字符串；style 是对话框中按钮样式，最常用的是 wx.YES_NO，表示“是”和“否”两个按钮，wx.CANCEL 表示“取消”，wx.OK 表示“确定”，wx.ICON_QUESTION 会在提示信息前加一个“?”图标；pos 是对话框位置。

在定义消息对话框时会经常用到 ShowModal()方法，它以模式框架的方式显示对话框，也就是在对话框关闭之前，应用程序中的其他窗体不能响应用户事件，其返回值为整数。

2. 文本输入对话框

获取用户输入的一行文本时，可以用文本框，也可以用文本输入对话框 wx.TextEntryDialog，其参数为：父窗体、显示在窗体中的提示信息(文本标签)、窗体标题(默认值是“Please enter text”)、输入框中的默认值、样式参数(默认为 wx.OK | wx.CANCEL)。

与消息对话框相同，文本输入对话框的 ShowModal()方法返回单击按钮的 ID，可以通过 GetValue()方法获取文本框中的输入值。

3. 单选对话框

wx.SingleChoiceDialog 类能让用户在提供的列表中选择，其参数与文本输入对话框类似，通过字符串列表代替默认字符串文本。用户想要获取刚才的列表选择结果，可以使用 GetSelection()方法和 GetStringSelection()方法，前者返回用户选项索引，后者返回用户选项的字符串。

14.3.5 复选框

复选框是带有文本标签的开关按钮，它允许用户从一组选项中选取任意数量的选项。存在多个复选框时，各复选框的开关状态相互独立。任何复选框都要有一个特殊的对象与之关联，用于自动反映该复选框的状态。复选框给 GUI 编程提供极大的灵活性，也让用户更好地对程序进行控制。复选框的构造函数如下：

```
wx.CheckBox(parent,id=-1,label=wx.EmptyString,pos=wx.DefaultPosition,
        size=wx.DefaultSize,style=0,name="checkBox")
```

label参数是复选框标签文本。EVT_CHECKBOX是复选框常用事件,单击复选框时触发该事件。常用的方法有：引用布尔对象的复选框状态方法GetValue()得到布尔值,选中复选框时返回True,否则返回False;SetValue(True)表示选中复选框,SetValue(False)表示取消复选框的选中状态。若用户选中或者清除这个复选框时,这些方法所在的update_text()方法就会被调用。

Tkinter采用一种特殊的方式来访问界面控件中的内容。当需要获取或设置文本框、标签等控件内容时,可以创建一些特殊对象。这些对象有很多种形式,其中StringVar最常用。而在复选框使用中,若想在对话框上放置一个复选框,此时需要通过一个特殊"变量"String Var来确定复选框的选择状态,但如果取值为数字,则特殊"变量"的类型为IntVar。

14.3.6 单选框

单选框类似于复选框,向用户提供两种或两种以上的选项,但在一组选项中最多只能有一个被选择,因此不需像复选框那样为每个单选框都加上单独的状态变量。一组单选框只共享一个用于说明"哪个单选框被选中"的特殊对象即可,区别于复选框的是,选择新的选项后,上次的选项会取消。单选按钮的构造函数如下：

```
wx.RadioButton(parent,id=-1,label=wx.EmptyString,pos=wx.DefaultPosition,
size=wx.DefaultSize,style=0,validator=wx.DefaultValidator,name="radioButton")
```

根据用户需求,可以用wx.SashWindow控件的对象对单选框进行分组,每组单选框的parent与对象名保持一致。除此之外,控件的对象也能用于分组,或通过样式分组,每组第一个元素使用wx.RB_GROUP样式,其他元素均不使用该样式。EVT_RADIOBOX是单选框常用事件,单击单选框时触发该事件;其他常用方法及功能与复选框一致。

14.3.7 列表框

为了展示列表中的内容,可以选中列表中的一个或者多个项,向用户提供多个元素(均为字符串),便于用户选择。列表框的构造函数如下：

```
wx.ListBox(parent,id,pos=wx.DefaultPosition,size=wx.DefaultSize,
choices=None,style=0,validator=wx.DefaultValidator,name="ListBox")
```

selectmode属性控制列表框中的选项,这样可设置成其中一种。

- SINGLE：一次只选一个。

- BROWSE：与 SINGLE 类似，但只允许使用鼠标选择。
- MULTIPLE：按住 Shift 键，然后用鼠标左键可以选择多行。
- EXTENDED：与 MULTIPLE 类似，但可以使用 Ctrl+Shift 选择范围。该属性设置必须使用 curselection 方法找出列表框中选择的项，不需要输入数据，然后输出。

列表框的多个样式可通过运算符"|"连接，其常用样式如表 14.5 所示，常用方法如表 14.6 所示。

表 14.5 列表框的常用样式

样式名称	说明
wx.LB_EXTENDED	用户通过 Shift 键和鼠标选择连续元素
wx.LB_MULTIPLE	支持多选且选项可以不连续
wx.LB_SINGLE	仅支持单选，最多选择一个元素
wx.LB_ALWAYS_SB	列表框始终显示一个垂直滚动条
wx.LB_HSCROLL	列表只在需要时显示一个垂直滚动条，为默认样式
wx.LB_SORT	使列表框中的元素按字母顺序排列

表 14.6 列表框的常用方法

方法	功能及说明	举例
Append()	在列表框尾部添加一个元素	lstBox.Append(s)
Clear()	删除列表框中的所有元素	lstBox.Clear()
Delete()	删除列表中索引为 n 的元素，列表中的元素索引从 0 开始	lstBox.Delete(n)
FindString()	返回元素索引，若未找到元素则返回−1	i=lstBox.FindString('Friday')
GetCount()	返回列表中的元素个数	n=lstBox.GetCount()
GetSelection()	返回当前选择项的索引，仅对单选列表有效	i=lstBox.GetSelection()
SetSelection()	用布尔值选择更改索引为 n 的元素的选择状态	lstBox.SetSelection(n,select)
GetStringSelection()	返回当前选择的元素，仅对单选列表有效	s=lstBox.GetStringSelection()
GetString()	获取索引为 n 的元素	s=lstBox.GetString(i)
SetString(n,string)	将索引为 n 的元素设为 s	lstBox.SetString(n,s)
GetSelection()	返回包含所选元素索引的元组	t=lstBox.GetSelection()
IsSelected()	在列表中的 pos 位置前插入列表中的字符串	lstBox.IsSelected(n)
InsertItems()	返回索引为 n 的元素的选择状态的布尔值	lstBox.InsertItems(items,pos)
Set()	用 choices 的内容重新设置列表框	lstBox.Set(choices)

列表框有 EVT_LISTBOX 和 EVT_LISTBOX_DCLICK 两个常用事件，前者在列表中一个元素被选择时触发，后者在列表被双击时触发。

14.3.8　组合框

组合框由文本框和列表框组成，继承了文本框和列表框的特点与方法，适用于单选框的方法几乎均适用于组合框。其构造函数如下：

```
wx.ComboBox(parent,id=-1,value="",pos=wx.DefaultPosition,
size=wx.DefaultSize,choices=[],style=0,validator=wx.DefaultValidator,name
="comboBox")
```

14.4　对象的布局

当向一个框架中放置一些控件后，就需要一种对它们进行合理组织的手段，将控件指定到对应位置，控制 GUI 的外观，而布局管理器就是这样的一种手段。目前大多数 GUI 工具包均使用布局(layout)来排布控件，而不是将控件的大小及位置写成固定值。通过这种方式，每个控件既可以保持与其他控件的相对位置关系，同时又能自动扩大或缩小尺寸，以便与其内容相吻合。Tkinter 提供 grid、pack 和 place 三种不同的布局管理器，所有 Tkinter 控件都包含专用的布局管理方法，用来组织和管理整个父控件区中子控件的布局。

14.4.1　grid 布局管理器

grid(网格)布局管理器的 grid()方法通用格式为：

```
WidgetObject.grid(option=value,...)
```

它按网格组织控件，将控件按行、列位置放置在网格里。此布局最为流行，使用起来也最为简单。宿主控件将内部空间按行和列分成若干单元格，每个单元格内可放置一个控件。grid 用行列确定位置，列宽由列中最宽单元格确定，行高由行中最高单元格决定，行列交叉处为一个单元格，创建的单元格必须相邻，若用户进行某种操作时，需要让控件跨越多个单元格，可以把若干单元格连接为一个更大空间，称此操作为跨越。组件并非填充整个单元格，用户能分配使用单元格中的剩余空间，这些空间可以空置，也可以在水平、竖直或两个方向上填充这些空间，灵活易用，用它设计对话框和带有滚动条的窗体效果极佳。grid 布局管理器的常用参数如表 14.7 所示，grid 布局管理器的常用函数如表 14.8 所示。

表 14.7 grid 布局管理器的常用参数

参数名称	说明	取值范围
row	设置控件中单元格行数	自然数,默认值从0开始累加
rowspan	从组件所置单元格算起在行方向上的跨度	自然数,默认值从0开始累加
column	设置控件里单元格列号	自然数,默认值从0开始累加
columnspan	设置控件中单元格横向跨越的列数	自然数,起始默认值为0
ipadx ipady	设置控件内部x(y)方向上的空间大小;默认单位为像素,可选单位为厘米(cm)或毫米(mm);i(英寸)、p(打印机的点,即1/27英寸);使用时需在值后加以上任一个后缀	非负浮点数,默认值为0.0
padx pady	设置控件周围x(y)方向上的空间大小;默认单位为像素,可选单位为厘米(cm)或毫米(mm);i(英寸)、p(打印机的点,即1/27英寸);使用时需在值后加以上任一个后缀	非负浮点数,默认值为0.0
in_	将该控件作为所选组建对象的子控件,即重新设置w为窗体w2的子窗体	已经pack后的控件对象
sticky	设置控件对齐方式,默认为center	n(北),s,w,e,nw,sw,se,ne,center

表 14.8 grid 布局管理器的常用函数

函数名	说明
slaves()	以列表方式返回该控件的所有子控件对象
propagate(boolean)	设置为True指父控件的几何大小由子控件决定(默认值),反之则无关
info()	返回pack提供的选项的对应值
forget()	unpack控件,将控件隐藏并忽略原有设置时,对象依旧存在,用pack(option=value,...)能将其显示
grid_remove()	无

通过row和column参数可以定义对象在容器中的具体位置,若两者的值都为0,则这个对象就会被放置于框架的左上角。columnspan参数用于横跨多列放置控件,也可以用rowspan参数跨越多行放置小部件。在确定了控件所占单元格后,可以利用参数sticky调整控件在这个单元格内部的位置,它以方位为值,控件会根据方位信息移动到单元格对应位置。如在下面创建一个左对齐的标签:

```
#创建表示密码的标签
self.pw_lbl=Label(self,text="Password: ")
self.pw_lbl.grid(row=1,column=0,sticky=w)
```

14.4.2 pack 布局管理器

pack(填充)布局管理器根据某个假想的中心点(center cavity)来排布控件,对于比较简单的对话框来说，采用 pack 布局比较合适。pack()方法的通用格式为：

```
WidgetObject.pack(option=value,...)
```

它采用块方式组织控件，将所有控件组织为一行或一列，用户能使用参数控制控件样式。pack()管理程序时以控件创建的顺序将控件添加到父控件中，通过设置相同的锚点(anchor)能将一组控件依次放置在同一个位置，默认在父窗体中自顶向下添加控件。若是几个控件的简单布局，用 pack 布局的代码量最少，因而被广泛用于快速生成的界面设计中。pack 布局管理器的常用参数和函数如表 14.9 和表 14.10 所示，从表 14.9 中可以看出 expand、fill 和 side 会相互影响。

表 14.9　pack 布局管理器的常用参数

参数	说　明	取 值 范 围
expand	控件居中，当值为 yes 时，side 选项无效；若 fill 选项为 both，则填充父控件剩余空间	("yes"，自然数)或("no"，0)，默认值为"no"或 0
fill	设置 x(y)方向上的空间，当属性 side="top"或"bottom"时，设置 x 方向；当属性 side="left"或"right"时，设置 y 方向；当 expand 选项为"yes"时，设置父控件剩余空间	取值为 x、y、both，默认值为待选
ipadx ipady	设置控件里面 x(y)方向上的空间大小；默认单位为像素，可选单位为厘米(cm)或毫米(mm)；i(英寸)、p(打印机的点，即 1/27 英寸)；使用时在值后加以上一个后缀	非负浮点数，默认值为 0.0
padx pady	设置控件周围 x(y)方向上的空间大小；默认单位为像素，可选单位为厘米(cm)或毫米(mm)；i(英寸)、p(打印机的点，即 1/27 英寸)；使用时在值后加以上一个后缀	非负浮点数，默认值为 0.0
side	设置在父控件中的位置	"top"(默认)，"bottom"，"left"，"right"
before	先创建该组件再创建选定控件	已经填充后的控件对象
after	先创建选定组件再创建该控件	已经填充后的控件对象
in_	将该控件作为所选组建对象的子组件	已经填充后的控件对象
anchor	设置对齐方式：左对齐"w"，右对齐"e，顶对齐"n"，底对齐"s"	"n"，"s"，"w"，"e"，"nw"，"sw"，"se"，"ne"，"center"(默认)

表 14.10　pack 布局管理器的常用函数

函 数 名	说　明
slaves()	以列表方式返回该控件的所有子控件对象
propagate(boolean)	设为 True 指父控件的几何大小由子控件决定(默认值)，反之则无关
info()	返回 pack 提供的选项所对应的值

续表

函　数　名	说　　明
forget()	unpack 组件，将控件隐藏且忽略原有设置而对象依旧存在，用 pack(option=value,...)能将其显示
location(x,y)	x、y 是以像素为单位的点，返回值表示此点是否在单元格中，若在单元格中则返回单元格行、列坐标，(-1,-1)表示不在单元格中
size()	返回控件中的单元格，指示控件大小

14.4.3　place 布局管理器

place 布局管理器用固定值来描述控件位置，这种布局很少使用。它对全部基础控件均可用，通过它显式设置控件的大小和位置，包括绝对值和相对于另一个对话框的位置。

一般不用 place 布局管理器，因此这里不做详述。但会在特殊情况下用 place，如能通过 place 将子控件显示在父控件的正中央。推荐使用 grid 布局管理器，而且 pack 和 grid 同时使用可能会导致程序崩溃。

14.4.4　布局管理器举例

【例 14.3】 采用布局管理器创建一个窗口，它左边有一个列表，其尺寸不变，右边的信息显示区会导致窗口调整尺寸。

程序如下：

```
from Tkinter import *

class App:
    def __init__(self,master):
        frame = Frame(master)
        frame.pack(fill=BOTH,expand=1)
        #listbox
        listbox = Listbox(frame)
        for item in ['red','green','blue','yellow','pink']:
            listbox.insert(END,item)
        listbox.grid(row=0,column=0,sticky=W+E+N+S)
        #Message
        text = Text(frame,relief=SUNKEN)
        text.grid(row=0,column=1,sticky=W+E+N+S)
        text.insert(END,'world' * 100)

if __name__=='__main__':
    root = Tk()
```

```
    root.geometry('500*300')
    Label(root, text='Text', font=('Arial', 20)).pack()
    App(root)
    root.mainloop()
```

上述程序中，通过控件的 sticky 属性决定小单元格位置。运行结果如图 14.3 所示。

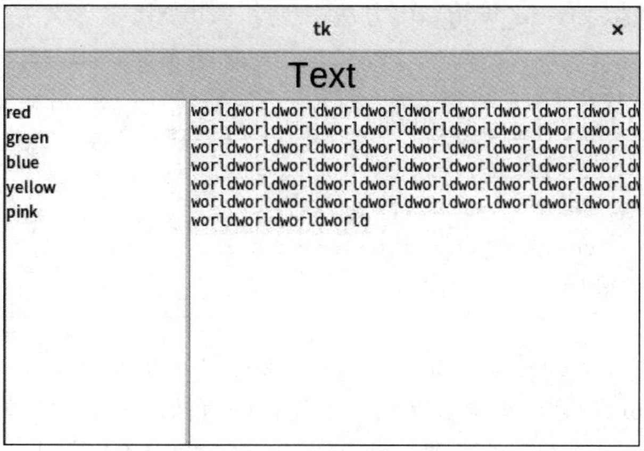

图 14.3　布局管理器界面

14.5　事件处理

事件(event)指可能会发生在对象上的事，要求有相应响应，它是一个信号，告知应用程序有重要情况发生。GUI 程序通常是事件驱动的，编写事件驱动程序时需将事件跟程序处理器绑定起来。最简单的事件是用户单击键盘上的某个键或单击移动鼠标。对于上述事件，程序需要做出反应，称为事件处理。Tkinter 提供的控件一般均含有诸多内在行为，如当单击按钮时执行特定操作，或当聚焦在一个输入框时，用户又单击了键盘的某些键，用户输入的内容则会在输入栏中显示。当 Tkinter 的事件处理允许用户创建、修改或删除以上行为。

14.5.1　事件处理程序

事件处理程序是当事件发生时需要执行的代码，是相应事件发生时调用的过程，大多数程序由事件驱动。用于处理单击按钮时所发生的事件的 update_count()方法如下所示：

```
def update_count(self):
    "Increase click count and display new total."
    self.bttn_clicks += 1
    self.bttn["text"] = "Total Clicks: "+str(self.bttn_clicks)
```

该方法会统计按钮被单击的总次数，再修改按钮的文本以反应映出这个新的总次数。

14.5.2 事件绑定

在说明事件绑定的含义之前，将程序中事件发生时的被调函数称为事件处理者。用户为自己的程序建立一个处理某个事件的事件处理者，称为事件绑定。一般来说，设置控件的 command 选项就能将控件的动作与一个事件处理器绑定起来，因此通常需要定义绑定事件处理器，如在 create_widget()方法中创建一个按钮：

```
def create_widget(self):
  "Create button which displays number of clicks."
    self.bttn= Button(self)
    self.bttn[" text"] = " Total Clicks:0"
    self.bttn[" command"]=self.update_count
    self.bttn.grid()
```

上述代码将 Button 控件的 command 选项设置为 update_count()方法，用户单击该按钮时，update_count()方法就会被调用。上述代码所做的事情就是将一个事件(Button 控件的单击事件)与一个事件处理器(update_count()方法)绑定起来。

绑定级别如下。

(1) 实例绑定。

将事件和一特定控件实例绑定。如用户在处理画布(Canvas)控件翻页时需要将 PageUp 键事件和一个画布控件实例绑定，Tkinter 中的画布和窗口控件一样，可以直接添加到窗口中。调用控件实例的 bind()函数为控件实例绑定事件，若用户声明一个 Canvas 控件对象 canvas，在对象 canvas 上实现单击鼠标中键时画一条线的功能，其实现方式为：

```
widget.bind_class(" Canvas ", " <Button-2>", drawline)
```

其中，<Button-2>参数是事件描述符，指定无论何时在 canvas 上单击鼠标中键时，就调用事件处理函数 drawline()执行画线任务。值得注意的是，drawline 后的圆括号是可省略的，Tkinter 会将此函数填入相关参数后调用运行。

(2) 类绑定。

将事件和某个控件类绑定。用户可以绑定按钮控件类，使全部按钮实例都能处理鼠标中键事件提供相应的操作。bind_class()函数能调用任何控件实例为特定控件类绑定事件。假设用户声明了若干个 Canvas 控件对象，并想在上述对象上实现单击鼠标中键时都能画一条线的功能，其实现方式为：

```
widget.bind_class(" Canvas ", " <Button-2>", drawline)
```

其中，widget 是任意控件对象。

(3) 程序界面绑定。

在任何控件实例上触发某一事件，程序都提供相应处理。用户可能会把 PrintScreen 键与程序中全部控件对象绑定，使整个程序界面都可以处理打印屏幕事件。调用任何控件实例的 bind_all()函数为程序界面绑定事件，实现打印屏幕方式为：

```
widget.bind_all("<Key-print>",printScreen)
```

只要定义了对象、事件和事件处理器，程序的运行方式即可确定，通过启动一个事件循环的方式来启动程序。程序在这个循环中等待已经定义好的将要发生的事，只要有事件发生，程序就会根据用户设定的方式对其进行处理。

14.6　图形用户界面设计应用举例

【例 14.4】 设计一个窗体，通过窗体上的操作来显示 Frame7。

程序如下：

```
import wx
import Exp9_2_Mixbar
    class Frame11(wx.Frame):
    def __init__(self,superior):
    wx.Frame.__init__(self,superior,-1,'显示子窗体',size=(300,150))
        self.panel = wx.Panel(self)
       self.btnFrm7 = wx.Button(parent=self.panel,label='显示 Frame7',size=
(100,30));
       #使用 size 控件来布置控件
        sizer=wx.FlexGridSizer(rows=2,cols=1,hgap=30,vgap=20)
        sizer.AddMany([self.btnFrm7])
        self.panel.SetSizer(sizer)
         #把事件 wx.EVT_BUTTON、事件处理函数 self.OnDplFrm、按钮 self.btnFrm7 三者
         #绑定
self.Bind(wx.EVT_BUTTON,self.OnDplFrm7,self.btnFrm7)
       def OnDplFrm7(self,event):
           fame7=Exp9_2.Frame7(self)      #生成对象
fame7.Show()                              #显示对象
#主程序
if name =='main':
    app=wx.App()
    frame=Frame11(None)
    frame.Show()
    app.MainLoop()
```

在上述程序中，要显示另外的窗体，首先要导入窗体所在的模块，然后可通过菜单或

按钮来显示,本例中通过按钮来显示。程序运行结果如图 14.4 所示。

(a) 子窗体

(b) 主窗体

图 14.4 主窗体与子窗体程序运行结果

【例 14.5】 设计一个图形界面的猜数字游戏。

程序如下:

```
import tkinter as tk
import sys
import random
import re

number = random.randint(0,1024)
running = True
num = 0
namx = 1024
nmin = 0

def eBtnClose(event):
    root.destroy()

def eBtnGuess(event):
     global namx
     global nmin
     global num
     global running

     if running:
         val_a = int(entry_a.get())
         if val_a == number:
             labelqval("恭喜答对了!")
             num+=1
             running = False
             numGuess()
         elif val_a<number:
             if val_a > nmin:
                 nmin = val_a
                 num+=1
```

```
                label_tip_min.config(label_tip_min,text=nmin)
            labelqval("太小了")
        else:
            if val_a<namx:
                namx = val_a
                num+=1
                label_tip_max.config(label_tip_max,text=namx)
            labelqval("太大了")
    else:
        labelqval('恭喜！答对了！')

def numGuess():
    if num == 1:
        labelqval('太厉害了,一次答对！')
    elif num<10:
        labelqval('十次以内就答对了,尝试次数：'+str(num))
    elif num<50:
        labelqval('五十次以内就答对了,尝试次数'+str(num))
    else:
        labelqval('尝试次数超过 50 次了,尝试次数：'+str(num))

def labelqval(vText):
    label_val_q.config(label_val_q,text=vText)

root = tk.Tk(className="猜数字游戏")
root.geometry("400x90+200+200")

line_a_tip = tk.Frame(root)
label_tip_max = tk.Label(line_a_tip,text=namx)
label_tip_min = tk.Label(line_a_tip,text=nmin)
label_tip_max.pack(side = "top",fill = "x")
label_tip_min.pack(side = "bottom",fill = "x")
line_a_tip.pack(side = "left",fill = "y")

line_question = tk.Frame(root)
label_val_q = tk.Label(line_question,width="50")
label_val_q.pack(side = "left")
line_question.pack(side = "top",fill = "x")

line_input = tk.Frame(root)
entry_a = tk.Entry(line_input,width="40")
btnGuess = tk.Button(line_input,text="猜")
entry_a.pack(side = "left")
```

```
entry_a.bind('<Return>',eBtnGuess)
btnGuess.bind('<Button-1>',eBtnGuess)
btnGuess.pack(side = "left")
line_input.pack(side = "top",fill = "x")


line_btn = tk.Frame(root)
btnClose = tk.Button(line_btn,text="关闭")
btnClose.bind('<Button-1>',eBtnClose)
btnClose.pack(side="left")
line_btn.pack(side = "top")

labelqval("请输入 0 到 1024 之间任意整数: ")
entry_a.focus_set()

print(number)
root.mainloop()
```

程序运行结果如图 14.5 所示。

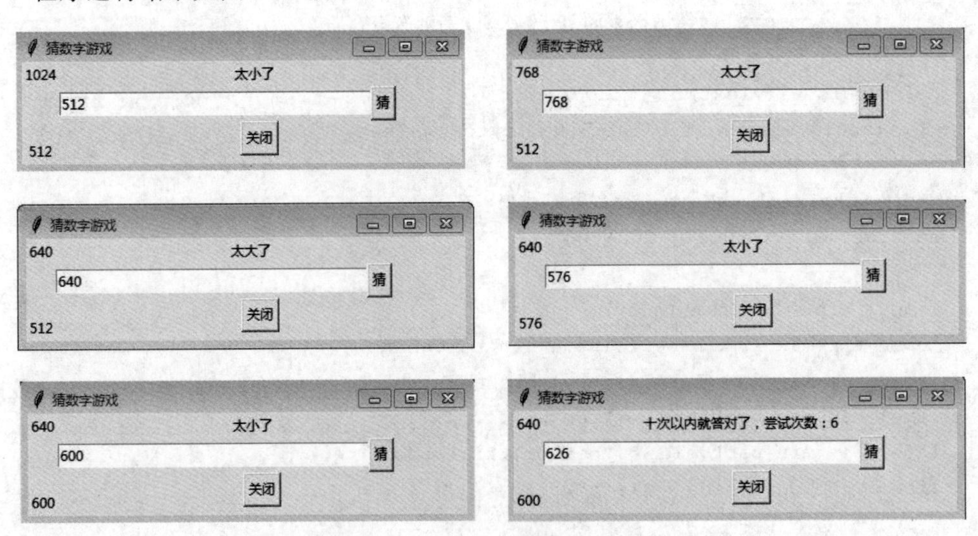

图 14.5　猜数字游戏运行结果

习　题

1. 将本章中的例题在 Python 中输入、调试、运行，并更改例题中的一些参数，比较更改后运行效果与例题中的异同。

2. 尝试在框架中放置 3 个大小相同的命令按钮并在窗体中等距分布。

3. 创建一个包含4个工具的工具栏，工具分别为New、Open、Help和Exit。单击前3个工具时在窗体下方的状态栏中显示相应的提示信息，单击Exit工具时退出程序。

4. 计算1+2+3+…+n，数据输入和输出均使用文本框。

5. 创建一个名为“Order List!”的GUI程序，它向用户呈现一份简单的餐馆菜单，列出菜品和价钱。用户可以选取不同的菜品，然后显示总金额。

附录 A Python 中运算符的优先级表

Python 运算符优先级如表 A.1 所示。

表 A.1　Python 运算符优先级

优先级	运 算 符	含 义
高	**	指数
↑	~、+、-	按位取反、正号、负号
	*、/、%、//	乘、除、取模、整除
	+、-	加法、减法
	>>、<<	右移、左移运算符
	&	按位与
	^、|	按位异或、按位或
	>、>=、<、<=、==、!=	大于、大于或等于、小于、小于或等于、相等、不相等
	=、+=、-=、*=、/=、%=、//=、**=	赋值、加等于、减等于、乘等于、除等于、取模等于、整除等于、幂等于
	is、is not	身份运算符
	in、not in	成员运算符
低	not、or、and	逻辑非、逻辑或、逻辑与

附录 B Python 内置函数

1. 类型转换函数

类型转换函数如表 B.1 所示。

表 B.1 类型转换函数

函　数	功能描述
chr(x)	将整数 x 转换为字符
complex(real [,imag])	创建一个复数
dict(d)	创建一个字典 d
eval(str)	将字符串 str 当成有效的表达式来求值并返回计算结果
float(x)	将 x 转换为浮点数
frozenset(s)	将 s 转换为不可变集合
hex(x)	将整数 x 转换为十六进制字符串
int(x [,base])	将 x 转换为整数
list(s)	将序列 s 转换为列表
long(x [,base])	将 x 转换为长整数
oct(x)	将整数 x 转换为八进制字符串
ord(x)	返回字符 x 的 ASCII 值
repr(x)	将对象 x 转换为表达式字符串
set(s)	将 s 转换为可变集合
str(x)	将对象 x 转换为字符串
tuple(s)	将序列 s 转换为元组
unichr(x)	将一个整数 x 转换为 Unicode 字符

2. 数学函数

数学函数如表 B.2 所示。

表 B.2 数学函数

函 数	功能描述
abs(x)	求整数 x 的绝对值
ceil(x)	返回不小于 x 的最小整数
cmp(x,y)	比较 x 和 y。如果 x>y,返回 1;如果 x==y,返回 0;如果 x<y,返回-1
exp(x)	返回指数函数 e^x 的值
fabs(x)	求浮点数 x 的绝对值
floor(x)	返回不大于 x 的最大整数
log(x)	返回 x 的自然对数的值,即 lnx 的值
log_{10}(x)	返回以 10 为底的 x 的对数
max(x1,x2,...)	返回给定参数的最大值
min(x1,x2,...)	返回给定参数的最小值
modf(x)	返回 x 的整数部分与小数部分,数值符号与 x 相同,整数部分以浮点型表示
pow(x,y)	计算 x^y 的值
round(x[,n])	返回浮点数 x 的四舍五入值,如给出 n 值,则 n 代表舍入到小数点后的位数
sqrt(x)	返回数字 x 的平方根

3. 三角函数

三角函数如表 B.3 所示。

表 B.3 三角函数

函 数	功能描述
acos(x)	返回 x 的反余弦弧度值
asin(x)	返回 x 的反正弦弧度值
atan(x)	返回 x 的反正切弧度值
atan2(y,x)	返回给定的 X 及 Y 坐标值的反正切值
cos(x)	返回 x 的弧度的余弦值
hypot(x,y)	返回欧几里得范数 sqrt(x * x+y * y)
sin(x)	返回的 x 弧度的正弦值
tan(x)	返回 x 弧度的正切值
degrees(x)	将弧度转换为角度
radians(x)	将角度转换为弧度

4. 随机函数

随机函数如表 B.4 所示。

表 B.4　随机函数

函　　数	功能描述
choice(seq)	从序列 seq 中返回随机的元素
randrange ([start,]stop [,step])	从指定范围内，按指定基数递增的集合中获取一个随机数，基数缺省值为 1
random()	在[0,1)范围内随机生成一个实数
seed([x])	改变随机数生成器的种子 seed
shuffle(lst)	将序列的所有元素随机排序
uniform(x, y)	在[x,y]范围内随机生成一个实数

5. 字符串内建函数

字符串内建函数如表 B.5 所示。

表 B.5　字符串内建函数

函　　数	功能描述
str.capitalize()	将字符串的第一个字母变成大写，其他字母变小写
str.center(width)	返回一个原字符串居中，并使用空格填充至长度 width 的新字符串
str.count(s,begin=0,end=len(string))	返回 s 在 str 里面出现的次数，如果 begin 或 end 指定则返回指定范围内 s 出现的次数
str.decode(encoding='UTF-8',errors='strict')	以 encoding 指定的编码格式解码字符串，errors 参数指定不同的错误处理方案
str.encode(encoding='UTF-8',errors='strict')	以 encoding 指定的编码格式编码字符串
str.expandtabs(tabsize=8)	把字符串 str 中的 tab 符号转为空格，默认的空格数 tabsize 是 8
str.find(s,begin=0,end=len(str))	检测 s 是否包含在 str 中，如果包含则返回 s 在 str 中开始的索引值，否则返回-1
str.index(s,begin=0,end=len(str))	检测 s 是否包含在 str 中，如果包含则返回 s 在 str 中开始的索引值，否则抛出异常
str.isalnum()	检测字符串是否由字母和数字组成，如果 str 至少有一个字符并且所有字符都是字母或数字则返回 True，否则返回 False
str.isalpha()	检测字符串是否只由字母组成，如果 str 至少有一个字符并且所有字符都是字母则返回 True；否则返回 False
str.isdecimal()	检查字符串是否只包含十进制字符，如果是则返回 True，否则返回 False

续表

函　　数	功能描述
str.isdigit()	检测字符串是否只由数字组成，如果 str 只包含数字则返回 True 否则返回 False
str.islower()	检测字符串是否由小写字母组成，如果 str 中包含至少一个区分大小写的字符，并且所有这些(区分大小写的)字符都是小写，则返回 True，否则返回 False
str.isnumeric()	检测字符串是否只由数字组成。如果 str 中只包含数字字符，则返回 True；否则返回 False
str.isspace()	检测字符串是否只由空格组成，如果 str 中只包含空格，则返回 True，否则返回 False
str.istitle()	检测字符串中所有的单词拼写首字母是否为大写，且其他字母为小写，如果 str 中所有的单词拼写首字母是为大写，且其他字母为小写，则返回 True；否则返回 False
str.isupper()	检测字符串中所有的字母是否都为大写。如果 string 中包含至少一个区分大小写的字符，并且所有这些(区分大小写的)字符都是大写，则返回 True；否则返回 False
str.join(seq)	将序列 seq 中的元素以指定的字符连接生成一个新的字符串
str.ljust(width)	返回一个原字符串且左对齐，并使用空格填充至 width 的新字符串。如果指定的长度小于原字符串的长度，则返回原字符串
str.lstrip()	截掉字符串 str 左边的空格或指定字符
str.maketrans(intab,outtab])	创建字符映射的转换表，返回字符串转换后生成的新字符串
str.partition(s)	根据指定的分隔符 s 将字符串进行分割，返回一个三元的元组：第一个为分隔符左边的子串；第二个为分隔符本身；第三个为分隔符右边的子串
str.replace(old,new[,max])	把字符串中的 old(旧字符串)替换成 new(新字符串)，如果指定第三个参数 max，则替换不超过 max 次
str.rfind(s,begin=0,end=len(str)	返回字符串最后一次出现的位置(从右向左查询)，如果没有匹配项则返回-1
str.rindex(s,begin=0,end=len(str))	返回字符串最后一次出现的位置(从右向左查询)，如果没有匹配项则抛出异常
str.rjust(width)	返回一个原字符串且右对齐，并使用空格填充至长度 width 的新字符串

续表

函　　数	功 能 描 述
str.rpartition(s)	从后往前查找,返回包含字符串中分隔符之前、分隔符、分隔符之后的子字符串;如果没找到分隔符,返回字符串和两个空字符串
str.rstrip()	删除 str 字符串末尾的空格
str.split(s=" ",num=str.count(s))	以 s 为分隔符切片 str,如果 num 有指定值,则仅分隔 num 个子字符串
str.splitlines(num=str.count('\n'))	按照行分隔,返回一个包含各行作为元素的列表,如果 num 指定则仅切片 num 个行
str.startswith(s,begin=0,end=len(str))	检查字符串是否是以指定字符串 s 开头,如果是则返回 True,否则返回 False。如果 begin 和 end 指定值,则在指定范围内检查
str.strip([s])	移除字符串头尾指定的字符 s,s 默认值是空格
str.swapcase()	对字符串的大小写字母进行转换
str.translate(s,del="")	根据 s 给出的表(包含 256 个字符)转换 str 的字符,要过滤掉的字符放到 del 参数中
str.upper()	将字符串中的小写字母转为大写字母
str.zfill(width)	返回长度为 width 的字符串,原字符串 str 右对齐,前面填充 0

6. 列表函数及方法

列表函数及方法如表 B.6 所示。

表 B.6　列表函数及方法

函　　数	功 能 描 述
cmp(list1,list2)	比较两个列表的元素
len(list)	列表元素个数
list(seq)	将元组转换为列表
max(list)	返回列表元素最大值
min(list)	返回列表元素最小值
list.append(obj)	在列表末尾添加新的对象
list.count(obj)	统计某个元素在列表中出现的次数
list.extend(seq)	在列表末尾一次性追加另一个序列中的多个值
list.index(obj)	从列表中找出某个值第一个匹配项的索引位置
list.insert(index,obj)	将对象插入列表

续表

函　　数	功 能 描 述
list.pop(obj=list[-1])	移除列表中的一个元素(默认最后一个元素)，并且返回该元素的值
list.remove(obj)	移除列表中某个值的第一个匹配项
list.reverse()	反向列表中元素
list.sort([func])	对原列表进行排序

7. 元组内置函数

元组内置函数如表 B.7 所示。

表 B.7　元组内置函数

函　　数	功 能 描 述	函　　数	功 能 描 述
cmp(tuple1,tuple2)	比较两个元组元素	min(tuple)	返回元组中元素最小值
len(tuple)	计算元组元素个数	tuple(seq)	将列表转换为元组
max(tuple)	返回元组中元素最大值		

8. 字典内置函数及方法

字典内置函数及方法如表 B.8 所示。

表 B.8　字典内置函数及方法

函　　数	功 能 描 述
cmp(dict1,dict2)	比较两个字典元素
len(dict)	计算字典元素个数，即键的总数
str(dict)	输出字典可打印的字符串表示
type(variable)	返回输入的变量类型，如果变量是字典就返回字典类型
dict.clear()	删除字典内所有元素
dict.copy()	返回一个字典的浅复制
dict.fromkeys(seq[,value]))	创建一个新字典，以序列 seq 中元素做字典的键，value 为字典所有键对应的初始值
dict.get(key,default=None)	返回指定键的值，如果值不在字典中返回 default 值
dict.has_key(key)	判断键是否存在于字典中，如果键在字典里返回 True，否则返回 False
dict.items()	以列表返回可遍历的(键，值) 元组数组
dict.keys()	以列表返回字典中所有的键
dict.setdefault(key,default=None)	判断键是否存在于字典中，如果键在字典里返回 True，将会添加键并将值设为 default
dict.update(dict1)	把字典 dict1 的键/值对更新到 dict 里
dict.values()	以列表返回字典中的所有值

9. 时间内置函数

时间内置函数如表B.9所示。

表B.9 时间内置函数

函数	功能描述
time.altzone()	返回格林威治西部的夏令时地区的偏移秒数。如果该地区在格林威治东部会返回负值(如西欧,包括英国)。对夏令时启用地区才能使用
time.asctime([tupletime])	接受时间元组并返回一个可读的形式为"Tue Dec 11 18:07:14 2008"(2008年12月11日 周二18时07分14秒)的24个字符的字符串
time.clock()	用以浮点数计算的秒数返回当前的CPU时间。用来衡量不同程序的耗时,比time.time()更有用
time.ctime([sec])	把一个时间戳sec(按秒计算的浮点数)转换为time.asctime()的形式
time.gmtime([sec])	将一个时间戳转换为UTC时区(0时区)的struct_time,可选的参数sec表示从1970年1月1日以来的秒数
time.localtime([sec])	格式化时间戳为本地的时间
time.mktime(tupletime)	接收struct_time对象作为参数,返回用秒数来表示时间的浮点数
time.sleep(sec)	推迟调用线程的运行
time.strftime(fmt[,tupletime])	接收以时间元组,并返回以可读字符串表示的当地时间,格式由fmt决定
time.strptime(str,fmt='%a%b %d %H:%M:%S %Y')	根据fmt的格式把一个时间字符串解析为时间元组
time.time()	返回当前时间的时间戳(1970年后经过的秒数)
time.tzset()	根据环境变量TZ重新初始化时间相关设置

10. os模块关于目录/文件操作的常用函数

os模块关于目录/文件操作的常用函数如表B.10所示。

表B.10 os模块关于目录/文件操作的常用函数

函数名	功能描述
getcwd()	显示当前的工作目录
chdir(newdir)	改变当前工作目录
listdir(path)	列出指定目录下所有的文件和目录
mkdir(path)	创建单级目录
makedirs(path)	递归地创建多级目录

续表

函 数 名	功 能 描 述
rmdir(path)	删除单级目录
removedirs(path)	递归地删除多级空目录,从子目录到父目录逐层删除,遇到目录非空则抛出异常
rename(old,new)	将文件或目录 old 重命名为 new
remove(path)	删除文件
stat(file)	获取文件 file 的所有属性
chmod(file)	修改文件权限
system(command)	执行操作系统命令
exec()或 execvp()	启动新进程
osspawnv()	在后台执行程序
exit()	终止当前进程

11. os.path 模块中常用的函数

os.path 模块中常用的函数如表 B.11 所示。

表 B.11 os.path 模块中常用的函数

函 数 名	功 能 描 述
split(path)	分离文件名与路径
splitext(path)	分离文件名与扩展名
abspath(path)	获得文件的绝对路径
dirname(path)	去掉文件名,只返回目录路径
getsize(file)	获得指定文件的大小
getatime(file)	返回指定文件最近的访问时间
getctime(file)	返回指定文件的创建时间
getmtime(file)	返回指定文件最新的修改时间
basename(path)	去掉目录路径,只返回路径中的文件名
exists(path)	判断文件或者目录是否存在
islink(path)	判断指定路径是否是链接
isfile(path)	判断指定路径是否存在且是一个文件
isdir(path)	判断指定路径是否存在且是一个目录
isabs(path)	判断指定路径是否存在且是一个绝对路径
walk(path)	搜索目录下的所有文件

参 考 文 献

[1] PUNCH W F,ENBODY R. Python 入门经典[M]. 北京：机械工业出版社,2012.

[2] HETLAND M L. Python 基础教程[M]. 2 版. 北京：人民邮电出版社,2010.

[3] 董付国. Python 程序设计[M]. 2 版. 北京：清华大学出版社,2015.

[4] 刘卫国. Python 语言程序设计[M]. 北京：电子工业出版社,2016.

[5] 刘东方. Python 程序设计基础[M]. 北京：电子工业出版社,2017.

[6] 曹洁,张志峰,孙玉,等. Python 语言程序设计[M]. 北京：清华大学出版社,2019.

图书资源支持

感谢您一直以来对清华版图书的支持和爱护。为了配合本书的使用，本书提供配套的资源，有需求的读者请扫描下方的“书圈”微信公众号二维码，在图书专区下载，也可以拨打电话或发送电子邮件咨询。

如果您在使用本书的过程中遇到了什么问题，或者有相关图书出版计划，也请您发邮件告诉我们，以便我们更好地为您服务。

我们的联系方式：

清华大学出版社计算机与信息分社网站：https://www.shuimushuhui.com/

地　　址：北京市海淀区双清路学研大厦 A 座 714

邮　　编：100084

电　　话：010-83470236　010-83470237

客服邮箱：2301891038@qq.com

QQ：2301891038（请写明您的单位和姓名）

资源下载：关注公众号“书圈”下载配套资源。

资源下载、样书申请

书圈

图书案例

清华计算机学堂

观看课程直播